● 工科のための数理 ●
MKM-3

工科のための微分積分

佐伯明洋・山岸正和　共著

数理工学社

編者のことば

　本ライブラリ「工科のための数学」は科学技術を学び担い進展させようとする人々を対象に，必要とされる数学の基礎と応用についての教科書そして自習書として編まれたものである．

　現代の科学技術は著しい進展を見せるが，その多岐広範な場面において，線形代数や微分積分をはじめとする種々の数学が問題の本質的な記述と解決のためにきわめて重要な役割を果たしている．さらに，現代の科学技術の先端では数学基礎論，代数学，解析学，幾何学，離散数学など現代数学の多種多様な科目が想像を超えた領域で活用されたり，逆に技術の要請から新たな数学の課題が浮かび上がってきたりすることが科学技術と数学とを取り巻く状況の現代的特徴として見られる．このように現在では，「科学技術」と「数学」とが相互に絡みながら発展していく様がますます強くなり，科学技術者にも高度な数学の素養が求められる．

　本ライブラリでは，科学技術を学び進展させるために必要と考えられる数学を「工科への数学」と「工科の中の数学」の2つに大別することとした．

　「工科への数学」では次ページに挙げるように，高校教育と大学教育との橋渡しとしての「初歩からの入門数学」と，高度な工学を学ぶ上で基礎となる数学の伝統的な8科目をえらんだ．これらの数学は工学部の1年次から3年次までの学生を対象にしたものであり，高等学校と大学の工学専門教育の間の橋渡しを担っている．工学基礎科目としての位置づけがなされている「工科への数学」では，従来の数学教科書で往々にして見られる数学理論の厳密性や抽象性の展開はできるだけ避け，その数学理論が構築される所以や道筋を具体的な例題や演習問題を通して学習し，工学の中で数学を利用できる感覚を養うことを目標にしている．

　また「工科の中の数学」では，「工科への数学」などで数学の基礎知識を既に備えた工学部の学部から大学院博士前期課程までのレベルの学生を対象とし，現代科学技術の様々な分野における数学の応用のされかた，または応用されう

る数学の解説を目指す．最適化手法の開発，情報科学，金融工学などを見るまでもなく科学技術の様々な分野における問題解決の要請が数学的な課題を生み出している．発展的な科目としての位置づけがなされている「工科の中の数学」では，それぞれの分野において活用されている数理的な思考と手法の解説を通して科学技術と数学が深く関連し合っている様子を伝え，それぞれの分野でより専門的な数学の応用へと進む契機となることを目標にしている．

　本ライブラリによって読者諸氏が，科学技術全般に数学が浸透し有効に活用されていることを感じるとともに，数学という普遍的な手段を持って，科学技術の新たな地平の開拓に向かう一助となれば，編者としてこれ以上の喜びはない．

　2005 年 7 月

編者　足立 俊明
大鑄 史男
吉村 善一

「工科のための数理」書目一覧

書目群Ⅰ（工科への数学）	書目群Ⅱ（工科の中の数学）
0　初歩からの 入門数学	A–1　工科のための 確率過程とその応用
1　工科のための 数学序説	A–2　工科のための 応用解析
2　工科のための 線形代数	A–3　工科のための 統計的データ解析
3　工科のための 微分積分	（以下続刊）
4　工科のための 常微分方程式	
5　工科のための 確率・統計	
6　工科のための ベクトル解析	
7　工科のための 偏微分方程式	
8　工科のための 複素解析	

(A: Advanced)

はじめに

　本書は工学部の第1年次に開講される「微分積分」の教科書として執筆されたものである．工学の基礎科目としての「微分積分」には，その内容自体を身につけることはもちろんであるが，物理などほかの科目を学ぶために必要な計算力を養い，関数や数式の扱いに習熟し，論理的思考力を養成するというねらいがある．そのため本書では計算を重視すると共に，何故そのように考えるのかということを解説するように心掛けた．

　以下本書の内容と構成の特徴について簡単に述べる．第1章から第4章までは一変数の微分積分，第5章と第6章はそれぞれ多変数の微分と積分，附録は常微分方程式の入門と本文で使う線形代数についての必要な知識の要約が収められている．やや発展的な内容や，最初に読むときはとばしてもよいところは活字を小さくした．また各章には章末に演習問題をつけたが，幾分高度なもの，やや難解なものには * を付した．適宜選択して利用してほしい．

　本書の執筆に際しては，次の四つのことに重きを置いた．

1. テイラーの定理とその応用

　　近似とその精度という考え方を身につけ，関数の展開の最初の数項を用いて，手際よく必要な精度の計算をしたり，近似的な関係式を導いたりすることが重要との観点から，テイラーの定理，テイラー展開とその応用を中心に据えて，第2章の後半と第3章で詳説した．

2. 一つ一つの関数に親しむこと

　　関数の一つ一つについて，それらの特徴をつかみ，それらを自分のものとして使いこなせるようになることが大切であると考え，第1章では逆三角関数を中心に初等関数を，第4章の後半ではガンマ関数とベータ関数を，この課程の本としてはかなり詳しく取り上げた．

3. 高等学校の数学との接続

　高等学校で学んだこととの接続には意を用いたが，内容の重複はできる限り避けた．高等学校の課程から外れたものについては，第1章の最後の節で複素数の極形式を紹介して指数関数と三角関数の関係とその応用について述べ，第4章の末尾で曲線の長さを取り上げた．

4. 三変数以上の関数のこと

　多変数関数については，二変数だけでなく，三変数以上の関数についても対応できる計算力（精神力？）を養うことを目標とした．三変数以上の関数を扱うには，変数をベクトルと考えて，線形代数の記法・考え方によるのがよいと考え，本書で必要なことを附録Bにまとめた．

　第1章に上記のほか，有理関数の部分分数への分解，高次導関数の計算，簡単な不定積分の計算など高等学校の微分積分に直接つながる内容をまとめ，

- 第1章　高等学校との接続と逆三角関数
- 第2章，第3章　一変数の微分法の核心部
- 第4章　一変数の積分法の進んだ部分（やや難しい不定積分と広義積分）

とし，附録Aで常微分方程式の初歩（変数分離形の方程式・一階線形方程式・定数係数の二階線形方程式）を簡単に紹介することにした．

　本書の執筆は，「ゆとりの教育」を受けてきた学生諸君に実際に接してみたいという著者の希望によって，大幅に遅延した．有益な助言を下さった編集委員の吉村善一，足立俊明両教授，本書の完成を辛抱強く待ってくださった数理工学社の田島伸彦氏，美しい本に仕上げてくださった竹内聡氏に深く感謝する．到達点を下げないことと高等学校との接続の両立に努めたつもりではあるが，虻蜂取らずになってはいないか，思わぬ誤りや独善的なところはないかと危惧している．読者のご叱正を待ちたい．

2008年3月

著　者

目　　次

1　初等関数　1
- 1.1　復　　習 … 2
- 1.2　逆　関　数 … 8
- 1.3　逆三角関数 … 16
- 1.4　双曲線関数 … 24
- 1.5　高次導関数 … 30
- 1.6　オイラーの公式 … 40
- 1 章の問題 … 46

2　数列と級数　51
- 2.1　数列と級数 … 52
- 2.2　べ き 級 数 … 61
- 2.3　テイラー展開 … 68
- 2 章の問題 … 73

3　一変数関数の微分　75
- 3.1　テイラーの定理 … 76
- 3.2　無限小・無限大とランダウの記号 … 80
- 3.3　テイラーの定理の応用 … 84
- 3 章の問題 … 92

目　　次　　　　　　　　vii

4　一変数関数の積分　　93
- 4.1　不定積分 …………………………………………… 94
- 4.2　広義積分 …………………………………………… 107
- 4.3　ガンマ関数とベータ関数 ………………………… 116
- 4.4　積分の応用 ………………………………………… 120
- 4章の問題 ……………………………………………… 125

5　多変数関数の微分　　129
- 5.1　多変数関数 ………………………………………… 130
- 5.2　偏微分 ……………………………………………… 137
- 5.3　全微分 ……………………………………………… 141
- 5.4　テイラーの定理 …………………………………… 150
- 5.5　多変数関数の極値 ………………………………… 157
- 5.6　陰関数 ……………………………………………… 166
- 5.7　条件付き極値 ……………………………………… 173
- 5章の問題 ……………………………………………… 179

6　多変数関数の積分　　183
- 6.1　重積分の定義 ……………………………………… 184
- 6.2　重積分の計算 ……………………………………… 195
- 6.3　重積分の変数変換 ………………………………… 200
- 6.4　広義積分 …………………………………………… 206
- 6.5　三重積分 …………………………………………… 212
- 6章の問題 ……………………………………………… 218

附録 A　　222
- A.1　微分方程式とは …………………………………… 222
- A.2　一階線形方程式 …………………………………… 223
- A.3　変数分離形 ………………………………………… 226
- A.4　二階線形方程式 …………………………………… 227
- 附録Aの問題 …………………………………………… 230

| 附　録　B | 232 |

B.1　空　間　図　形 ･･････････････････････････････････････ 232
B.2　行列の対角化と二次形式 ････････････････････････････ 237

| 参　考　文　献 | 242 |

| 索　　　引 | 244 |

コラム

$\sin^n x$ という記法について	23	積分定数について	106
三角関数と双曲線関数	29	微分係数と勾配	140
一般の複素数に対する指数関数	45	特異点	172
調和級数の一般化	74	勾配ベクトルによる説明	178
コーシーの平均値の定理の図形的な		不定積分と原始関数	186
意味	79	区間の『向き』について	190

[章末問題の解答について]
　章末問題の解答はサイエンス社のホームページ
　　　http://www.saiensu.co.jp
でご覧ください．

1 初等関数

　高等学校では有理関数，無理関数のほか，指数関数，対数関数，三角関数などについて学んだが，これらは全て初等関数とよばれる関数の仲間である．指数関数と対数関数は互いに相手の逆関数であったが，この章では三角関数の逆関数である逆三角関数など，さらにいくつかの初等関数を紹介し，それらになじむこと，および高次導関数の計算に習熟することを目標とする．なかでも逆三角関数は極めて重要である．

キーワード

逆三角関数
双曲線関数
高次導関数，ライプニッツ律
部分分数
（複素数，オイラーの公式，実一変数複素数値関数）

1.1 復習

1.1.1 有理関数

x^2+x+41 のように，多項式（整式）であらわされる関数を**多項式関数**という．定数も多項式と考えるので，定数関数も多項式関数に含まれる．整数の商を有理数とよぶことにならって，多項式の商を有理式といい，有理式であらわされる関数を**有理関数**という．多項式も（分母が1の）有理式であるから，多項式関数も有理関数に含まれる．多項式関数の定義域は実数全体であり，有理関数の定義域は実数全体から分母が0となる（有限個の）変数の値を除いた部分である．有理関数でない関数のうち，$\sqrt{2x-3}$ や $\dfrac{1}{\sqrt[3]{x^2+1}}$ のように根号を含む関数を**無理関数**ということが多い．

1.1.2 指数関数と対数関数

定数 $a>0$, $a \neq 1$ について，a^x であらわされる関数を**指数関数**という．定義域は実数全体である．微分積分で特に重要なのは $a=e$ の場合である．

―― e の定義 ――
$$e = \lim_{n \to \infty} \left(1 + \frac{1}{n}\right)^n$$

e は**ネピアの定数**とよばれ，その値は

$e = 2.7182818284\cdots$

である．なお e は円周率 π と同様に無理数であることが知られているので，小数展開は循環しない．

a を底とする対数を

$y = a^x \iff x = \log_a y$

によって定義する．$\log_a x$ であらわされる関数を**対数関数**という．定義域は正の実数全体である．微分積分で特に重要なのは底が e の場合で，この場合を**自然対数**という（この理由で e を**自然対数の底**ともいう）．自然対数は底 e を省略して $\log x$ と記すことが多い．なお分野によっては底が2の対数あるいは底が10の対数を $\log x$ と記し，自然対数を $\ln x$ と記すこともある．

指数関数と対数関数は互いに逆関数であるから（1.2節 例 1.5 参照），

$$\log e^x = x \quad (-\infty < x < +\infty), \quad e^{\log x} = x \quad (x > 0)$$
が成り立っていることに注意しておこう．

1.1.3 三角関数
余弦関数 $\cos x$, 正弦関数 $\sin x$ および正接関数 $\tan x = \dfrac{\sin x}{\cos x}$ については高等学校で学んできたことと思う．おもな公式を確認しておこう（複号同順）．

三角関数の各種公式

(1) $\cos 0 = 1, \quad \sin 0 = 0$
(2) $\sin(-x) = -\sin x$
(3) $\cos(-x) = \cos x$
(4) $\tan(-x) = -\tan x$
(5) $(\cos x)^2 + (\sin x)^2 = 1$
(6) $1 + (\tan x)^2 = \dfrac{1}{(\cos x)^2}$

● 加法定理
(7) $\cos(x \pm y) = \cos x \cos y \mp \sin x \sin y$
(8) $\sin(x \pm y) = \sin x \cos y \pm \cos x \sin y$
(9) $\tan(x \pm y) = \dfrac{\tan x \pm \tan y}{1 \mp \tan x \tan y}$

● 倍角公式
(10) $\cos 2x = (\cos x)^2 - (\sin x)^2 = 2(\cos x)^2 - 1 = 1 - 2(\sin x)^2$
(11) $\sin 2x = 2 \sin x \cos x$
(12) $\tan 2x = \dfrac{2 \tan x}{1 - (\tan x)^2}$

● 合成公式
(13) $a \sin\theta + b \cos\theta = \sqrt{a^2 + b^2} \sin(\theta + \alpha)$
(14) $a \cos\theta - b \sin\theta = \sqrt{a^2 + b^2} \cos(\theta + \alpha)$
　ただし α は次をみたす角
$$\cos\alpha = \dfrac{a}{\sqrt{a^2 + b^2}}, \quad \sin\alpha = \dfrac{b}{\sqrt{a^2 + b^2}}$$

なお本書では後述の理由（23頁）によって，例えば $\cos x$ の 2 乗を $(\cos x)^2$ と書き，$\cos^2 x$ のような記述はおこなわないことにする．

特に $(\cos\theta)^2 + (\sin\theta)^2 = 1$ であるから，

$$\begin{cases} x = \cos\theta \\ y = \sin\theta \end{cases}$$

は単位円周 $x^2 + y^2 = 1$ のパラメタ（媒介変数）表示を与える．

1.1.4 微分

実数 a を含む開区間（定義は 1.2.4 参照）で定義された関数 f について
$$\lim_{x \to a} \frac{f(x) - f(a)}{x - a}$$
が存在するとき，これを f の $x = a$ における**微分係数**とよび，$f'(a)$ と記す．$f'(a)$ は $y = f(x)$ のグラフの点 $(a, f(a))$ における接線の傾きに一致する．

$$h = x - a$$

とおくことにより，
$$f'(a) = \lim_{h \to 0} \frac{f(a+h) - f(a)}{h}$$
ともあらわせる．ここで a を変数と考えて x と記し，
$$f'(x) = \lim_{h \to 0} \frac{f(x+h) - f(x)}{h}$$
を関数としてみたものを f の**導関数**という．f の導関数を $\dfrac{df}{dx}$ とも記す．

おもな初等関数の導関数

$c' = 0 \quad (c : 定数)$

$(x^a)' = ax^{a-1} \quad (a : 実定数)$

$(a^x)' = a^x \log a \quad (a > 0,\ a \neq 1) \quad$ 特に $\quad (e^x)' = e^x$

$(\log_a x)' = \dfrac{1}{x \log a} \quad (a > 0,\ a \neq 1) \quad$ 特に $\quad (\log x)' = \dfrac{1}{x}$

$(\sin x)' = \cos x$

$(\cos x)' = -\sin x$

$(\tan x)' = \dfrac{1}{(\cos x)^2} = 1 + (\tan x)^2$

注意 1.1 導関数をみれば，指数関数や対数関数について e が特に重要な理由がわかる．また三角関数は角度を弧度法（ラジアン）で測ったからこそ，上の導関数の公式が成り立つことに注意したい．

$f = f(x),\ g = g(x)$ を微分可能な関数とするとき，導関数について次の公式が成り立つ．

微分法の各種公式

$(cf)' = cf'$　$(c:定数)$

$(f \pm g)' = f' \pm g'$

$(fg)' = f'g + fg'$　（積の微分）

$\left(\dfrac{f}{g}\right)' = \dfrac{f'g - fg'}{g^2}$　（商の微分）

$(f(g(x))' = f'(g(x)) \cdot g'(x)$　（合成関数の微分）

最初の二つの公式をまとめて,「微分という操作は**線形**である」という.

　合成関数の微分は次のようにあらわすと覚えやすい.

$y = f(u), u = g(x)$ の合成関数 $y = f(g(x))$ について

$$\dfrac{dy}{dx} = \dfrac{dy}{du}\dfrac{du}{dx}$$

である.

例 1.1　$(\log(-x))' = \dfrac{1}{-x} \cdot (-x)' = \dfrac{1}{x}$ である．これと $(\log x)' = \dfrac{1}{x}$ をあわせて $(\log|x|)' = \dfrac{1}{x}$ が得られる． □

1.1.5　不定積分

　関数 $f(x)$ に対し，$F'(x) = f(x)$ をみたす関数 $F(x)$ が存在するとき，$F(x)$ を $f(x)$ の**不定積分**または**原始関数**といい

$$F(x) = \int f(x)\,dx$$

と記す．例えば C を定数とすれば $C' = 0$ であるから

$$\int 0\,dx = C \quad (C:任意定数)$$

である．このように不定積分は（もしも存在すれば）必ず任意定数を含む．この定数 C を**積分定数**という．積分定数については以後特に断らない．

第1章 初等関数

おもな初等関数の不定積分

$$\int x^a\,dx = \frac{x^{a+1}}{a+1} + C \quad (a \neq -1)$$

$$\int \frac{dx}{x} = \log|x| + C \quad (\boxed{例\ 1.1}参照)$$

$$\int a^x\,dx = \frac{a^x}{\log a} + C \quad 特に \quad \int e^x\,dx = e^x + C$$

$$\int \sin x\,dx = -\cos x + C$$

$$\int \cos x\,dx = \sin x + C$$

$$\int \frac{dx}{(\cos x)^2} = \tan x + C$$

$\displaystyle\int \frac{1}{x}\,dx = \int \frac{dx}{x}$ のようにあらわすことが多い．

不定積分について次の公式が成り立つ．

$$\int cf(x)\,dx = c\int f(x)\,dx \quad (c：定数)$$

$$\int (f(x) \pm g(x))\,dx = \int f(x)\,dx \pm \int g(x)\,dx$$

$$\int f'(x)g(x)\,dx = f(x)g(x) - \int f(x)g'(x)\,dx \quad (部分積分)$$

$$\int f(x)\,dx = \int f(g(t)) \cdot g'(t)\,dt \quad (置換積分)$$

例題 1.1

$\displaystyle\int \log x\,dx$ を求めよ．

【解答】 部分積分により

$$\int \log x\,dx = \int x' \log x\,dx = x\log x - \int x(\log x)'\,dx$$
$$= x\log x - \int 1\,dx = x\log x - x + C$$

置換積分は次のようにあらわすと覚えやすい．

> 置換 $x = g(t)$ により $\displaystyle\int f(x)dx = \int f(g(t))\frac{dx}{dt}\,dt.$

初等関数の導関数は必ず計算でき，その結果も初等関数であらわせるが，不定積分は必ず計算できるとは限らない．例えば e^{x^2} の不定積分は初等関数を用いてあらわせないことが知られている．

1.1.6 定積分

$f(x)$ がある区間で原始関数 $F(x)$ を持つとき，区間内の二点 a, b に対して
$$\int_a^b f(x)\,dx = F(b) - F(a) \quad \left(= \Big[F(x)\Big]_a^b \text{と記す}\right)$$
と定義し，これを定積分とよぶ．図形的な意味については，$a < b$ であって $f(x)$ が $a < x < b$ に対して正の値をとる場合，$y = f(x)$ のグラフ，x 軸，二直線 $x = a, x = b$ とで囲まれる部分の面積が $\displaystyle\int_a^b f(x)\,dx$ である．

不定積分の公式がほぼそのまま定積分にも適用できる．置換積分についてきちんと述べておこう．簡単のため $a < b$ とする．

> **定積分の置換積分**
>
> 置換 $x = g(t)$ により $a = g(\alpha), b = g(\beta)$ であり，次のいずれかとする．
> (1) $\alpha < \beta$ であって，$g(t)$ は $\alpha < t < \beta$ で $g'(t) > 0$ (単調増加)．
> (2) $\beta < \alpha$ であって，$g(t)$ は $\beta < t < \alpha$ で $g'(t) < 0$ (単調減少)．
> このとき
> $$\int_a^b f(x)\,dx = \int_\alpha^\beta f(g(t))g'(t)\,dt$$
> となる．

次の公式は定積分の定義から直ちに示せるが，応用上重要である．

> **微分積分学の基本定理**
>
> $$\frac{d}{dx}\int_a^x f(t)dt = f(x)$$

1.2　逆関数

次節で三角関数の逆関数である逆三角関数を導入するために，本節ではいくつかの概念を紹介する．わかりにくいと感じる人は，当面あまりこだわらずに，用語の解説がここにあることを記憶にとどめて，1.2.4 からきちんと読んでほしい．

1.2.1　集合

素朴にいえば，ものの集まりを**集合**という．集合を構成している一つ一つのものをその集合の**元**あるいは**要素**という．集合は A, B, X, Y のように大文字で書かれることが多い．x が集合 X の元であること，言い換えれば x が X に属していることを

$$x \in X \quad (あるいは \quad X \ni x)$$

と書き，また x が X に属さないことは

$$x \notin X \quad (あるいは \quad X \not\ni x)$$

と書く．集合を具体的にあらわすには，その集合に属する元を全て並べて（並べる順序は問わない） { } で囲む．例えば 6 の約数からなる集合は $\{1, 2, 3, 6\}$ である．また，ある条件をみたす x 全体からなる集合を

$$\{x \mid 条件\}$$

のように書く．例えば 1 以上の実数全体がなす集合は

$$\{x \mid x \geq 1\}$$

とあらわされる[1]．厳密には次の例で導入する記号 $\mathbb{R}$ を用いて

$$\{x \mid x \in \mathbb{R}, x \geq 1\} \quad または \quad \{x \in \mathbb{R} \mid x \geq 1\}$$

と書くほうがよい．

「何も元を持たない集合」というものも考えておくと何かと都合がよいので，これを**空集合**といい，$\emptyset$ と書く．集合 X に対して，X の元の一部分を元とする集合を X の**部分集合**という．集合 Y が集合 X の部分集合であること，言い換

---

[1] 本書では「以上」，「以下」をあらわす不等号はそれぞれ "$\geq$", "$\leq$" である．

1.2 逆関数

えれば Y が X に含まれることを

$$Y \subset X \quad (\text{あるいは } X \supset Y)$$

と書く．なお X 自身と空集合 $\emptyset$ も X の部分集合であると定義する．

例 1.2 自然数（本書では便宜上 0 も含める），整数，有理数，実数（10 進小数），複素数全体のなす集合をそれぞれ

$$\mathbb{N} = \{0, 1, 2, 3, \cdots\}$$
$$\mathbb{Z} = \{0, \pm 1, \pm 2, \pm 3, \cdots\}$$
$$\mathbb{Q} = \left\{ \frac{a}{b} \,\middle|\, a, b \in \mathbb{Z},\ b \neq 0 \right\}$$
$$\mathbb{R} = \left\{ a + \sum_{n=1}^{\infty} \frac{a_n}{10^n} \,\middle|\, a \in \mathbb{Z},\ a_n \in \{0, 1, 2, 3, 4, 5, 6, 7, 8, 9\} \right\}$$
$$\mathbb{C} = \{x + iy \mid x, y \in \mathbb{R}\}$$

と書くことにすれば，$\mathbb{N} \subset \mathbb{Z} \subset \mathbb{Q} \subset \mathbb{R} \subset \mathbb{C}$ である．円周率 π は無理数であることが知られているから $\pi \in \mathbb{R}$，$\pi \notin \mathbb{Q}$ である． □

1.2.2 写像

空でない二つの集合 X, Y について，X の各元 x に対して Y の元をただ一つ指定する対応を X から Y への**写像**という．X から Y への写像 f を

$$f : X \to Y$$

のように書く．X を f の**定義域**という．

$x \in X$ に対応する Y の元を $f(x)$ と書き，f による x の**像**という．f によって $x \in X$ に $y \in Y$ が対応することを

$$f : x \mapsto y$$

と書く．また部分集合 $A \subset X$ に対して

$$\{f(x) \mid x \in A\}$$

は Y の部分集合であるが，これを f による A の**像**といい，$f(A)$ と書く．特に X の像 $f(X) = \{f(x) \mid x \in X\}$ を f の**値域**という．

一方 $y \in Y$ に対し，X の部分集合

$$\{x \in X \mid f(x) = y\}$$

(空集合になることもある) を f による y の**逆像**といい，$f^{-1}(y)$ と書く．これが一つの元のみからなる集合のときはその元のことも f による y の**逆像**といい，$f^{-1}(y)$ と書くから注意されたい．また部分集合 $B \subset Y$ に対して X の部分集合

$$\{\, x \in X \mid f(x) \in B \,\}$$

(空集合になることもある) を f による B の**逆像**といい，$f^{-1}(B)$ と書く．

どの元 $y \in Y$ に対しても少なくとも一つは $f(x) = y$ となる $x \in X$ が存在するとき，すなわちどの $y \in Y$ に対しても $f^{-1}(y) \neq \emptyset$ であるとき，写像 f は**上への写像**である，**全射**であるという．またどの $y \in Y$ に対しても $f(x) = y$ となる $x \in X$ は一つ以下であるとき，すなわちどの $y \in Y$ に対しても $f^{-1}(y)$ は一つ以下の元からなっているとき，写像 f は**一対一**である，**単射**であるという．写像 $f: X \to Y$ が上への一対一写像であるとき，f は**全単射**であるともいう．

X と Y が同じ集合のときは，X から X への写像 $f: X \to X$ を，X 上の**変換**ということも多い．

1.2.3 逆写像

二つの写像 $f: X \to Y, g: Y \to Z$ に対して

$$h: X \to Z; \quad x \mapsto g(f(x))$$

によって X から Z への写像 $h: X \to Z$ が定義される．これを g と f の**合成写像**といい，$h = g \circ f$ と書く．各 $x \in X$ に対して Z の元

$$(g \circ f)(x) = g(f(x))$$

を対応させるのである．

空でない集合 X に対して，X 上の変換

$$\mathrm{id} = \mathrm{id}_X : X \to X; \quad x \mapsto x$$

(すなわち，各元 $x \in X$ に対して x 自身を対応させる) を X 上の**恒等写像**あるいは**恒等変換**という．

空でない集合 X から空でない集合 Y への写像 $f: X \to Y$ に対して，Y から X への写像 $g: Y \to X$ で，

$$g \circ f = \mathrm{id}_X \quad \text{かつ} \quad f \circ g = \mathrm{id}_Y$$

をみたすものを f の**逆写像**という．f の逆写像が存在するための必要充分条件は f が全単射であることで，このとき f の逆写像はただ一つ定まる．これを

$$f^{-1}: Y \to X$$

と書く．

1.2.4　関数と逆関数

集合 Y が数の集合や数ベクトルの集合のときは X から Y への写像を X 上の**関数**という．さらに詳しく次のように形容することもある（数ベクトルおよび記号 $\mathbb{R}^n$ については第 5 章参照）．

- $X \subset \mathbb{R}$ の場合，**一変数関数**または実一変数関数
- $X \subset \mathbb{R}^n$ $(n \geq 2)$ の場合，**多変数関数**または実多変数関数
- $Y \subset \mathbb{R}$ の場合，実数値関数
- $Y \subset \mathbb{C}$ の場合，複素数値関数
- $Y \subset \mathbb{R}^n$ $(n \geq 2)$ の場合，ベクトル値関数

本書の第 1 章から第 4 章では，単に関数といえば実一変数の実数値関数を指すものとする．関数 f は，写像としての記法にしたがって

$$f : X \to \mathbb{R}; \quad x \mapsto f(x)$$

の形で記されるが，これを「関数 $f(x)$ $(x \in X)$」あるいは単に「関数 $f(x)$」のように記すことも多い．

関数の定義域 X としては次の形の集合を考えることが多い．

区間

次の形の集合を**区間**という．

(1) $[a,b] = \{x \in \mathbb{R} \mid a \leq x \leq b\}$
(2) $(a,b) = \{x \in \mathbb{R} \mid a < x < b\}$
(3) $(a,b] = \{x \in \mathbb{R} \mid a < x \leq b\}$
(4) $[a,b) = \{x \in \mathbb{R} \mid a \leq x < b\}$

ただし (1) では a, b は $a \leq b$ をみたす実数，(2) では a は実数または $-\infty$，b は実数または $+\infty$ とする．残りの場合も同様．本書では (1) の形の集合を**閉区間**，(2) の形の集合を**開区間**という．

例 1.3　$(0, +\infty) = \{x \in \mathbb{R} \,|\, x > 0\}$　　　　　□

関数の逆写像は**逆関数**とよばれる．逆関数について詳しくみておこう．

区間 I で定義された関数 f が

$$x_1, x_2 \in I, \ x_1 < x_2$$
$$\implies f(x_1) < f(x_2)$$

をみたすとき，**狭義単調増加**であるといい，

$$x_1, x_2 \in I, \ x_1 < x_2$$
$$\implies f(x_1) > f(x_2)$$

をみたすとき**狭義単調減少**であるという．狭義単調増加または狭義単調減少であることを**狭義単調**であるという．わざわざ「狭義」という理由は，不等号を等号つき不等号とした場合，例えば

$$x_1, x_2 \in I, \ x_1 < x_2$$
$$\implies f(x_1) \leq f(x_2)$$

（この場合を広義単調増加という）と区別するためである．

　関数の増減は微分と関係があった．区間 I で定義された関数 f が微分可能のとき，次が成り立つ．

$$f'(x) > 0 \quad (x \in I)$$
$$\implies f \text{ は } I \text{ で狭義単調増加}$$
$$f'(x) < 0 \quad (x \in I)$$
$$\implies f \text{ は } I \text{ で狭義単調減少}$$

区間 I で定義された連続関数 f が狭義単調のとき，その像を $J = f(I)$ とすれば（このとき J も区間であって），

$$f : I \to J$$

は全単射（上への一対一写像）であるから，逆関数

$$f^{-1} : J \to I$$

1.2 逆関数

が存在する．逆関数に関する基本的性質をまとめておこう．

逆関数の基本的性質

(1) f^{-1} の定義域は J，値域は I である．
(2) $f^{-1}(f(x)) = x \quad (x \in I)$
(3) $f(f^{-1}(y)) = y \quad (y \in J)$
(4) $y = f(x)$ のグラフと $y = f^{-1}(x)$ のグラフは，直線 $y = x$ に関して対称．
(5) （**逆関数の微分法**）$y = f(x)$ が I において微分可能で，$f'(x) \neq 0$ $(x \in I)$ のとき，逆関数 $x = f^{-1}(y)$ も $J = f(I)$ において微分可能であり，次が成り立つ．

$$\frac{dx}{dy} = \frac{1}{\dfrac{dy}{dx}}$$

1.2.5 逆関数の例

例 1.4 $\mathbb{R}$ 上連続な関数 $f(x) = 3x + 2$ は狭義単調増加であるから一対一であり，$f(\mathbb{R}) = \mathbb{R}$ を定義域とする逆関数 $f^{-1} : \mathbb{R} \to \mathbb{R}$ が存在する．具体的には $y = 3x + 2$ を x について解いて

$$x = \frac{1}{3}y - \frac{2}{3} \quad \text{すなわち} \quad f^{-1}(y) = \frac{1}{3}y - \frac{2}{3}$$

と求められる．$y = f(x)$ と $y = f^{-1}(x)$ のグラフを図 1.1（次頁）に示す． □

例 1.5 $\mathbb{R}$ 上連続な関数 $f(x) = e^x$ は $\mathbb{R}$ 上狭義単調増加であるから一対一であり，$f(\mathbb{R}) = (0, +\infty)$ を定義域とする逆関数 $f^{-1} : (0, +\infty) \to \mathbb{R}$ が存在する．具体的には $y = e^x$ を x について解いて

$$x = f^{-1}(y) = \log y$$

（log は自然対数）である．$y = f(x)$ と $y = f^{-1}(x)$ のグラフを図 1.2（次頁）に示す． □

注意 1.2 指数法則

$$e^{x_1 + x_2} = e^{x_1} e^{x_2} \quad (x_1, x_2 \in \mathbb{R})$$

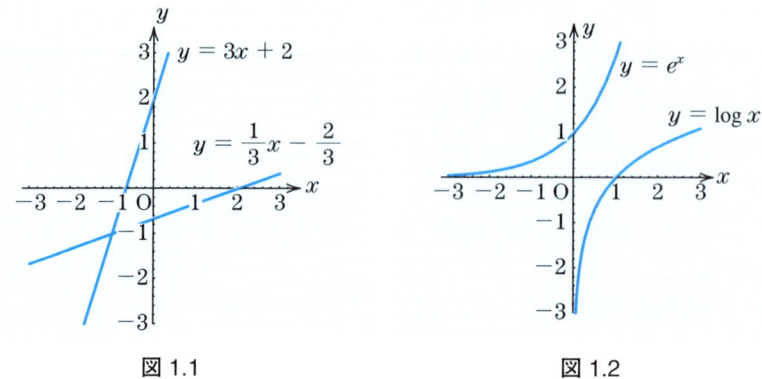

図 1.1　　　　　　　　図 1.2

から，対応する対数関数の公式が導ける．実際，$y_1 = e^{x_1}, y_2 = e^{x_2}$ とおいて積をつくり，指数法則を適用すれば

$$y_1 y_2 = e^{x_1 + x_2}$$

となるので，この両辺の対数をとり，$x_1 = \log y_1, x_2 = \log y_2$ に注意すれば

$$\log(y_1 y_2) = \log y_1 + \log y_2 \quad (y_1 > 0, \ y_2 > 0)$$

が得られる．

　このように，関数について成り立つ関係式があれば，逆関数について成り立つ関係式が自然に対応する．次節で三角関数と逆三角関数についても同様のことを観察する．

　関数が定義域全体では一対一でないときも，定義域を制限することによって逆関数を定義することができる．

例 1.6　$\mathbb{R}$ 上連続な関数 $f(x) = x^2$ は $\mathbb{R}$ 全体では一対一ではないが，区間 $I_1 = (-\infty, 0]$ では狭義単調減少であるから，f を区間 I_1 に制限して得られる関数

$$f_1 : I_1 \to \mathbb{R}; \quad x \mapsto f_1(x) = x^2$$

は逆関数を持つ．具体的には $y = x^2, \ x \leq 0$ を x について解いて

$$x = f_1^{-1}(y) = -\sqrt{y}$$

となる．また f は区間 $I_2 = [0, +\infty)$ では狭義単調増加であるから，

$$f_2 : I_2 \to \mathbb{R}; \quad x \mapsto f_2(x) = x^2$$

は逆関数を持ち，

$$f_2^{-1}(y) = \sqrt{y}$$

となる．$y = f_1(x)$ と $y = f_1^{-1}(x)$ のグラフを図 1.3 に，$y = f_2(x)$ と $y = f_2^{-1}(x)$ のグラフを図 1.4 に示す． □

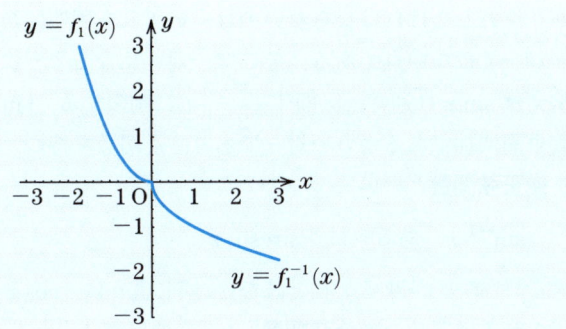

図 1.3

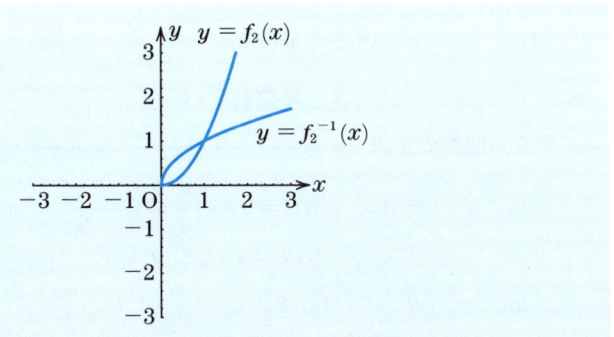

図 1.4

1.3 逆三角関数

本節ではいよいよ三角関数の逆関数である逆三角関数を導入し，それらの導関数を求める．結果を逆にみることにより，不定積分の重要な公式も得られる．

1.3.1 逆三角関数

正弦関数 $\sin x$，余弦関数 $\cos x$，正接関数 $\tan x$ の逆関数を考えたいのであるが，注意しなければならないのは，いずれも周期関数であって定義域全体では一対一ではない点である．そこで一対一になるように定義域を制限する．

例えば $\sin x$ は通常，区間 $\left[-\frac{\pi}{2}, \frac{\pi}{2}\right]$ に制限する．$\sin x$ はこの区間において狭義単調増加であるから一対一であり，逆関数を持つ．こうして得られる逆関数を**逆正弦関数**といい，

$$\sin^{-1} x \quad \text{あるいは} \quad \arcsin x$$

と書く（「アーク・サイン」と読む）．同じように，$\cos x$ を区間 $[0, \pi]$ に制限して得られる逆関数を**逆余弦関数**，$\tan x$ を区間 $\left(-\frac{\pi}{2}, \frac{\pi}{2}\right)$ に制限して得られる逆関数を**逆正接関数**といい，それぞれ

$$\cos^{-1} x \quad \text{あるいは} \quad \arccos x$$
$$\tan^{-1} x \quad \text{あるいは} \quad \arctan x$$

と書く．以上をまとめて**逆三角関数**という．

逆三角関数の定義

$$\sin^{-1} x = \theta \iff \sin \theta = x,\ -\frac{\pi}{2} \leq \theta \leq \frac{\pi}{2}$$
$$\cos^{-1} x = \theta \iff \cos \theta = x,\ 0 \leq \theta \leq \pi$$
$$\tan^{-1} x = \theta \iff \tan \theta = x,\ -\frac{\pi}{2} < \theta < \frac{\pi}{2}$$

もちろんほかの区間に制限して逆関数を考えてもよいわけであるが，前述の区間に制限したことを特に強調する場合には，逆三角関数の**主値**であるといい，$\mathrm{Sin}^{-1} x$, $\mathrm{Arcsin}\, x$ のように書く流儀もある．たいていの場合，単に $\sin^{-1} x$ などと書けば主値を意味するのが普通であり，本書でも $\sin^{-1} x$ などは主値をあらわすものとする．

1.3 逆三角関数

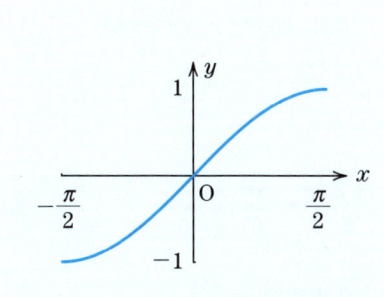

図 1.5　$y = \sin x$

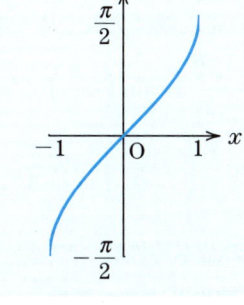

図 1.6　$y = \sin^{-1} x$

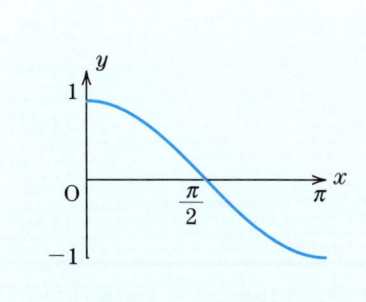

図 1.7　$y = \cos x$

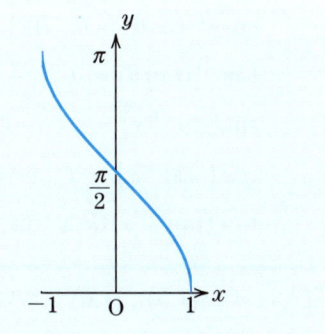

図 1.8　$y = \cos^{-1} x$

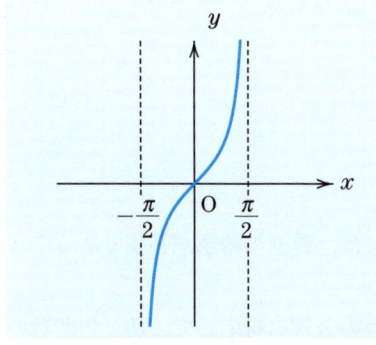

図 1.9　$y = \tan x$

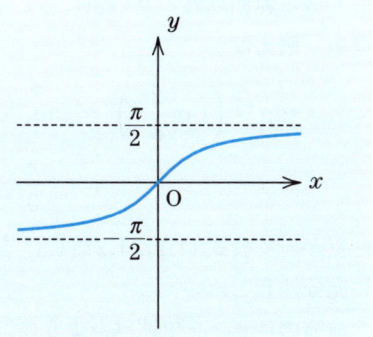

図 1.10　$y = \tan^{-1} x$

$\sin x$ を区間 $\left[-\dfrac{\pi}{2}, \dfrac{\pi}{2}\right]$ に制限して得られる関数の値域は閉区間 $[-1, 1]$ であるから，$\sin^{-1} x$ の定義域は $[-1, 1]$ である．同様に $\cos^{-1} x$ の定義域も $[-1, 1]$，$\tan^{-1} x$ の定義域は実数全体である．

例 1.7 $-\dfrac{\sqrt{3}}{2} = \sin\left(-\dfrac{\pi}{3}\right) = \cos\dfrac{5\pi}{6}$ であるから

$$\sin^{-1}\left(-\dfrac{\sqrt{3}}{2}\right) = -\dfrac{\pi}{3}, \quad \cos^{-1}\left(-\dfrac{\sqrt{3}}{2}\right) = \dfrac{5\pi}{6}$$

□

逆関数の基本的性質（13 頁）の (2),(3) より次が成り立つ．

三角関数と逆三角関数

$$\sin^{-1}(\sin\theta) = \theta \quad \left(-\dfrac{\pi}{2} \leq \theta \leq \dfrac{\pi}{2}\right) \tag{1.1}$$

$$\cos^{-1}(\cos\theta) = \theta \quad (0 \leq \theta \leq \pi) \tag{1.2}$$

$$\tan^{-1}(\tan\theta) = \theta \quad \left(-\dfrac{\pi}{2} < \theta < \dfrac{\pi}{2}\right) \tag{1.3}$$

$$\sin(\sin^{-1} x) = x \quad (-1 \leq x \leq 1) \tag{1.4}$$

$$\cos(\cos^{-1} x) = x \quad (-1 \leq x \leq 1) \tag{1.5}$$

$$\tan(\tan^{-1} x) = x \quad (x \in \mathbb{R}) \tag{1.6}$$

公式 (1.4), (1.5), (1.6) については，左辺が定義されるための x の範囲がそのまま条件になっているので，これらの公式を使う際に特に注意は必要ない．一方，公式 (1.1), (1.2), (1.3) の左辺は一般の θ に対しても定義されるが，明示してある範囲以外の θ の値に対しては，その値は右辺（つまり θ）とは一致しない．例えば

$$\tan^{-1}\left(\tan\dfrac{2}{3}\pi\right) = \tan^{-1}\left(-\sqrt{3}\right)$$
$$= -\dfrac{\pi}{3} \neq \dfrac{2}{3}\pi$$

したがって公式 (1.1),(1.2),(1.3) を使う際には，範囲の確認が必要であることに充分注意したい．

前節の注意 1.2 で述べたように，三角関数の公式に対応して，逆三角関数の公式が多数得られる．

1.3 逆三角関数

例題 1.2

次の公式を示せ.

(1) $-1 \leq x \leq 1$ に対し, $\cos^{-1} x = \dfrac{\pi}{2} - \sin^{-1} x$

(2) $\sin^{-1}\sqrt{1-x^2} = \dfrac{\pi}{2} - |\sin^{-1} x| = \begin{cases} \pi - \cos^{-1} x & (-1 \leq x \leq 0) \\ \cos^{-1} x & (0 \leq x \leq 1) \end{cases}$

(3) $x, y \in [-1, 1]$ が $-\dfrac{\pi}{2} \leq \sin^{-1} x + \sin^{-1} y \leq \dfrac{\pi}{2}$ をみたすとき

$\sin^{-1} x + \sin^{-1} y = \sin^{-1}\left(x\sqrt{1-y^2} + y\sqrt{1-x^2}\right)$

【解答】 (1) そもそも「余弦」とは「余角[2)]の正弦」を意味する名称であり, 公式 $\cos\theta = \sin\left(\dfrac{\pi}{2} - \theta\right)$ がそれをあらわしている. これと同等な公式 $\sin\theta = \cos\left(\dfrac{\pi}{2} - \theta\right)$ に $\theta = \sin^{-1} x$ を代入し, 公式 (1.4) を用いれば

$$x = \cos\left(\dfrac{\pi}{2} - \sin^{-1} x\right)$$

$0 \leq \dfrac{\pi}{2} - \sin^{-1} x \leq \pi$ に注意して公式 (1.2) を用いれば目的の式を得る.

(2) $\sin^{-1} x = \theta$ とおくと, $x = \sin\theta$ $\left(-\dfrac{\pi}{2} \leq \theta \leq \dfrac{\pi}{2}\right)$ であるから

$$\sqrt{1-x^2} = \sqrt{1-(\sin\theta)^2} = \sqrt{(\cos\theta)^2}$$
$$= \cos\theta \quad (\theta \text{ の範囲より})$$
$$= \sin\left(\dfrac{\pi}{2} - |\theta|\right)$$

$0 \leq \dfrac{\pi}{2} - |\theta| \leq \dfrac{\pi}{2}$ であるから公式 (1.1) が適用できて,

$$\sin^{-1}\sqrt{1-x^2} = \dfrac{\pi}{2} - |\theta| = \dfrac{\pi}{2} - |\sin^{-1} x|$$

示すべき二番目の等号は (1) を利用すれば確かめられる.

(3) $\alpha = \sin^{-1} x, \beta = \sin^{-1} y$ とおくと

$$x = \sin\alpha \quad \left(-\dfrac{\pi}{2} \leq \alpha \leq \dfrac{\pi}{2}\right), \quad y = \sin\beta \quad \left(-\dfrac{\pi}{2} \leq \beta \leq \dfrac{\pi}{2}\right)$$

α, β の範囲に注意すると

$$\cos\alpha = \sqrt{1-x^2}, \quad \cos\beta = \sqrt{1-y^2}$$

正弦の加法定理より

[2)] 二つの角の和が直角に等しいとき, 一方を他方の余角という.

$$\sin(\alpha+\beta) = \sin\alpha\cos\beta + \cos\alpha\sin\beta$$
$$= x\sqrt{1-y^2} + y\sqrt{1-x^2}$$

条件により $-\dfrac{\pi}{2} \leq \alpha+\beta \leq \dfrac{\pi}{2}$ であるから，公式 (1.1) を用いて示すべき式が得られる． ■

1.3.2 逆三角関数の微分

逆関数の微分法により，逆三角関数を微分することができる．例えば

$$y = \tan^{-1} x \quad \text{とおくと} \quad x = \tan y \quad \left(-\frac{\pi}{2} < y < \frac{\pi}{2}\right)$$

であるから

$$\frac{dx}{dy} = \frac{1}{(\cos y)^2} = 1 + (\tan y)^2 = 1 + x^2$$

である．したがって

$$\frac{dy}{dx} = \frac{1}{\dfrac{dx}{dy}} = \frac{1}{1+x^2}$$

を得る．逆正弦関数については

$$y = \sin^{-1} x \quad \text{とおくと} \quad x = \sin y \quad \left(-\frac{\pi}{2} \leq y \leq \frac{\pi}{2}\right)$$

ここで $(\sin\theta)' = \cos\theta$ であるが $-\dfrac{\pi}{2} \leq \theta \leq \dfrac{\pi}{2}$ では $\cos\theta \geq 0$ であるから $\cos\theta = \sqrt{1-(\sin\theta)^2}$ であるので，$-1 < x < 1$ のとき

$$\frac{d}{dx}\left(\sin^{-1} x\right) = \frac{1}{\dfrac{d}{dy}(\sin y)} = \frac{1}{\cos y} = \frac{1}{\sqrt{1-(\sin y)^2}} = \frac{1}{\sqrt{1-x^2}}$$

ここで $(\sin y)' = \cos y$ の値が 0 となる $y = \pm\dfrac{\pi}{2}$ に対応する $x = \pm 1$ は除外されていることに注意せよ．逆余弦関数に関しても同様である．まとめておこう．

逆三角関数の導関数

$$(\sin^{-1} x)' = \frac{1}{\sqrt{1-x^2}} \quad (-1 < x < 1)$$

$$(\cos^{-1} x)' = -\frac{1}{\sqrt{1-x^2}} \quad (-1 < x < 1)$$

$$(\tan^{-1} x)' = \frac{1}{1+x^2} \quad (-\infty < x < +\infty)$$

1.3 逆三角関数

例題 1.3

(例題 1.2 (1) の別証明) 微分法を利用して次の公式を示せ.
$$\sin^{-1} x + \cos^{-1} x = \frac{\pi}{2} \quad (-1 \leq x \leq 1)$$

【解答】 左辺を $f(x)$ とおくと, $f(x)$ は $-1 \leq x \leq 1$ で連続な関数である. 上の公式より $f'(x) = 0 \ (-1 < x < 1)$ であるから, この区間で $f(x)$ は定数関数とわかる. その定数の値は, 例えば $x = 0$ を代入して
$$f(0) = \sin^{-1} 0 + \cos^{-1} 0 = \frac{\pi}{2}$$
と求められる. 最後に連続性により (あるいは直接代入によって) $x = \pm 1$ でも $f(x) = \frac{\pi}{2}$ とわかる. ■

例題 1.4

次の関数の導関数を計算せよ.

(1) $\sin^{-1} \dfrac{2x+1}{3}$ (2) $\cos^{-1} \sqrt{\dfrac{1+x}{2}}$

【解答】 (1)
$$\left(\sin^{-1} \frac{2x+1}{3}\right)' = \frac{1}{\sqrt{1-\left(\frac{2x+1}{3}\right)^2}} \left(\frac{2x+1}{3}\right)'$$
$$= \frac{3}{\sqrt{3^2-(2x+1)^2}} \frac{2}{3}$$
$$= \frac{2}{\sqrt{3^2-(2x+1)^2}}$$
$$= \frac{1}{\sqrt{-x^2-x+2}}$$

(2)
$$\left(\cos^{-1} \sqrt{\frac{1+x}{2}}\right)' = -\frac{1}{\sqrt{1-\left(\sqrt{\frac{1+x}{2}}\right)^2}} \left(\sqrt{\frac{1+x}{2}}\right)'$$
$$= -\frac{1}{\sqrt{\frac{1-x}{2}}} \frac{1}{\sqrt{2}} \frac{1}{2\sqrt{1+x}} = -\frac{1}{2\sqrt{1-x^2}} \quad ■$$

導関数の公式を逆に読めば, 次の不定積分の公式が得られる.

$$\int \frac{dx}{1+x^2} = \tan^{-1} x + C$$

$$\int \frac{dx}{\sqrt{1-x^2}} = \sin^{-1} x + C$$

注意 1.3 置換積分により次も得られる．$a>0$ を定数とするとき，
$$\int \frac{dx}{a^2+x^2} = \frac{1}{a}\tan^{-1}\frac{x}{a} + C, \quad \int \frac{dx}{\sqrt{a^2-x^2}} = \sin^{-1}\frac{x}{a} + C$$
これらは以下の例題では用いないが，公式として活用してもよいだろう．

例題 1.5

次の不定積分を求めよ．

(1) $\displaystyle\int \frac{dx}{\sqrt{7-6x-x^2}}$ (2) $\displaystyle\int \frac{dx}{4x^2+12x+25}$

【解答】 平方完成して上の公式に帰着させる．

(1) $7-6x-x^2 = 4^2 - (x+3)^2 = 4^2\left\{1-\left(\dfrac{x+3}{4}\right)^2\right\}$ に注意して，$\dfrac{x+3}{4} = t$ とおけば $dx = 4dt$ であるから

$$\int \frac{dx}{\sqrt{7-6x-x^2}} = \int \frac{dx}{4\sqrt{1-\left(\dfrac{x+3}{4}\right)^2}} = \int \frac{dt}{\sqrt{1-t^2}}$$

$$= \sin^{-1} t + C = \sin^{-1}\frac{x+3}{4} + C$$

(2) $4x^2 + 12x + 25 = (2x+3)^2 + 4^2 = 4^2\left\{1 + \left(\dfrac{2x+3}{4}\right)^2\right\}$ に注意して，$\dfrac{2x+3}{4} = t$ とおけば $dx = 2dt$ であるから

$$\int \frac{dx}{4x^2+12x+25} = \int \frac{dx}{4^2\left\{1+\left(\dfrac{2x+3}{4}\right)^2\right\}} = \int \frac{2dt}{4^2(1+t^2)}$$

$$= \frac{1}{8}\int \frac{dt}{1+t^2} = \frac{1}{8}\tan^{-1} t + C$$

$$= \frac{1}{8}\tan^{-1}\frac{2x+3}{4} + C$$

■ $\sin^n x$ という記法について

$\sin^{-1} x$ は逆正弦関数（の主値）であって，$\sin x$ の逆数とは異なる：

$$\sin^{-1} x \neq (\sin x)^{-1} = \frac{1}{\sin x}$$

一般に関数（写像）f が自分自身と合成可能のとき，

$$f^2 = f \circ f$$
$$f^3 = f \circ f \circ f \quad \Big(= f \circ (f \circ f) = (f \circ f) \circ f \Big)$$

のように書く．すなわち

$$f^2(x) = f(f(x))$$
$$f^3(x) = f(f(f(x)))$$

である．f が逆関数（逆写像）f^{-1} を持つとき，整数 $n \geq 1$ に対して

$$(f^{-1})^n = (f^n)^{-1}$$

が成り立つのでこれを f^{-n} と書く．また f^0 を

$$f^0(x) = x \quad \text{恒等変換（恒等写像）}$$

と約束する．こうすると，任意の整数 m, n に対して

$$(f^m) \circ (f^n) = f^{m+n}$$

が成り立つ．

　本章で導入した逆三角関数の記号はこれによったものである．この流儀では $\sin^2 x = \sin(\sin x)$ でなければならないが，三角関数については高等学校で学んだように $\sin^2 x = (\sin x)^2$ のほうが主流である．一方，$\sin^{-1} x$ を $(\sin x)^{-1} = \dfrac{1}{\sin x}$ の意味に用いることはまずない．そこで本書では，$n = -1$ については $\sin^{-1} x$, $\tan^{-1} x$ などを逆三角関数（の主値）の意味で用いるが，$n \neq -1$ については $\sin^n x$ のような記法は用いず，前に述べたように，多少面倒ではあるが，

$$(\sin x)^2 \quad は \quad (\sin x)^2$$
$$\sin(\sin x) \quad は \quad \sin(\sin x)$$

のように明示することにした．

1.4 双曲線関数

この節では三角関数とよく似た公式を成り立たせる双曲線関数とその逆関数を導入する．逆三角関数の場合と同様に，逆双曲線関数の導関数の公式を逆にみることにより，不定積分の重要な公式が得られる．また双曲線関数は 1.6 節で学習するオイラーの公式とも深い関係がある．

1.4.1 双曲線関数

双曲線関数

$$\cosh x = \frac{e^x + e^{-x}}{2}$$
$$\sinh x = \frac{e^x - e^{-x}}{2}$$
$$\tanh x = \frac{\sinh x}{\cosh x}$$

によって**双曲余弦関数**，**双曲正弦関数**，**双曲正接関数**をそれぞれ定義する．またこれらを総称して**双曲線関数**という．読み方は，例えば sinh を「ハイパボリック・サイン」と読む．

双曲線関数について成り立つ公式をいくつか挙げる（複号同順）．

双曲線関数の公式（その 1）

(1) $\cosh 0 = 1, \quad \sinh 0 = 0$
(2) $\sinh(-x) = -\sinh x$
(3) $\cosh(-x) = \cosh x$
(4) $\tanh(-x) = -\tanh x$
(5) $(\cosh x)^2 - (\sinh x)^2 = 1$
(6) $1 - (\tanh x)^2 = \dfrac{1}{(\cosh x)^2}$

双曲線関数の公式（その 2，加法定理）

(7) $\cosh(x \pm y) = \cosh x \cosh y \pm \sinh x \sinh y$
(8) $\sinh(x \pm y) = \sinh x \cosh y \pm \cosh x \sinh y$

(9) $\tanh(x \pm y) = \dfrac{\tanh x \pm \tanh y}{1 \pm \tanh x \tanh y}$

(10) $\cosh 2x = (\cosh x)^2 + (\sinh x)^2$
$\qquad\qquad = 2(\cosh x)^2 - 1 = 1 + 2(\sinh x)^2$

(11) $\sinh 2x = 2 \sinh x \cosh x$

(12) $\tanh 2x = \dfrac{2 \tanh x}{1 + (\tanh x)^2}$

─── 双曲線関数の公式（その3，導関数）───

(13) $(\cosh x)' = \sinh x$

(14) $(\sinh x)' = \cosh x$

(15) $(\tanh x)' = \dfrac{1}{(\cosh x)^2}$

対応する三角関数の公式と，よく比較してみてほしい．いずれも定義と指数関数の性質から容易に導かれる．例えば

$$\begin{aligned}
\cosh x \cosh y &= \frac{e^x + e^{-x}}{2} \frac{e^y + e^{-y}}{2} \\
&= \frac{1}{2} \frac{e^x e^y + e^{-x} e^{-y} + e^x e^{-y} + e^{-x} e^y}{2} \\
&= \frac{1}{2} \frac{\{e^{x+y} + e^{-(x+y)}\} + \{e^{x-y} + e^{-(x-y)}\}}{2} \\
&= \frac{1}{2} \Big\{ \cosh(x+y) + \cosh(x-y) \Big\}
\end{aligned}$$

同様に

$$\sinh x \sinh y = \frac{1}{2} \Big\{ \cosh(x+y) - \cosh(x-y) \Big\}$$

であるから，これらを辺々相加えて

$$\cosh(x+y) = \cosh x \cosh y + \sinh x \sinh y$$

を得る．

公式 (5) より

$$\begin{cases} x = \cosh t \\ y = \sinh t \end{cases}$$

が双曲線 $x^2 - y^2 = 1$（の右半分）のパラメタ表示を与えることがわかる．これが双曲線関数の名の由来である．

双曲線関数のグラフを調べてみよう．x が実数のとき $e^x > 0$ であるから
$$(\sinh x)' = \cosh x = \frac{e^x + e^{-x}}{2} > 0$$
したがって双曲正弦関数は実数全域で狭義単調増加である．$\sinh 0 = 0$ であるから，$x < 0$ ならば $\sinh x < 0$，$x > 0$ ならば $\sinh x > 0$ であり，これと $(\cosh x)' = \sinh x$ より，双曲余弦関数は $x = 0$ において極小値 $\cosh 0 = 1$ をとり，$x < 0$ のとき狭義単調減少，$x > 0$ のとき狭義単調増加である．また
$$(\cosh x)'' = (\sinh x)' = \cosh x, \quad (\sinh x)'' = (\cosh x)' = \sinh x$$
であるから，双曲余弦関数は実数全域で下に凸であるが，双曲正弦関数は原点が変曲点であり，$x < 0$ では上に凸，$x > 0$ では下に凸である．

以上を踏まえてグラフを描けば図 1.11，1.12 のようになる．曲線 $y = \cosh x$ は**懸垂線**（**カテナリー**）とよばれる．

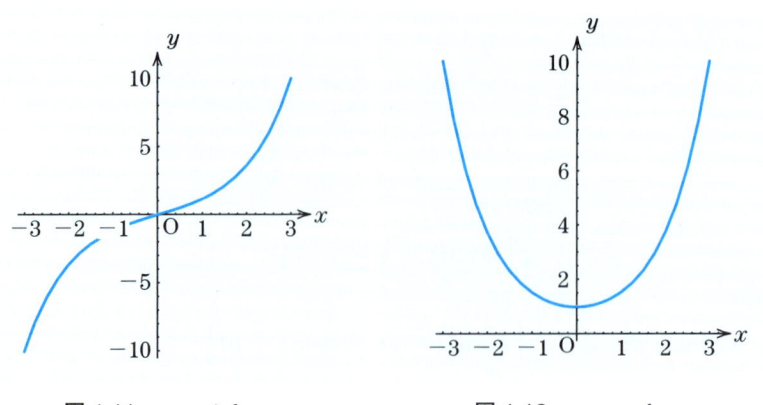

図 1.11　$y = \sinh x$　　　図 1.12　$y = \cosh x$

1.4.2　逆双曲線関数

双曲正弦関数
$$f : \mathbb{R} \to \mathbb{R}; \quad x \mapsto f(x) = \sinh x$$
は実数全域で狭義単調増加で，値域は実数全体であるから，実数全体を定義域

1.4 双曲線関数

とする逆関数 f^{-1} が存在する．これを**逆双曲正弦関数**といい，$\sinh^{-1}$ と書く（「アーク・ハイパボリック・サイン」と読む）．

$x = \sinh^{-1} y$ とすれば
$$y = \sinh x = \frac{e^x - e^{-x}}{2}$$
であるから，これを変形して得られる
$$e^{2x} - 2ye^x - 1 = 0$$
を e^x に関する二次方程式とみれば，解の公式により（$e^x > 0$ に注意して）
$$e^x = y + \sqrt{y^2 + 1}$$
両辺の対数をとれば
$$x = \log\left(y + \sqrt{y^2 + 1}\right)$$
すなわち
$$\sinh^{-1} y = \log\left(y + \sqrt{y^2 + 1}\right)$$
とわかった．

双曲余弦関数は実数全体で定義されるが，一対一ではない．そこで定義域を $[0, +\infty)$ に制限して得られる関数
$$f : [0, +\infty) \to \mathbb{R} \quad x \mapsto f(x) = \cosh x$$
の逆関数を**逆双曲余弦関数**（の主値）といい，$\cosh^{-1}$ と書く．逆双曲余弦関数は $[1, +\infty)$ で定義される．上と同様にして
$$\cosh^{-1} y = \log\left(y + \sqrt{y^2 - 1}\right)$$
が確かめられる．

1.4.3 逆双曲線関数の微分

逆双曲線関数の導関数を求めてみよう．例えば $y = \sinh^{-1} x$ とおくと，$x = \sinh y$ であるから
$$\frac{dx}{dy} = \cosh y = \sqrt{1 + (\sinh y)^2} = \sqrt{1 + x^2}$$
である（$\cosh y > 0$ を利用した）．したがって逆関数の微分法により

$$\frac{dy}{dx} = \frac{1}{\dfrac{dx}{dy}} = \frac{1}{\sqrt{1+x^2}}$$

となる．同様にして次を得る．なお，逆双曲線関数の具体的な形を利用してこれらを確かめることもできる．

> **逆双曲線関数の導関数**
>
> $(\sinh^{-1} x)' = \dfrac{1}{\sqrt{1+x^2}}$　$(-\infty < x < +\infty)$
>
> $(\cosh^{-1} x)' = \dfrac{1}{\sqrt{x^2-1}}$　$(x > 1)$

導関数の公式を逆に読めば，次の不定積分の公式が得られる．

$$\int \frac{dx}{\sqrt{1+x^2}} = \sinh^{-1} x + C = \log\left(x + \sqrt{x^2+1}\right) + C$$

この公式は，右辺の形さえみつかれば両辺を微分して容易に確かめられるが，逆双曲線関数を用いると右辺が自然に求まる．同じようにして次も得られる．

$$\int \frac{dx}{\sqrt{x^2-1}} = \log\left|x + \sqrt{x^2-1}\right| + C$$

> **例題 1.6**
>
> $\displaystyle\int \frac{dx}{\sqrt{4x^2+12x+25}}$ を求めよ．

【解答】 $4x^2 + 12x + 25 = (2x+3)^2 + 4^2$
$$= 4^2\left\{1 + \left(\frac{2x+3}{4}\right)^2\right\}$$

に注意して，

$\dfrac{2x+3}{4} = t$ 　とおけば　 $dx = 2dt$

であるから

1.4 双曲線関数

$$\int \frac{dx}{\sqrt{4x^2+12x+25}} = \int \frac{dx}{4\sqrt{1+\left(\frac{2x+3}{4}\right)^2}}$$

$$= \int \frac{dt}{2\sqrt{1+t^2}}$$

$$= \frac{1}{2}\sinh^{-1} t + C_1$$

$$= \frac{1}{2}\sinh^{-1}\frac{2x+3}{4} + C_1$$

あるいはこれを

$$\frac{1}{2}\log\left(t+\sqrt{t^2+1}\right) + C_1$$
$$= \frac{1}{2}\log\frac{2x+3+\sqrt{4x^2+12x+25}}{4} + C_1$$
$$= \frac{1}{2}\log(2x+3+\sqrt{4x^2+12x+25}) - \frac{1}{2}\log 4 + C_1$$
$$= \frac{1}{2}\log(2x+3+\sqrt{4x^2+12x+25}) + C_2$$

とあらわすこともできる $\left(-\frac{1}{2}\log 4 + C_1 \text{を} C_2 \text{とおいた}\right)$.　　■

☕ 三角関数と双曲線関数

　上に述べた双曲線関数の諸公式は，三角関数のものに極めて似ている．後にこれらの関数のテイラー展開（マクローリン展開）を学ぶが，それもまた両者が極めてちかい関係にあることを示す．実はこれは「他人の空似」ではなく，変数を複素数に拡張すれば両者は本質的に同じものであること，いわば同じ人の顔を正面からみるのと横からみるのの違いにすぎないことがわかる．複素変数の三角関数を理解するには，実変数の双曲線関数に親しんでおくことが大切である．

　本書では複素数を変数とする関数については 1.6 節でいくつかの例について簡単に述べるにとどめるが，折に触れて関連するコメントを挿入する．「複素解析」（あるいは「関数論」）を学ぶ予定がある人は留意されたい．

1.5 高次導関数

高等学校では第二次導関数が関数のグラフの凹凸に関係していることを習った．次章から，高次導関数が関数の性質に深く関わっていることをみていくことになる．そこで本節では高次導関数の計算法を実例に即して述べる．

1.5.1 高次導関数

関数 f の導関数 f' が微分可能であるとき，f' の導関数を f の第二次導関数（あるいは第二階導関数，以下同様）といい，f'', $\dfrac{d^2 f}{dx^2}$ （独立変数が x のとき）などと書くことは高等学校で学んだ．f'' がさらに微分可能のとき，f'' の導関数を f の第三次導関数といい，f''', $\dfrac{d^3 f}{dx^3}$ などと書く．以下微分可能である限り，f の第四次導関数，第五次導関数…が帰納的に定義される．これらを f の**高次導関数**という．一般に f の第 n 次導関数を

$$f^{(n)} \quad \text{あるいは} \quad \dfrac{d^n f}{dx^n}$$

と記す．また，f 自身を f の第 0 次導関数といい，$f^{(0)}$ と書くことがある．

高次導関数の例

p は実定数とする．

$$(x^p)^{(n)} = p(p-1)(p-2)\cdots\{p-(n-1)\}x^{p-n} \quad (x > 0)$$

$$(e^x)^{(n)} = e^x$$

$$(\sin x)^{(n)} = \sin\left(x + \dfrac{n\pi}{2}\right) = \begin{cases} (-1)^m \sin x & (n = 2m) \\ (-1)^m \cos x & (n = 2m+1) \end{cases}$$

$$(\cos x)^{(n)} = \cos\left(x + \dfrac{n\pi}{2}\right) = \begin{cases} (-1)^m \cos x & (n = 2m) \\ (-1)^{m+1} \sin x & (n = 2m+1) \end{cases}$$

微分する操作は「線形」であったので，高次導関数についても同様である．すなわち関数 f, g と定数 c について

$$(f+g)^{(n)} = f^{(n)} + g^{(n)}, \quad (cf)^{(n)} = cf^{(n)}$$

が成り立つ（ただし微分可能である限り．この節では以下いちいち断らない）．

第 n 次導関数の一般形をいつでもきれいな形で求められるとは限らない．以下，有効な方法をいくつか紹介する．

1.5 高次導関数

―― 例題 1.7 ――――――――――――――――――――――
次の関数の第 n 次導関数を求めよ.

(1) $f(x) = \dfrac{1}{\sqrt{2x+1}}$

(2) $f(x) = e^{-x} \cos \sqrt{3}\, x$

―――――――――――――――――――――――――――

【解答】 順次微分してみることにより推測する.

(1) $f'(x) = \left\{(2x+1)^{-\frac{1}{2}}\right\}' = -\dfrac{1}{2}(2x+1)^{-\frac{3}{2}}(2x+1)'$
$\quad\quad\quad = (-1)(2x+1)^{-\frac{3}{2}}$

$f''(x) = \left\{(-1)(2x+1)^{-\frac{3}{2}}\right\}' = (-1)\left(-\dfrac{3}{2}\right)(2x+1)^{-\frac{5}{2}}(2x+1)'$
$\quad\quad\quad = (-1)(-3)(2x+1)^{-\frac{5}{2}}$

$f'''(x) = \left\{(-1)(-3)(2x+1)^{-\frac{5}{2}}\right\}'$
$\quad\quad\quad = (-1)(-3)\left(-\dfrac{5}{2}\right)(2x+1)^{-\frac{7}{2}}(2x+1)'$
$\quad\quad\quad = (-1)(-3)(-5)(2x+1)^{-\frac{7}{2}}$

以下同様にして

$$f^{(n)}(x) = (-1)(-3)(-5)\cdots\{-(2n-1)\}(2x+1)^{-\frac{2n+1}{2}}$$

(2) $f'(x) = (e^{-x})' \cos \sqrt{3}\, x + e^{-x}(\cos \sqrt{3}\, x)'$
$\quad\quad\quad = e^{-x}(-\cos \sqrt{3}\, x - \sqrt{3} \sin \sqrt{3}\, x)$
$\quad\quad\quad = 2 e^{-x} \cos\left(\sqrt{3}\, x + \dfrac{2\pi}{3}\right)$

$f''(x) = \left\{2 e^{-x} \cos\left(\sqrt{3}\, x + \dfrac{2\pi}{3}\right)\right\}'$
$\quad\quad\quad = 2 e^{-x}\left\{-\cos\left(\sqrt{3}x + \dfrac{2\pi}{3}\right) - \sqrt{3} \sin\left(\sqrt{3}x + \dfrac{2\pi}{3}\right)\right\}$
$\quad\quad\quad = 2^2 e^{-x} \cos\left(\left(\sqrt{3}\, x + \dfrac{2\pi}{3}\right) + \dfrac{2\pi}{3}\right)$
$\quad\quad\quad = 2^2 e^{-x} \cos\left(\sqrt{3}\, x + \dfrac{4\pi}{3}\right)$

以下同様にして（厳密には数学的帰納法によって）次を得る.

$$f^{(n)}(x) = 2^n e^{-x} \cos\left(\sqrt{3}\, x + \dfrac{2n\pi}{3}\right)$$

なお，1.6.3 で複素数を利用した別解を紹介する．

注意 1.4 自然数 n の階乗 $n!$ を
$$n! = n(n-1)(n-2)\cdots 1 \quad (n \geq 1), \quad 0! = 1$$
によって定義したように，奇数 $2m-1$ および偶数 $2m$ $(m \geq 1)$ に対して
$$(2m-1)!! = (2m-1)(2m-3)(2m-5)\cdots 3 \cdot 1$$
$$(2m)!! = (2m)(2m-2)(2m-4)\cdots 4 \cdot 2$$
と書く．また便宜のため，$(-1)!! = 1$, $0!! = 1$ と定める．例題 1.7 (1) については，これを用いて次のようにあらわすこともできる．
$$f^{(n)}(x) = \frac{(-1)^n (2n-1)!!}{\left(\sqrt{2x+1}\right)^{2n+1}}$$

1.5.2 ライプニッツ律

関数の積の導関数の公式
$$(fg)' = f'g + fg'$$
は高次導関数の場合にはどうなるであろうか．実際に計算してみよう．

$$\begin{aligned}
(fg)'' &= (f'g + fg')' = (f'g)' + (fg')' \\
&= (f''g + f'g') + (f'g' + fg'') \\
&= f''g + 2f'g' + fg'' \\
(fg)''' &= (f''g + 2f'g' + fg'')' = (f''g)' + 2(f'g')' + (fg'')' \\
&= (f'''g + f''g') + 2(f''g' + f'g'') + (f'g'' + fg''') \\
&= f'''g + 3f''g' + 3f'g'' + fg''' \\
(fg)^{(4)} &= (f'''g + 3f''g' + 3f'g'' + fg''')' \\
&= (f'''g)' + 3(f''g')' + 3(f'g'')' + (fg''')' \\
&= (f^{(4)}g + f'''g') + 3(f'''g' + f''g'') \\
&\quad + 3(f''g'' + f'g''') + (f'g''' + fg^{(4)}) \\
&= f^{(4)}g + 4f'''g' + 6f''g'' + 4f'g''' + fg^{(4)}
\end{aligned}$$

このときの係数の決まり方が $(a+b)^n$ を展開したときの各項の係数の決まり方と全く同じパターンであることが観察される．各項の係数は**二項係数** ${}_nC_j$ であ

るが，二次元列ベクトルと誤解するおそれがなければこれを $\binom{n}{j}$ と書くことも多い．

$$\binom{n}{j} = \frac{n(n-1)\cdots(n-j+1)}{j!}$$
$$= \frac{n!}{j!(n-j)!}$$

厳密には数学的帰納法によって次を得る．

ライプニッツ律

$$(fg)^{(n)} = f^{(n)}g + nf^{(n-1)}g' + \frac{n(n-1)}{2}f^{(n-2)}g''$$
$$+ \cdots + nf'g^{(n-1)} + fg^{(n)}$$
$$= \sum_{j=0}^{n} \binom{n}{j} f^{(n-j)} g^{(j)}$$

ライプニッツ律は次の二項定理と見比べると覚えやすいであろう．

二項定理

$$(a+b)^n = a^n + na^{n-1}b + \frac{n(n-1)}{2}a^{n-2}b^2$$
$$+ \cdots + nab^{n-1} + b^n$$
$$= \sum_{j=0}^{n} \binom{n}{j} a^{n-j}b^j$$

なお，二項係数を次のように三角形に並べたものを**パスカルの三角形**という．

$$
\begin{array}{c}
1 \\
1 \quad 1 \\
1 \quad 2 \quad 1 \\
1 \quad 3 \quad 3 \quad 1 \\
1 \quad 4 \quad 6 \quad 4 \quad 1 \\
\cdots
\end{array}
$$

> **例題 1.8**
> $f(x) = x^2 e^{3x}$ の第 n 次導関数を求めよ．

【解答】 ライプニッツ律を利用する．

$$(x^2)^{(j)} = \begin{cases} x^2 & (j=0) \\ 2x & (j=1) \\ 2 & (j=2) \\ 0 & (j \geq 3) \end{cases}, \quad (e^{3x})^{(k)} = 3^k e^{3x}$$

であるから，$n \geq 2$ のとき

$$\begin{aligned}
f^{(n)}(x) &= \sum_{j=0}^{n} \binom{n}{j} (e^{3x})^{(n-j)} (x^2)^{(j)} = \sum_{j=0}^{2} \binom{n}{j} (e^{3x})^{(n-j)} (x^2)^{(j)} \\
&= x^2 (e^{3x})^{(n)} + n (x^2)' (e^{3x})^{(n-1)} + \frac{n(n-1)}{2} (x^2)'' (e^{3x})^{(n-2)} \\
&= x^2 \cdot 3^n e^{3x} + n \cdot 2x \cdot 3^{n-1} e^{3x} + \frac{n(n-1)}{2} \cdot 2 \cdot 3^{n-2} e^{3x} \\
&= 3^{n-2} e^{3x} \left\{ 3^2 x^2 + 6nx + n(n-1) \right\}
\end{aligned}$$

となる．この式が $n = 0, 1$ のときにも成り立つことは直接確かめられる．■

1.5.3 部分分数

有理関数の高次導関数の計算は，**部分分数**に分解してからおこなうとよい．

> **例題 1.9**
> $f(x) = \dfrac{1}{x^2 + 5x + 6}$ の第 n 次導関数を求めよ．

【解答】 $f(x) = \dfrac{1}{(x+2)(x+3)} = \dfrac{1}{x+2} - \dfrac{1}{x+3}$
$= (x+2)^{-1} - (x+3)^{-1}$

であるから

$$\begin{aligned}
f^{(n)}(x) &= \left\{ (x+2)^{-1} \right\}^{(n)} - \left\{ (x+3)^{-1} \right\}^{(n)} \\
&= (-1)^n (n!) \left\{ (x+2)^{-(n+1)} - (x+3)^{-(n+1)} \right\} \\
&= (-1)^n (n!) \left\{ \frac{1}{(x+2)^{n+1}} - \frac{1}{(x+3)^{n+1}} \right\}
\end{aligned}$$

■

1.5 高次導関数

定数でない多項式 $f(x), g(x)$ について, その商 $\dfrac{f(x)}{g(x)}$ が多項式 (定数でもよい) であるとき, $g(x)$ は $f(x)$ の**因数**であるという. 一般に実数を係数とする多項式は, 係数が実数の範囲でいくつかの一次式といくつかの判別式が負の二次式 (いずれも重複を許す) の積に因数分解できることが知られている.

有理関数の部分分数への分解について, 一般的な手順を述べよう.
$$f(x) = \frac{h(x)}{g(x)}$$
を有理関数とする. ここで $g(x), h(x)$ は共通の因数を持たない多項式で, また $g(x)$ の最高次の係数は 1 であるとする.

ステップ (1)

$f(x) = \dfrac{h(x)}{g(x)}$ について

　分子の次数 < 分母の次数

であればステップ (2) へ. そうでない場合は $h(x)$ を $g(x)$ で割った商を $q(x)$, 余りを $r(x)$ とすれば, $h(x) = q(x)g(x) + r(x)$ より
$$f(x) = q(x) + \frac{r(x)}{g(x)}$$
となる. 右辺第二項は

　分子の次数 < 分母の次数

となっている. 以下ではこの形の有理関数を扱う.

ステップ (2)

$g(x)$ を因数分解する.
$$\begin{aligned}g(x) = {}&(x - \alpha_1)^{\nu_1}(x - \alpha_2)^{\nu_2} \cdots (x - \alpha_n)^{\nu_n}(x^2 + p_1 x + q_1)^{\mu_1} \\ &\times (x^2 + p_2 x + q_2)^{\mu_2} \cdots (x^2 + p_m x + q_m)^{\mu_m}\end{aligned}$$
ここで $n, \nu_1, \nu_2, \cdots, \nu_n$ および $m, \mu_1, \mu_2, \cdots, \mu_m$ は自然数, $\alpha_1, \alpha_2, \cdots, \alpha_n$ は相異なる実定数, $(p_1, q_1), (p_2, q_2) \cdots, (p_m, q_m)$ は実定数の相異なる組で, 各々 $p_j^2 - 4q_j < 0$ をみたす. $n = 0$ のときは一次の因数はなく, $m = 0$ のときは二次の因数はないものと読む.

ステップ (3)

$g(x)$ の $(x-\alpha)^\nu$ の形の因数に対しては
$$\frac{a_1}{x-\alpha} + \frac{a_2}{(x-\alpha)^2} + \cdots + \frac{a_\nu}{(x-\alpha)^\nu}$$
($a_1, a_2, \cdots, a_\nu$ は実定数) の形の分数式を，$(x^2+px+q)^\mu$ の形の因数に対しては
$$\frac{b_1 x + c_1}{x^2+px+q} + \frac{b_2 x + c_2}{(x^2+px+q)^2} + \cdots + \frac{b_\mu x + c_\mu}{(x^2+px+q)^\mu}$$
($b_1, b_2, \cdots, b_\mu, c_1, c_2, \cdots, c_\mu$ は実定数) の形の分数式をそれぞれ対応させ，$f(x)$ をこれらの分数式の和に分解する．

ステップ (4)

上の式が恒等式になるように各定数を定める．

例題 1.10

$\dfrac{x^3}{x^2-1}$ を部分分数に分解せよ．

【解答】 まず
$$\frac{x^3}{x^2-1} = x + \frac{x}{x^2-1}$$
であり，また
$$\frac{x}{x^2-1} = \frac{x}{(x+1)(x-1)} = \frac{a}{x+1} + \frac{b}{x-1}$$
の形に分解される．分母を払って得られる
$$a(x-1) + b(x+1) = x$$
が恒等式となるように a, b を定めればよい．左辺を展開して係数を比較してもよいし，x にいくつか都合のよい数値を代入して比較してもよい（数値代入法）．例えば $x=-1$ を代入して $a = \dfrac{1}{2}$，$x=1$ を代入して $b = \dfrac{1}{2}$ が得られる．したがって
$$\frac{x^3}{x^2-1} = x + \frac{1}{2(x+1)} + \frac{1}{2(x-1)}$$ ■

例 1.8

次の公式は覚えておくと便利である．$\alpha \neq \beta$ のとき

1.5 高次導関数

$$\frac{1}{(x-\alpha)(x-\beta)} = \frac{1}{\beta-\alpha}\left(\frac{1}{x-\beta} - \frac{1}{x-\alpha}\right)$$

$$\frac{x}{(x-\alpha)(x-\beta)} = \frac{1}{\beta-\alpha}\left(\frac{\beta}{x-\beta} - \frac{\alpha}{x-\alpha}\right)$$

□

例題 1.11

部分分数に分解せよ．

(1) $\dfrac{1}{(x-1)(x+2)^2}$　　(2) $\dfrac{1}{x^4+1}$

【解答】 (1) $\dfrac{1}{(x-1)(x+2)^2} = \dfrac{a}{x-1} + \dfrac{b}{x+2} + \dfrac{c}{(x+2)^2}$

の形に分解される．定数 a, b, c を求めるために，分母を払って

$$a(x+2)^2 + b(x-1)(x+2) + c(x-1) = 1$$

左辺を展開して係数を比較してもよいが，次のように数値代入法によってもよい．$x=1, -2$ をそれぞれ代入して $a=\dfrac{1}{9}$, $c=-\dfrac{1}{3}$ が得られ，さらに（例えば）$x=0$ を代入すれば $b=-\dfrac{1}{9}$ が得られる．したがって

$$\frac{1}{(x-1)(x+2)^2} = \frac{1}{9(x-1)} - \frac{1}{9(x+2)} - \frac{1}{3(x+2)^2}$$

なお 例1.8 の公式を繰り返し利用して，次のように計算してもよい．

$$\begin{aligned}
&\frac{1}{(x-1)(x+2)^2} \\
&= \frac{1}{(x-1)(x+2)}\frac{1}{x+2} \\
&= \frac{1}{3}\left(\frac{1}{x-1} - \frac{1}{x+2}\right)\frac{1}{x+2} \\
&= \frac{1}{3}\left\{\frac{1}{(x-1)(x+2)} - \frac{1}{(x+2)^2}\right\} \\
&= \frac{1}{3}\left\{\frac{1}{3}\left(\frac{1}{x-1} - \frac{1}{x+2}\right) - \frac{1}{(x+2)^2}\right\} \\
&= \frac{1}{9(x-1)} - \frac{1}{9(x+2)} - \frac{1}{3(x+2)^2}
\end{aligned}$$

(2) $x^4+1 = (x^2+1)^2 - 2x^2$
$\qquad = (x^2 - \sqrt{2}\,x + 1)(x^2 + \sqrt{2}\,x + 1)$

であるから
$$\frac{1}{x^4+1} = \frac{ax+b}{x^2-\sqrt{2}\,x+1} + \frac{cx+d}{x^2+\sqrt{2}\,x+1}$$
の形に分解できる．分母を払って
$$(ax+b)(x^2+\sqrt{2}\,x+1) + (cx+d)(x^2-\sqrt{2}\,x+1) = 1$$
左辺を整理し，両辺の係数を比較して a,b,c,d を求めると
$$a = -\frac{1}{2\sqrt{2}}$$
$$b = d$$
$$= \frac{1}{2}$$
$$c = \frac{1}{2\sqrt{2}}$$
したがって
$$\frac{1}{x^4+1} = -\frac{1}{2\sqrt{2}}\frac{x-\sqrt{2}}{x^2-\sqrt{2}\,x+1}$$
$$\phantom{\frac{1}{x^4+1} =} + \frac{1}{2\sqrt{2}}\frac{x+\sqrt{2}}{x^2+\sqrt{2}\,x+1}$$

高次導関数の話に戻ろう．有理関数の分母が一次式の積に因数分解できるときは，部分分数を利用して第 n 次導関数の一般形を求めることができる．

例 1.9 例題 1.11 (1) より
$$\left\{\frac{1}{(x-1)(x+2)^2}\right\}^{(n)}$$
$$= \left\{\frac{1}{9(x-1)}\right\}^{(n)} - \left\{\frac{1}{9(x+2)}\right\}^{(n)} - \left\{\frac{1}{3(x+2)^2}\right\}^{(n)}$$
$$= (-1)^n \left\{\frac{n!}{9(x-1)^{n+1}} - \frac{n!}{9(x+2)^{n+1}} - \frac{(n+1)!}{3(x+2)^{n+2}}\right\}$$

分母に判別式が負の二次式があるときは，第 n 次導関数の一般形を求めることは簡単ではない．第二次導関数（できれば第四次導関数くらい）まで正確に求められる計算力を養ってほしい．

1.5 高次導関数

係数として複素数を許せば，あらゆる多項式は一次式の積に分解できることが知られており，統一的な扱いが可能になる．

例 1.10 $f(x) = \dfrac{2x}{x^2+1}$ の第 n 次導関数を求める．

$$f(x) = \frac{1}{x-i} + \frac{1}{x+i}$$

であるから，その第 n 次導関数は

$$\begin{aligned}
f^{(n)}(x) &= \left(\frac{1}{x-i}\right)^{(n)} + \left(\frac{1}{x+i}\right)^{(n)} \\
&= (-1)^n (n!) \left\{ \frac{1}{(x-i)^{n+1}} + \frac{1}{(x+i)^{n+1}} \right\}
\end{aligned}$$

となる（この計算は 1.6.3 で正当化される）．$f(x)$ は実係数の有理関数であるから，$f^{(n)}(x)$ も実数の範囲で表示したい．n が具体的に与えられれば次のように計算できる．

$$\begin{aligned}
f''(x) &= 2\left\{ \frac{1}{(x-i)^3} + \frac{1}{(x+i)^3} \right\} \\
&= 2 \cdot \frac{(x+i)^3 + (x-i)^3}{(x-i)^3 (x+i)^3} \\
&= \frac{4(x^3 - 3x)}{(x^2+1)^3}
\end{aligned}$$

この程度であれば $f(x)$ を直接 2 回微分しても容易に計算できるが，n が大きい場合には上の方法が有効である． □

1.6 オイラーの公式

複素数値関数は独立変数も複素数として考察するほうがより本質的な性質に迫れるが，それは「複素解析」とよばれる分野であり，それについて述べることは本書の範囲を越える．この節では実一変数の複素数値関数について，とりわけ指数関数と三角関数について，簡単だが応用上重要なことを述べる．

1.6.1 複素数平面と極形式

実数 x については $x^2 \geq 0$ であるが，$i^2 = -1$ となる「数」i（もちろん実数ではない）を考えてこれを**虚数単位**といい，

$$x + yi \quad (x, y \text{ は実数})$$

の形のものを**複素数**という．このとき x を複素数 $z = x + yi$ の**実部**といい $\operatorname{Re} z$ と書き，また y を $z = x + yi$ の**虚部**といい $\operatorname{Im} z$ と書く．実数は虚部が 0 の複素数であるということができる．実部が 0 の複素数を**純虚数**という．複素数 $z = x + yi$ ($x = \operatorname{Re} z, y = \operatorname{Im} z$) に対し，

$$\overline{z} = x - yi$$

を z の**共役複素数**といい，また z の**絶対値**を

$$|z| = \sqrt{z\overline{z}} = \sqrt{x^2 + y^2}$$

と定める．

複素数 $x + yi$ に座標平面の点 (x, y) を対応させることにより，複素数全体が座標平面の上に一対一に写る．これによって複素数の全体 $\mathbb{C}$ と同一視された座標平面を**複素数平面**あるいは**ガウス平面**という．このとき x 軸，y 軸に対応する直線を**実軸**，**虚軸**という．

二つの複素数 $z_1 = x_1 + y_1 i, z_2 = x_2 + y_2 i$ の和を

$$z_1 + z_2 = (x_1 + x_2) + (y_1 + y_2) i$$

と定め，また複素数 $z = x + yi$ (x, y は実数）の実数 k 倍を

$$kz = kx + kyi$$

と定める．複素数 $x + yi$ を，対応する座標平面上の点 (x, y) の位置ベクトルと同一視すれば，これらの演算はベクトルの和および実数倍にほかならない．

文字式の計算法則と，$i^2 = -1$ により，複素数同士の積も定義できる．z_1, z_2 を上のとおりとするとき，

$$\begin{aligned} z_1 z_2 &= (x_1 + y_1 i)(x_2 + y_2 i) \\ &= x_1 x_2 + x_1 y_2 i + y_1 x_2 i + y_1 y_2 i^2 \\ &= (x_1 x_2 - y_1 y_2) + (x_1 y_2 + y_1 x_2) i \end{aligned}$$

である．また $z_2 \neq 0$ であれば，

$$\frac{z_1}{z_2} = \frac{z_1 \overline{z_2}}{|z_2|^2} = \frac{(x_1 x_2 + y_1 y_2) + (-x_1 y_2 + y_1 x_2)i}{x_2^2 + y_2^2}$$

により商も定義される（右辺の分母は実数であることに注意しよう）．こうして複素数の全体 $\mathbb{C}$ に四則が定義でき，通常の計算法則が成り立つことが示せる．

座標平面上の（原点以外の）点 P は，原点 O からの距離 r と，線分 OP が x 軸の正の向きとなす角（を反時計回りに測ったもの）θ とを指定すれば，

$$\begin{cases} x = r \cos \theta \\ y = r \sin \theta \end{cases}$$

によってその座標 (x, y) が定まる．座標平面上の点をこのように r と θ の組 (r, θ) であらわすのを（平面）**極座標**という．このとき θ の値は点に対してただ一つに定まるわけではないが，2π の整数倍の差を除けば一意的に決まる．

複素数平面に極座標を導入しよう．複素数 $z \neq 0$ について，z の原点からの距離は z の絶対値 $|z|$ である．また線分 $\mathrm{O}z$ が実軸の正の向きとなす角を反時計回りに測ったものを z の**偏角**といい $\arg z$ と書く．偏角の値には 2π の整数倍の差の任意性があるが，例えば $0 \leq \theta < 2\pi$ や $-\pi < \theta \leq \pi$ の範囲に限定すればただ一つに定まる．本書では $-\pi < \theta \leq \pi$ の範囲にとることが多い．

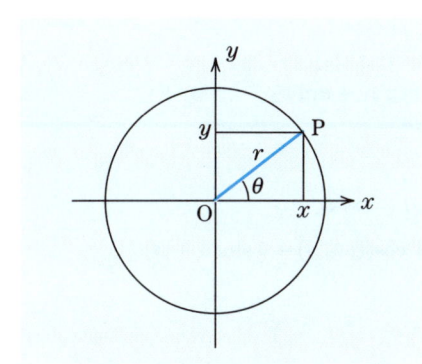

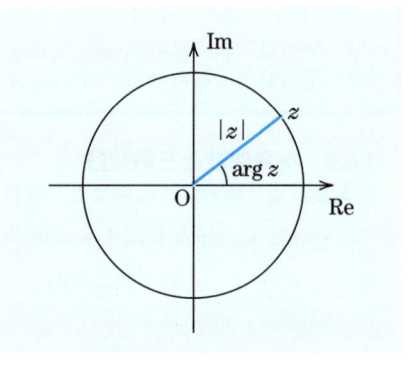

図 1.13 座標平面　　　　図 1.14 複素数平面

絶対値と偏角を用いると，複素数 $z \neq 0$ は

---**複素数の極形式表示（その 1）**---

$$z = |z| \big\{ \cos(\arg z) + i \sin(\arg z) \big\}$$

とあらわされる．右辺の形を**極形式**という．なお指数関数を用いる表示（43 頁）も参照のこと．

例 1.11　$3 - \sqrt{3}\, i = 2\sqrt{3} \left\{ \cos\left(-\frac{\pi}{6}\right) + i \sin\left(-\frac{\pi}{6}\right) \right\}$

偏角には 2π の整数倍の差の任意性があるので，これを例えば
$$3 - \sqrt{3}\,i = 2\sqrt{3}\left(\cos\frac{11\pi}{6} + i\sin\frac{11\pi}{6}\right)$$
とあらわしてもよい. □

極形式は複素数の積と相性がよい．複素数 z_1, z_2 を極形式で
$$z_1 = |z_1|(\cos\alpha + i\sin\alpha) \quad (\alpha = \arg z_1)$$
$$z_2 = |z_2|(\cos\beta + i\sin\beta) \quad (\beta = \arg z_2)$$
とあらわし，積 $z_1 z_2$ を計算すると，三角関数の加法公式により，
$$\begin{aligned}z_1 z_2 &= |z_1|(\cos\alpha + i\sin\alpha)\cdot|z_2|(\cos\beta + i\sin\beta)\\ &= |z_1|\cdot|z_2|\bigl\{(\cos\alpha\cos\beta - \sin\alpha\sin\beta) + i(\sin\alpha\cos\beta + \cos\alpha\sin\beta)\bigr\}\\ &= |z_1|\cdot|z_2|\bigl\{\cos(\alpha+\beta) + i\sin(\alpha+\beta)\bigr\}\end{aligned}$$
となるので，次がわかる.

複素数の積と極形式

複素数 z_1, z_2 について
(1) 積の絶対値は絶対値の積： $|z_1 z_2| = |z_1|\cdot|z_2|$
(2) 積の偏角は偏角の和： $\arg(z_1 z_2) = \arg z_1 + \arg z_2$

1.6.2 指数関数と三角関数

複素数の積と極形式の説明より，実数 α, β について
$$(\cos\alpha + i\sin\alpha)(\cos\beta + i\sin\beta) = \cos(\alpha+\beta) + i\sin(\alpha+\beta)$$
が成り立っている．これを指数法則
$$e^x e^y = e^{x+y}$$
と見比べることにより，純虚数に対する指数関数を次のように定める.

オイラーの公式

$e^{i\theta} = \cos\theta + i\sin\theta$ （θ は実数）

オイラーの公式において θ を $-\theta$ に置き換えると（$\cos(-\theta) = \cos\theta$, $\sin(-\theta) = -\sin\theta$ に注意），
$$e^{-i\theta} = \cos\theta - i\sin\theta$$
を得る．オイラーの公式とこの式より，次が得られる.
$$\cos\theta = \frac{e^{i\theta} + e^{-i\theta}}{2}, \quad \sin\theta = \frac{e^{i\theta} - e^{-i\theta}}{2i}$$

これを双曲線関数の定義と比べてみると興味深い．

純虚数に対する指数関数を用いると，**極形式**を次のように表示することもできる．こちらのほうが何かと便利である．

複素数の極形式表示（その2）

$$z = |z|e^{i\theta} \quad (\theta = \arg z)$$

例 1.12　$3 - \sqrt{3}\,i = 2\sqrt{3}\,e^{-\frac{\pi}{6}i}$ □

1.6.3　実一変数複素数値関数の導関数

実一変数複素数値関数の導関数について考察し，31頁の例題 1.7 (2) の別解を与え，また 39 頁の 例 1.10 の計算を正当化しよう．

$f : I \to \mathbb{C}$ を開区間 $I \subset \mathbb{R}$ において定義された複素数値関数とする．f の実部 u と虚部 v を

$$\begin{cases} u(x) = \mathrm{Re}(f(x)) \\ v(x) = \mathrm{Im}(f(x)) \end{cases} \quad (x \in I)$$

と定めれば，$f = u + iv$ すなわち

$$f(x) = u(x) + i\,v(x) \quad (x \in I)$$

であり，また u, v は実数値関数 $u : I \to \mathbb{R}$, $v : I \to \mathbb{R}$ である．

複素数値関数の極限について，

$$\lim_{x \to a} f(x) = w_0$$

とは

$$\lim_{x \to a} u(x) = u_0 \quad \text{かつ} \quad \lim_{x \to a} v(x) = v_0$$

のことであると定める（ただし $u_0 = \mathrm{Re}\,w_0$, $v_0 = \mathrm{Im}\,w_0$）．複素数値関数 f の連続性，微分可能性，導関数，高次導関数に関することなどは実数値関数の場合と同様に定義できる．点における連続性，微分可能性については次が成り立つ．

(1) f が $x = a$ において連続 $\iff$ u, v が共に $x = a$ において連続．
(2) f が $x = a$ において微分可能 $\iff$ u, v が共に $x = a$ において微分可能．

またこのとき次が成り立つ．

$$f'(a) = u'(a) + i\,v'(a)$$

区間における連続性，微分可能性についても同様である．

微分法の公式についても実数値関数の場合と同様である．

実一変数複素数値関数の導関数

f, g を開区間 $I \subset \mathbb{R}$ 上微分可能な複素数値関数，c を複素定数とする．
(1) 和 $f + g$ および定数倍 cf 倍も I 上微分可能で，次が成り立つ（微分演算の複素線形性）．

$$(f+g)' = f' + g', \quad (cf)' = cf'$$

(2) 積 fg も I 上微分可能で次が成り立つ（積の微分法）．
$$(fg)' = f'g + fg'$$

(3) さらに $g(x) \neq 0 \ (x \in I)$ がみたされているならば商 $\dfrac{f}{g}$ も I 上微分可能で次が成り立つ（商の微分法）．
$$\left(\frac{f}{g}\right)' = \frac{f'g - fg'}{g^2}$$

例 1.13 N を自然数とし，$f(x) = x^N$ とすれば，$u(x) = x^N$, $v = 0$ であるから $f'(x) = u'(x) + i\,v'(x) = Nx^{N-1}$．したがって複素線形性により，複素係数の多項式関数
$$f(x) = a_N x^N + a_{N-1} x^{N-1} + \cdots + a_1 x + a_0$$
について
$$f'(x) = a_N N x^{N-1} + a_{N-1}(N-1)x^{N-2} + \cdots + a_1$$
となり，実数の場合とみかけ上同じ結果が得られた． □

例 1.14 $\alpha = a + bi$ (a, b は実数で，$b \neq 0$) を複素定数とする．実数 x の関数 $f(x) = e^{\alpha x}$ の導関数を求める（一般の複素数に対する指数関数については 45 頁のコラム参照）．
$$f(x) = e^{ax + bx\,i} = e^{ax}(\cos bx + i \sin bx)$$
より
$$u(x) = e^{ax} \cos bx, \quad v(x) = e^{ax} \sin bx$$
であるから，
$$\begin{aligned}
f'(x) &= u'(x) + i\,v'(x) \\
&= e^{ax}(a \cos bx - b \sin bx) + i\,e^{ax}(b \cos bx + a \sin bx) \\
&= e^{ax}\left\{(a + b\,i) \cos bx + (-b + a\,i) \sin bx\right\} \\
&= e^{ax}(a + b\,i)(\cos bx + i \sin bx) \\
&= \alpha f(x)
\end{aligned}$$
となり，実数の場合とみかけ上同じ結果が得られた． □

例 1.15 $f(x) = e^{-x} \cos \sqrt{3}\, x$ の第 n 次導関数を求める（例題 1.7 (2) の別解）．

$f(x)$ が $\varphi(x) = e^{(-1 + \sqrt{3}\,i)x}$ の実部であることに注目する．**例 1.14** の結果を繰り返し用いれば
$$\varphi^{(n)}(x) = \left(-1 + \sqrt{3}\,i\right)^n \varphi(x)$$

である．極形式を利用すると，
$$\left(-1+\sqrt{3}\,i\right)^n = \left(2e^{\frac{2\pi}{3}i}\right)^n = 2^n e^{\frac{2n\pi}{3}i}$$
であるから，
$$\begin{aligned}\varphi^{(n)}(x) &= 2^n e^{\frac{2n\pi}{3}i}\varphi(x) = 2^n e^{\frac{2n\pi}{3}i}e^{(-1+\sqrt{3}\,i)x}\\ &= 2^n e^{-x+(\sqrt{3}\,x+\frac{2n\pi}{3})i} = 2^n e^{-x}e^{(\sqrt{3}\,x+\frac{2n\pi}{3})i}\end{aligned}$$
この実部をとって
$$\begin{aligned}f^{(n)}(x) &= \mathrm{Re}\left(\varphi^{(n)}(x)\right) = \mathrm{Re}\left(2^n e^{-x}e^{(\sqrt{3}\,x+\frac{2n\pi}{3})i}\right)\\ &= 2^n e^{-x}\cos\left(\sqrt{3}\,x+\frac{2n\pi}{3}\right)\end{aligned}$$
□

例 1.16 α を複素定数とするとき，商の微分により
$$\left(\frac{1}{x-\alpha}\right)' = -\frac{(x-\alpha)'}{(x-\alpha)^2} = -\frac{1}{(x-\alpha)^2}$$
（分子については 例 1.13 参照）となる．以下同様に繰り返すことができ，こうして 例 1.10 の計算が正当化される． □

> ■ 一般の複素数に対する指数関数
>
> 一般の複素数 $z = x + yi$（x, y は実数）に対して
> $$e^z = e^{x+yi} = e^x e^{iy} = e^x(\cos y + i\sin y)$$
> と定めることにより指数関数を拡張する．この拡張された指数関数についても指数法則が成り立つことは容易に確かめられる．またこの指数関数を用いて，複素変数の三角関数，双曲線関数を
> $$\cos z = \frac{e^{iz}+e^{-iz}}{2}, \quad \sin z = \frac{e^{iz}-e^{-iz}}{2i}$$
> $$\cosh z = \frac{e^z+e^{-z}}{2}, \quad \sinh z = \frac{e^z-e^{-z}}{2}$$
> と定義する．これらについても加法公式が成り立つことは，実変数の双曲線関数の場合と同様に確かめられる．また定義から次の公式が得られる．
> $$\cos z = \cosh(iz), \quad \sin z = -i\sinh(iz)$$
> $$\cosh z = \cos(iz), \quad \sinh z = -i\sin(iz)$$
> 29 頁で三角関数と双曲線関数について述べたことは，実はこの公式を念頭においたものであった．

1章の問題

1 e の定義を利用して次の極限値を求めよ.
 (1) $\displaystyle\lim_{n\to-\infty}\left(1+\frac{1}{n}\right)^n$ (2) $\displaystyle\lim_{n\to\infty}\left(1+\frac{a}{n}\right)^n$ (a：定数)

2 次の値を求めよ.
 (1) $\sin\dfrac{\pi}{12}$ (2) $\cos\dfrac{\pi}{12}$ (3) $\sin\dfrac{\pi}{8}$ (4) $\cos\dfrac{\pi}{8}$

3 $t=\tan\dfrac{\theta}{2}$ とするとき，次の等式が成り立つことを示せ.
$$\sin\theta=\frac{2t}{1+t^2},\quad \cos\theta=\frac{1-t^2}{1+t^2},\quad \tan\theta=\frac{2t}{1-t^2}$$

4 次の等式を示せ.
 (1) $\sin x\cos y=\dfrac{1}{2}\{\sin(x+y)+\sin(x-y)\}$
 (2) $\cos x\cos y=\dfrac{1}{2}\{\cos(x+y)+\cos(x-y)\}$
 (3) $\sin x\sin y=-\dfrac{1}{2}\{\cos(x+y)-\cos(x-y)\}$
 (4) $\sin A\pm\sin B=2\sin\dfrac{A\pm B}{2}\cos\dfrac{A\mp B}{2}$ （複号同順）
 (5) $\cos A+\cos B=2\cos\dfrac{A+B}{2}\cos\dfrac{A-B}{2}$
 (6) $\cos A-\cos B=-2\sin\dfrac{A+B}{2}\sin\dfrac{A-B}{2}$

5 $\sin 3x$ を $\sin x$ を用いてあらわせ．また $\cos 3x$ を $\cos x$ を用いてあらわせ.

6 次の関数の導関数を計算せよ.
 (1) $(x^2+x+1)^8$ (2) $\log\left(x+\sqrt{x^2+1}\right)$
 (3) $\log_a x$ (a は 1 でない正の定数) (4) $\left(\sin(5x^2)\right)^3$

7 次の不定積分を求めよ.
 (1) $\displaystyle\int (\sin x)^7\cos x\,dx$
 (2) $\displaystyle\int \frac{4(x-1)}{(x^2-2x+2)^3}\,dx$
 (3) $\displaystyle\int \sqrt{x}\log x\,dx$

8 次の等式を示せ．
$$\frac{d}{dx}\int_{g(x)}^{h(x)} f(t)dt = f(h(x))h'(x) - f(g(x))g'(x)$$

9 次の値を求めよ．
(1) $\sin^{-1}\dfrac{1}{2}$ (2) $\cos^{-1}\left(-\dfrac{1}{\sqrt{2}}\right)$
(3) $\tan\left(\sin^{-1}\dfrac{3}{5}\right)$ (4) $\cos\left(\tan^{-1}\left(-\dfrac{2\sqrt{6}}{5}\right)\right)$

10 実数 x, y が $-\dfrac{\pi}{2} < \tan^{-1}x + \tan^{-1}y < \dfrac{\pi}{2}$ をみたすとき次の等式を示せ．
$$\tan^{-1}x + \tan^{-1}y = \tan^{-1}\left(\frac{x+y}{1-xy}\right)$$

11 次の値を求めよ．
(1) $\tan^{-1}\dfrac{1}{2} + \tan^{-1}\dfrac{1}{3}$ (2) $\cos^{-1}\dfrac{7}{25} + 2\cos^{-1}\dfrac{3}{5}$

12 次の関数を微分せよ．
(1) $\sin^{-1}\dfrac{2x+5}{3}$ (2) $\tan^{-1}\dfrac{3x-2}{5}$
(3) $\cos^{-1}\dfrac{x}{\sqrt{1+x^2}}$ (4) $\sin^{-1}\dfrac{2x}{1+x^2}$

13 $y = \sin^{-1}x \cdot \cos^{-1}x$ の増減を調べ，グラフを描け．

14 微分法を利用して例題 1.2 (2) の公式
$$\sin^{-1}\sqrt{1-x^2} = \begin{cases} \pi - \cos^{-1}x & (-1 \leq x \leq 0) \\ \cos^{-1}x & (0 \leq x \leq 1) \end{cases}$$
を証明せよ．

15 $a > 0$ を定数とするとき，次を示せ．
(1) $\displaystyle\int \frac{dx}{a^2+x^2} = \frac{1}{a}\tan^{-1}\frac{x}{a} + C$ (2) $\displaystyle\int \frac{dx}{\sqrt{a^2-x^2}} = \sin^{-1}\frac{x}{a} + C$

16 次の不定積分を求めよ．
(1) $\displaystyle\int \frac{dx}{25x^2-30x+16}$ (2) $\displaystyle\int \frac{dx}{\sqrt{-9x^2+12x+7}}$

17 $0 < p < a$ を定数とする．
(1) 部分積分を利用して次の等式を示せ．

$$\int_0^p \sqrt{a^2-x^2}\,dx = \frac{1}{2}\left(p\sqrt{a^2-p^2}+a^2\sin^{-1}\frac{p}{a}\right)$$

(2) 円 $x^2+y^2 \leq a^2$ が平行線 $x=0, x=p$ によって切り取られる部分の面積 S を考えることにより，(1) の等式を図形的に説明せよ．

18 部分積分を利用して次の不定積分を計算せよ．

(1) $\displaystyle\int \tan^{-1} x\, dx$ (2) $\displaystyle\int \sin^{-1} x\, dx$ (3) $\displaystyle\int \cos^{-1} x\, dx$

19 24〜25 頁の双曲線関数の各種公式（その 1），（その 2），（その 3）を確かめよ．

20 次の値を計算せよ．

(1) $\cosh \log 2$ (2) $\sinh \log 2$
(3) $\cosh \log (2+\sqrt{3})$ (4) $\sinh \log (2+\sqrt{3})$

21 双曲正接関数 $\tanh x$ について，対称性，増減，凹凸，$\displaystyle\lim_{x\to+\infty}\tanh x$, $\displaystyle\lim_{x\to-\infty}\tanh x$ などを調べ，グラフの概形を描け．

22 双曲正接関数 $\tanh x$ の逆関数（**逆双曲正接関数**）$\tanh^{-1}$ の定義域と $\tanh^{-1} y$ の具体的な形を求めよ．

23* 逆双曲正接関数を利用して $\displaystyle\int \frac{dx}{1-x^2}$ を計算せよ．

24 $a>0$ を定数とするとき，次を示せ．

$$\int \frac{dx}{\sqrt{x^2+a^2}} = \sinh^{-1}\frac{x}{a}+C_1 = \log\left(x+\sqrt{x^2+a^2}\right)+C_2$$

25 部分積分を利用して不定積分 $\displaystyle\int \sinh^{-1} x\, dx$ を求めよ．

26 次の関数の第 n 次導関数を求めよ．

(1) e^{ax+b} (a, b は実定数) (2) $\log x$ (3) $\log\left|\dfrac{x+1}{x-1}\right|$
(4) $(\cos x)^2$ (5) $\sinh x$ (6) $x^2\log(x+1)$ $(n\geq 3)$
(7) $\sin 3x \sin 2x$ (8) $x\sin 3x$ (9) $e^{-3x}\sin\sqrt{3}x$

27 $f(x)=\tan^{-1} x$ の第 n 次導関数の一般形を求めるのは難しいが，次のようにすれば $f^{(n)}(0)$ は初等的に求めることができる．

(1) $(x^2+1)f'(x)=1$ の両辺を n 回微分せよ $(n\geq 1)$．

(2) (1) で得られた結果に $x=0$ を代入し，$f^{(n)}(0)$ のみたす漸化式を求めよ．
(3) 次を示せ．
$$f^{(n)}(0) = \begin{cases} 0 & (n=2m) \\ (-1)^m (2m)! & (n=2m+1) \end{cases}$$

28 次の有理関数を部分分数に分解せよ．

(1) $\dfrac{x^3 - 13x + 2}{x^2 + 2x - 8}$ (2) $\dfrac{x+4}{6x^2 - x - 1}$ (3) $\dfrac{3}{x^3 + 1}$

(4) $\dfrac{3x+1}{(x^2-1)^2}$ (5) $\dfrac{x^2 + x + 1}{(x^2+1)^2 (x^2+3)}$

29 次の関数の第 n 次導関数を求めよ．

(1) $\dfrac{x+1}{(x-1)(x-2)}$ (2) $\dfrac{x^3 - 9}{x^2 - 5x + 6}$ (3) $\dfrac{1}{x^3 - 3x^2 - 9x - 5}$

30* 複素数を利用して $\left(\dfrac{2x}{x^2+1}\right)^{(5)}$ を計算し，結果を実数の範囲で表示せよ．

31* 次の複素数を極形式であらわせ．

(1) -3 (2) i (3) $4+3i$

32* (1) 絶対値が 1 の複素数は $\cos\theta + i\sin\theta$ の形に書けることを示せ．
(2) (**ド・モアブルの定理**) n を整数とするとき，次が成り立つことを示せ．
$(\cos\theta + i\sin\theta)^n = \cos n\theta + i\sin n\theta$

33* 極形式を利用して $e^{-3x}\sin\sqrt{3}x$ の第 n 次導関数を求めよ．

2 数列と級数

関数を扱いやすい形であらわすことは重要なことであるが，では『扱いやすい形』とはどのようなものであろうか．多項式であらわされる関数は扱いやすいものの代表格であるとしてよいであろうから，それに続くものとしては『無限次の多項式』とでもいうべき「べき級数」

$$a_0 + a_1 x + a_2 x^2 + \cdots + a_n x^n + \cdots$$

を考えるのは自然であろう．与えられた関数をべき級数の形にあらわすことについては 2.3 節で述べるが，無限和を扱うからにはその収束・発散について全く目配りをしないという訳にはいかない．2.1 節，2.2 節では数列と級数について，そのための準備をおこなう．

キーワード

正項級数，絶対収束，収束判定，比較定理，優級数
べき級数，収束半径，項別微分，項別積分
テイラー展開，マクローリン展開

2.1 数列と級数

2.1.1 数列とその収束

ここでは用語の確認をおこなう．なじめない人は，数列の番号の付け方（$n=1$ からではなく $n=0$ から始めること）にだけ注意し，2.1.2 へ進んでよい．

本書では 0 も自然数に含め，自然数の全体を $\mathbb{N}$ と書くのであった．また整数全体を $\mathbb{Z}$，有理数全体を $\mathbb{Q}$，実数全体を $\mathbb{R}$，複素数全体を $\mathbb{C}$ と書く．

定義 2.1　**数列**[1] とは $\mathbb{N}$ から $\mathbb{R}$ への写像のことである．これを $0, 1, 2, 3, \cdots, n, \cdots$ に対応する値を列挙して

$$a_0, a_1, a_2, a_3, \cdots, a_n, \cdots$$

のように書く．またこれを

$$(a_n)_{n \in \mathbb{N}} \quad \text{あるいは単に} \quad (a_n)$$

のようにも書く．

注意 2.1　高等学校では数列 $\{a_n\}$ のような表記をしたが，数列は数が並ぶ順序が重要であるのでこれは適切とはいえない．本書では上述の表記を用いる．

数列 $(a_n)_{n \in \mathbb{N}}$ が実数 a に収束するとは「n を大きくしていくと a_n は a に限りなく近づく」ということであるが，これは「必要な精度をどのように設定しても，充分大きな番号から先では全ての $|a_n - a|$ はその精度より小さい」ということである．これを定式化したのがかの『悪名高き』**ε-δ（イプシロン–デルタ）**式の定義である．本書ではなるべく ε-δ 式の論法は避けるが，一応ここで定義は紹介しておく．

定義 2.2　数列 $(a_n)_{n \in \mathbb{N}}$ が実数 a に**収束**するとは，任意の $\varepsilon > 0$ に対して自然数 n_0 で次を成り立たせるものが存在することである．自然数 n について

$$n \geq n_0 \implies |a_n - a| < \varepsilon$$

また $(a_n)_{n \in \mathbb{N}}$ がいずれの実数にも収束しないとき，$(a_n)_{n \in \mathbb{N}}$ は**発散**するという．

定義 2.3　(1)　数列 $(a_n)_{n \in \mathbb{N}}$ が**上に有界**であるとは n によらない実定数 K で次を成り立たせるものが存在すること：

$$a_n \leq K \quad (n \in \mathbb{N})$$

(2)　数列 $(a_n)_{n \in \mathbb{N}}$ が**下に有界**であるとは n によらない実定数 K で次を成り立たせるものが存在すること：

---

[1] 値が実数であることを強調する場合は「実数列」ともいう．これに対し，値が複素数の場合，すなわち $\mathbb{N}$ から $\mathbb{C}$ への写像を複素数列という．本書では単に「数列」といえば「実数列」を指すことにする．

$$a_n \geq K \quad (n \in \mathbb{N})$$

(3) 数列 $(a_n)_{n \in \mathbb{N}}$ が**有界**であるとは数列 $(a_n)_{n \in \mathbb{N}}$ が上に有界であり、かつ下に有界でもあること．

(4) 数列 $(a_n)_{n \in \mathbb{N}}$ が**（広義の）単調増大列**であるとは次が成り立つこと：
$$m > n \implies a_m \geq a_n \quad (m, n \in \mathbb{N})$$
この条件の $a_m \geq a_n$ を $a_m > a_n$ に置き換えたものをみたすとき数列 $(a_n)_{n \in \mathbb{N}}$ は**狭義の単調増大列**であるという．**（広義の）単調減少列**，**狭義の単調減少列**についても同様である．

極限が存在することに関して、本書では次の公理を採用する．

公理（実数の連続性）

数列 $(a_n)_{n \in \mathbb{N}}$ が単調増大列であり、かつ上に有界であるならば数列 $(a_n)_{n \in \mathbb{N}}$ は収束する．

2.1.2 級数

数列 $(a_n)_{n \in \mathbb{N}}$ に対して，
$$\sum_{n=0}^{\infty} a_n = a_0 + a_1 + a_2 + a_3 + \cdots + a_n + \cdots$$
を数列 $(a_n)_{n \in \mathbb{N}}$ に対応する**級数**という．また
$$S_n = \sum_{j=0}^{n} a_j = a_0 + a_1 + a_2 + a_3 + \cdots + a_n$$
を数列 $(a_n)_{n \in \mathbb{N}}$ の**第 n 部分和**という．

級数の収束

級数 $\sum_{n=0}^{\infty} a_n$ が**収束**するとは、数列 $(a_n)_{n \in \mathbb{N}}$ の第 n 部分和 S_n を一般項とする数列 $(S_n)_{n \in \mathbb{N}}$ が有限確定の極限を持つこと．このとき、この極限値を級数の**和**といい、これも $\sum_{n=0}^{\infty} a_n$ と書く．

$$\sum_{n=0}^{\infty} a_n = \lim_{n \to \infty} S_n$$
$$= \lim_{n \to \infty} \sum_{j=0}^{n} a_j$$

注意 2.2 $\sum_{n=0}^{\infty} a_n$ という記号には「級数自体」と「級数の和」の二つの意味があるが,両者は文脈から区別できることが多い.

例 2.4 (等比級数) $a_n = r^n$ (r:定数) のとき

$$S_n = \sum_{j=0}^{n} r^j$$

$$= \begin{cases} \dfrac{1-r^{n+1}}{1-r} & (r \neq 1) \\ n+1 & (r = 1) \end{cases}$$

であるから,$\sum_{n=0}^{\infty} r^n$ が収束するための必要充分条件は $|r| < 1$ で,このとき

$$\sum_{n=0}^{\infty} r^n = \frac{1}{1-r}$$

□

級数に関する次のことは,数列の極限に関する同様の性質から導かれる.

級数の和と定数倍

級数 $\sum_{n=0}^{\infty} a_n, \sum_{n=0}^{\infty} b_n$ および定数 c について

(1) 級数 $\sum_{n=0}^{\infty} a_n, \sum_{n=0}^{\infty} b_n$ が共に収束するならば級数 $\sum_{n=0}^{\infty} (a_n + b_n)$ も収束し,その和は二つの級数の和の和に等しい.

$$\sum_{n=0}^{\infty} (a_n + b_n) = \left(\sum_{n=0}^{\infty} a_n\right) + \left(\sum_{n=0}^{\infty} b_n\right)$$

(2) 級数 $\sum_{n=0}^{\infty} a_n$ が収束するならば級数 $\sum_{n=0}^{\infty} (c\,a_n)$ も収束し,その和はもとの級数の和の c 倍に等しい.

$$\sum_{n=0}^{\infty} (c\,a_n) = c\left(\sum_{n=0}^{\infty} a_n\right)$$

級数が収束するための条件について考察しよう.まず必要条件として次がある.

2.1 数列と級数

級数が収束するための必要条件

級数 $\sum_{n=0}^{\infty} a_n$ が収束するならば $\lim_{n\to\infty} a_n = 0$.

例 2.5 $\lim_{n\to\infty} a_n = 0$ ではあるが発散する級数として，次の**調和級数**が有名である（$n=1$ から始まっているが，$a_0 = 0$ と考えれば本書の記述に合う）．

$$\sum_{n=1}^{\infty} \frac{1}{n} = \frac{1}{1} + \frac{1}{2} + \frac{1}{3} + \cdots + \frac{1}{n} + \cdots = +\infty$$

発散することの証明は，60頁の 例 2.15 参照． □

収束・発散が判定しやすい場合として，$a_n \geq 0$ の場合がある．

定義 2.6 級数 $\sum_{n=0}^{\infty} a_n$ が**正項級数**であるとは全ての自然数 n について $a_n \geq 0$ をみたすこと．

次の比較定理は直観的には納得できるであろう．

比較定理（その1）

定理 2.7 正項級数 $\sum_{n=0}^{\infty} a_n, \sum_{n=0}^{\infty} b_n$ について
$$a_n \leq b_n \quad (n \in \mathbb{N})$$
が成り立っているとする．このとき

(1) $\sum_{n=0}^{\infty} b_n$ が収束するならば $\sum_{n=0}^{\infty} a_n$ も収束する．

(2) $\sum_{n=0}^{\infty} a_n$ が発散するならば $\sum_{n=0}^{\infty} b_n$ も発散する．

[証明] 数列 $(a_n), (b_n)$ の第 n 部分和を一般項とする数列をそれぞれ $(A_n), (B_n)$ とする．$\sum_{n=0}^{\infty} b_n$ が収束するので (B_n) は有界である．条件 $a_n \leq b_n$ より $A_n \leq B_n \ (n \in \mathbb{N})$ であるから，(A_n) は上に有界である．$a_n \geq 0$ より数列 (A_n) は単調増大列であるから，極限の存在に関する公理（53頁）により，級数 $\sum_{n=0}^{\infty} a_n$ は収束する． ■

比較定理（その1）により，極めて重要な次の定義と定理を得る．

> **級数の絶対収束**
>
> **定義 2.8** 級数 $\sum_{n=0}^{\infty} a_n$ が**絶対収束**するとは、級数 $\sum_{n=0}^{\infty} |a_n|$ が収束すること.
>
> **定理 2.9** 絶対収束する級数は収束する.

[証明] 級数 $\sum_{n=0}^{\infty} a_n$ に対して

$$b_n = \frac{|a_n| + a_n}{2}, \quad c_n = \frac{|a_n| - a_n}{2} \quad (n \in \mathbb{N})$$

によって二つの正項級数 $\sum_{n=0}^{\infty} b_n, \sum_{n=0}^{\infty} c_n$ を作る. このとき

$$b_n \leq |a_n|, \quad c_n \leq |a_n| \quad (n \in \mathbb{N})$$

が成り立っているので、比較定理により級数 $\sum_{n=0}^{\infty} b_n, \sum_{n=0}^{\infty} c_n$ は収束する. したがって

$$\sum_{n=0}^{\infty} a_n = \sum_{n=0}^{\infty} b_n - \sum_{n=0}^{\infty} c_n$$

も収束する. ∎

注意 2.3 級数が収束するが、絶対収束はしないとき、**条件収束**するという. この場合には、項の順序を変えたり和の計算の仕方を変えたりすると、和の値が変わったり、発散することもあり得ることが知られている. しかしながら級数が絶対収束している場合は、項の順序を変えたり、和の計算の仕方を変えたりしても、もとの級数と同じ値に収束する. 本書では次節以降、主として絶対収束する場合を扱う.

定義 2.10 数列 $(a_n)_{n \in \mathbb{N}}$ が $a_n \geq 0 \ (n \in \mathbb{N})$ をみたしているとき、

$$\sum_{n=0}^{\infty} (-1)^n a_n \quad \text{あるいは} \quad \sum_{n=0}^{\infty} (-1)^{n+1} a_n$$

の形の級数を**交項級数**という.

定理 2.11 (ライプニッツの定理) 数列 $(a_n)_{n \in \mathbb{N}}$ が単調減少列で
$$a_n \geq 0 \quad (n \in \mathbb{N}) \quad \text{かつ} \quad \lim_{n \to \infty} a_n = 0$$
をみたしているとき、交項級数 $\sum_{n=0}^{\infty} (-1)^n a_n$ は収束する.

[証明] 部分和の数列の部分列 $\left(\sum_{j=0}^{2m}(-1)^j a_j\right)_{m\in\mathbb{N}}$ は単調減少, $\left(\sum_{j=0}^{2m+1}(-1)^j a_j\right)_{m\in\mathbb{N}}$ は単調増加で, 共に有界であるからどちらも収束するが, 両者の極限は一致する. ■

例 2.12 調和級数 $\sum_{n=1}^{\infty}\dfrac{1}{n}$ は発散するが, この定理によれば, 交項級数 $\sum_{n=1}^{\infty}(-1)^{n-1}\dfrac{1}{n}$ は条件収束することがわかる. ちなみにこの交項級数の和の値は $\log 2$ であることが知られている. □

与えられた級数の絶対収束・発散を判定するには, 既に収束・発散がわかっている（正項）級数と比較することが有効である.

比較定理（その 2）

定理 2.13 級数 $\sum_{n=0}^{\infty}a_n, \sum_{n=0}^{\infty}b_n$ について,

(1) 条件
$$n \geq n_0 \implies |a_n| \leq b_n \tag{2.1}$$
をみたす自然数の定数 n_0 が存在するとき, 級数 $\sum_{n=0}^{\infty}b_n$ が収束するならば級数 $\sum_{n=0}^{\infty}a_n$ は絶対収束する. 条件 (2.1) をみたす級数 $\sum_{n=0}^{\infty}b_n$ を級数 $\sum_{n=0}^{\infty}a_n$ の**優級数**という.

(2) 条件
$$n \geq n_0 \implies a_n \neq 0,\ b_n \neq 0,\ \left|\dfrac{a_{n+1}}{a_n}\right| \leq \dfrac{b_{n+1}}{b_n} \tag{2.2}$$
をみたす自然数の定数 n_0 が存在するとき,

(a) 級数 $\sum_{n=0}^{\infty}b_n$ が収束するならば級数 $\sum_{n=0}^{\infty}a_n$ は絶対収束する.

(b) 級数 $\sum_{n=0}^{\infty}a_n$ が発散するならば級数 $\sum_{n=0}^{\infty}b_n$ も発散する.

[証明]　(1) 比較定理（その 1）と絶対収束の定義から直ちにしたがう.
(2)　(a) 条件 (2.2) より, $n > n_0$ のとき
$$|a_n| \leq \dfrac{b_n}{b_{n-1}}|a_{n-1}| \leq \dfrac{b_n}{b_{n-1}}\dfrac{b_{n-1}}{b_{n-2}}|a_{n-2}|$$

$$\leq \frac{b_n}{b_{n-1}} \frac{b_{n-1}}{b_{n-2}} \cdots \frac{b_{n_0+1}}{b_{n_0}} |a_{n_0}|$$

$$= \frac{b_n}{b_{n_0}} |a_{n_0}| = \frac{|a_{n_0}|}{b_{n_0}} b_n$$

であるから，級数 $\sum_{n=0}^{\infty} a_n$ は

$$c_n = \begin{cases} |a_n| & (0 \leq n \leq n_0) \\ \dfrac{|a_{n_0}|}{b_{n_0}} b_n & (n > n_0) \end{cases}$$

として得られる級数 $\sum_{n=0}^{\infty} c_n$ を優級数とする．仮定により $\sum_{n=0}^{\infty} b_n$ が収束するので，$\sum_{n=0}^{\infty} c_n$ も収束する．したがって (1) により級数 $\sum_{n=0}^{\infty} a_n$ は絶対収束する．
(b)　(a) および定理 2.9 よりわかる． ∎

比較の対象を等比級数としてこの定理を適用し，次の判定法が得られる．

比による判定法

(1)　級数 $\sum_{n=0}^{\infty} a_n$ に対して，

$$n \geq n_0 \implies a_n \neq 0, \left| \frac{a_{n+1}}{a_n} \right| \leq k$$

をみたす自然数 n_0 と定数 k $(0 < k < 1)$ が存在するならば，級数 $\sum_{n=0}^{\infty} a_n$ は絶対収束する．

(2)　正項級数 $\sum_{n=0}^{\infty} a_n$ に対して，

$$n \geq n_0 \implies a_n \neq 0, \ \frac{a_{n+1}}{a_n} \geq k$$

をみたす自然数 n_0 と定数 $k > 1$ が存在するならば，級数 $\sum_{n=0}^{\infty} a_n$ は発散する．

[証明]　(1)　$b_n = k^n$ として比較定理（その 2）(2) (a) を用いればよい．
(2)　$a_n = k^n$ として比較定理（その 2）(2) (b) を用いればよい． ∎

最後に，積分による実用的な判定法を紹介しよう．

積分による判定法

定理 2.14 n_0 は自然数の定数,f は $\{x \in \mathbb{R} \mid x \geq n_0\}$ で定義された 0 以上の値をとる単調減少な連続関数であるとする.このとき次の二つは同値である.

(1) $\displaystyle\lim_{N \to +\infty} \int_{n_0}^{N} f(x)\,dx$ は有限確定の極限を持つ.

(2) 級数 $\displaystyle\sum_{n=n_0}^{\infty} f(n)$ は収束する.

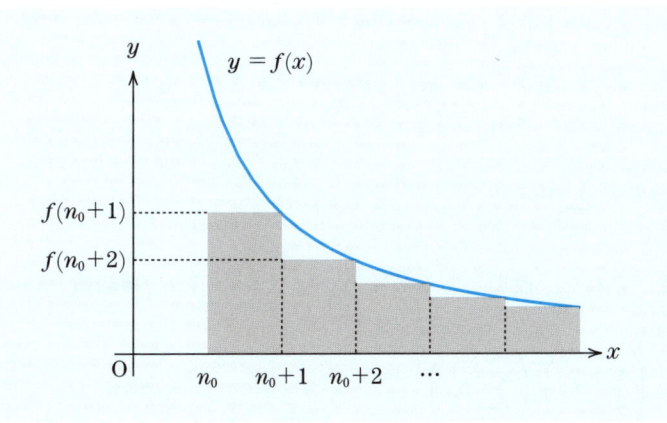

図 2.1

[証明] (1) $\Rightarrow$ (2) を示そう.k を $k > n_0$ なる自然数とする.f が単調減少であることにより $k-1 \leq x \leq k \implies 0 \leq f(k) \leq f(x)$ であるから

$$0 \leq f(k) = \int_{k-1}^{k} f(k)\,dx \leq \int_{k-1}^{k} f(x)\,dx$$

が成り立つ.これにより,$N > n_0$ なる任意の自然数 N に対して

$$\sum_{n=n_0+1}^{N} f(n) \leq \sum_{n=n_0+1}^{N} \int_{n-1}^{n} f(x)\,dx = \int_{n_0}^{N} f(x)\,dx$$

$$\leq \lim_{N \to +\infty} \int_{n_0}^{N} f(x)\,dx < +\infty$$

が成り立つ.したがって級数 $\displaystyle\sum_{n=n_0}^{\infty} f(n) = f(n_0) + \sum_{n=n_0+1}^{\infty} f(n)$ は収束する(図 2.1 参照).逆を示すのは演習問題とする.∎

例 2.15 $f(x) = \dfrac{1}{x},\ n_0 = 1$ とすれば

$$\lim_{N \to +\infty} \int_1^N f(x)\,dx = \lim_{N \to +\infty} \log N = +\infty$$

したがって調和級数 $\displaystyle\sum_{n=1}^{\infty} \dfrac{1}{n}$ (**例 2.5** 参照) は発散する. □

2.1.3 積級数

二つの級数の積

$$\left(\sum_{n=0}^{\infty} a_n\right)\left(\sum_{n=0}^{\infty} b_n\right) = (a_0 + a_1 + a_2 + \cdots)(b_0 + b_1 + b_2 + \cdots)$$

を考察しよう.左から順に展開したいのであるが,もれなく項を並べるために次の工夫をする.各 n に対し $i + j = n$ となる $a_i b_j$ をまとめて扱い

$$c_n = \sum_{j=0}^{n} a_{n-j} b_j$$

とおき,これを一般項とする級数 $\displaystyle\sum_{n=0}^{\infty} c_n$ をこの二つの**積級数**といい

$$\left(\sum_{n=0}^{\infty} a_n\right)\left(\sum_{n=0}^{\infty} b_n\right)$$

と書く.すなわち

$$(a_0 + a_1 + a_2 + \cdots)(b_0 + b_1 + b_2 + \cdots)$$
$$= a_0 b_0 + (a_1 b_0 + a_0 b_1) + (a_2 b_0 + a_1 b_1 + a_0 b_2) + \cdots$$
$$= c_0 + c_1 + c_2 + \cdots$$

である.積級数の収束性について,次が成り立つ.

> **定理 2.16** 二つの級数 $\displaystyle\sum_{n=0}^{\infty} a_n,\ \sum_{n=0}^{\infty} b_n$ が共に絶対収束するならば,この両者の積級数も絶対収束する.このとき積級数の和の値は,それぞれの級数の和の値の積に等しい.

2.2 べき級数

2.2.1 べき級数と収束半径

変数 x を含む

$$c_0 + c_1(x-a) + c_2(x-a)^2 + c_3(x-a)^3 + \cdots + c_n(x-a)^n + \cdots$$
$$= \sum_{n=0}^{\infty} c_n(x-a)^n \tag{2.3}$$

の形の級数を，a を中心とする**べき級数**という（「べき」は累乗の意味で，漢字では「冪」「羃」と書く．「巾」と書かれることもあるので注意を要する）．ここに $c_0, c_1, c_2, c_3, \cdots$ および a は定数である．変数 x の値を決めると『普通の』級数が得られるが，その収束・発散については次のことが成り立つ．

> **命題 2.17** (1) べき級数 (2.3) が変数 x のある値 $x_0 (\neq a)$ に対して収束するならば，$|x-a| < |x_0-a|$ をみたす全ての x に対して級数 (2.3) は絶対収束する．
> (2) べき級数 (2.3) が変数 x のある値 x_1 に対して発散するならば，$|x-a| > |x_1-a|$ をみたす全ての x に対して級数 (2.3) は発散する．

この事実により，次の定義ができる．

> **収束半径の定義**
> べき級数 (2.3) に対して次の二条件をみたす実数 $R \geq 0$ （または $R = +\infty$）が定まる．この R をべき級数 (2.3) の**収束半径**という．
> (1) $|x-a| < R$ をみたす全ての x に対して級数 (2.3) は絶対収束する．
> (2) $|x-a| > R$ をみたす全ての x に対して級数 (2.3) は発散する．

収束半径が正（$+\infty$ でもよい）のべき級数を**収束べき級数**という．

注意 2.4 $R = 0$ とは「全ての $x \neq a$ に対して級数 (2.3) が発散する」場合であり，また $R = +\infty$ とは「全ての x に対して級数 (2.3) が絶対収束する」場合である．

注意 2.5 この定義では，ちょうど $|x| = R$ となる x の値については何も触れられていない．このような値に対して級数 (2.3) は収束することも発散するこ

ともある．

注意 2.6 べき級数 (2.3) において定数 a, c_n および変数 x を複素数とした場合でも，ここまでの説明は，全く変更なしに正しい（R は実数または $+\infty$ であることに注意）．その場合，級数 (2.3) の収束・発散の分かれ目は複素数平面上で a を中心とした半径 R の円周となる．R を収束「半径」というのはこの理由による．

例 2.18 等比級数
$$1 + x + x^2 + x^3 + \cdots + x^n + \cdots$$
の収束半径は 1 である（54 頁の 例 2.4 参照）． □

例 2.19 べき級数
$$\sum_{n=0}^{\infty} \frac{1}{n!} x^n = \frac{1}{0!} + \frac{1}{1!} x + \frac{1}{2!} x^2 + \frac{1}{3!} x^3 + \cdots + \frac{1}{n!} x^n + \cdots \quad (2.4)$$
を考える．その正体はいずれ明らかにするが，ここでは収束半径が $+\infty$ であることを示そう．そのためには正の実数 r を任意にとり，$|x| < r$ をみたす任意の実数（複素数でもよい）x に対して級数 (2.4) が絶対収束することをいえばよい．自然数 N を $r < N + 2$ となるようにとる．このとき $n \geq N + 2$ に対して
$$\left| \frac{1}{n!} x^n \right| = \frac{1}{n!} |x|^n \leq \frac{1}{n!} r^n = \frac{r^{N+1}}{(N+1)!} \frac{r}{N+2} \frac{r}{N+3} \cdots \frac{r}{n}$$
$$\leq \frac{r^{N+1}}{(N+1)!} \left(\frac{r}{N+2} \right)^{n-(N+1)}$$
である．これは級数 (2.4) が，公比 $\dfrac{r}{N+2}$ の等比級数を優級数として持つことを意味する．$0 < \dfrac{r}{N+2} < 1$ であるからこの優級数は収束し，したがって級数 (2.4) は絶対収束することがわかる． □

収束半径を求めるのに，次の公式が役立つことが多い．

収束半径の公式

べき級数 (2.3) の収束半径を R とする．

(1) **コーシーの定理**

極限 $\lim_{n \to \infty} \sqrt[n]{|c_n|}$ が存在するか $+\infty$ に発散するならば，

$$R = \frac{1}{\lim_{n\to\infty} \sqrt[n]{|c_n|}} \quad \left(= \lim_{n\to\infty} \frac{1}{\sqrt[n]{|c_n|}} \right)$$

(2) **ダランベールの定理**

極限 $\lim_{n\to\infty} \left| \frac{c_{n+1}}{c_n} \right|$ が存在するか $+\infty$ に発散するならば,

$$R = \frac{1}{\lim_{n\to\infty} \left| \frac{c_{n+1}}{c_n} \right|} \quad \left(= \lim_{n\to\infty} \left| \frac{c_n}{c_{n+1}} \right| \right)$$

ただし $\frac{1}{+\infty} = 0$, $\frac{1}{0} = +\infty$ と解釈する.

―― 例題 2.1 ――

次のべき級数の収束半径を求めよ.

(1) $\sum_{n=1}^{\infty} \left(\frac{n+1}{n} \right)^{n^2} x^n$ (2) $\sum_{m=0}^{\infty} (-1)^m \frac{(2m+1)!!}{m!} x^{2m}$

【解答】 (1) x^n の係数は $c_n = \left(\frac{n+1}{n} \right)^{n^2}$ であるから,コーシーの定理を用いて

$$R = \lim_{n\to\infty} \frac{1}{\sqrt[n]{|c_n|}} = \lim_{n\to\infty} \frac{1}{\left(1 + \frac{1}{n}\right)^n} = \frac{1}{e}$$

(2) 収束半径の公式を直接適用することはできないことに注意しよう.そこで次の工夫をする. $x^2 = t$ を代入して得られる変数 t のべき級数 $\sum_{m=0}^{\infty} (-1)^m \frac{(2m+1)!!}{m!} t^m$ を考え,その収束半径を r とおく.この級数は $|t| < r$ のとき絶対収束,$|t| > r$ のとき発散であるから,問題の級数については $|x| < \sqrt{r}$ のとき絶対収束,$|x| > \sqrt{r}$ のとき発散となる.つまり問題の級数の収束半径は $\sqrt{r}$ である.

t^m の係数は

$$c_m = (-1)^m \frac{(2m+1)!!}{m!}$$

であるから,ダランベールの定理により,

$$r = \lim_{m \to \infty} \left| \frac{c_m}{c_{m+1}} \right| = \lim_{m \to \infty} \frac{\frac{(2m+1)!!}{m!}}{\frac{(2m+3)!!}{(m+1)!}} = \lim_{m \to \infty} \frac{m+1}{2m+3} = \frac{1}{2}$$

したがって問題の級数の収束半径は $\sqrt{r} = \dfrac{1}{\sqrt{2}}$ である. ∎

2.2.2 べき級数の定める関数

べき級数 (2.3) に対して,各項を微分して得られるべき級数

$$c_1 + 2c_2(x-a) + 3c_3(x-a)^2 + \cdots + nc_n(x-a)^{n-1} + \cdots$$
$$= \sum_{n=1}^{\infty} nc_n(x-a)^{n-1} \tag{2.5}$$

を,べき級数 (2.3) を**項別微分**して得られるべき級数という.同様に各項を積分して得られるべき級数

$$C + c_0(x-a) + \frac{c_1}{2}(x-a)^2 + \frac{c_2}{3}(x-a)^3$$
$$+ \cdots + \frac{c_n}{n+1}(x-a)^{n+1} + \cdots = C + \sum_{n=0}^{\infty} \frac{c_n}{n+1}(x-a)^{n+1} \tag{2.6}$$

(C は任意の定数) の形のべき級数を,べき級数 (2.3) を**項別積分**して得られるべき級数という.これらの収束半径について次が成り立つ.

> **命題 2.20** べき級数 (2.3), (2.5) および (2.6) の収束半径は等しい.

以下,べき級数 (2.3) の収束半径 R は $R > 0$ であると仮定し,開区間 $I = \{x \mid |x-a| < R\}$ とおく. $x \in I$ に対して級数 (2.3) は収束するから,その和を対応させることによって関数

$$f : I \to \mathbb{R}; \quad x \mapsto f(x) = \sum_{n=0}^{\infty} c_n(x-a)^n$$

が定義される.これをべき級数 (2.3) が定める**解析関数**という.べき級数が定める関数 f については次が成り立つ.

2.2 べき級数

べき級数の定める関数

(1) （項別微分可能）関数 f は開区間 I 上微分可能で，
$$f'(x) = \sum_{n=1}^{\infty} nc_n(x-a)^{n-1} \quad (x \in I)$$

(2) （項別積分可能）開区間 I において関数 f の原始関数が存在する．関数 F を，$F(a) = C$ をみたす f の原始関数とすれば
$$F(x) = C + \int_a^x f(t)dt$$
$$= C + \sum_{n=0}^{\infty} \frac{c_n}{n+1}(x-a)^{n+1} \quad (x \in I)$$

(3) 関数 f は開区間 I 上何回でも微分可能で，f の高次導関数はべき級数 (2.3) を順次項別微分して得られる関数である．

(4) べき級数 (2.3) の係数は
$$c_n = \frac{f^{(n)}(a)}{n!} \quad (n \in \mathbb{N})$$
であり，
$$f(x) = \sum_{n=0}^{\infty} \frac{f^{(n)}(a)}{n!}(x-a)^n \quad (|x-a| < R) \tag{2.7}$$

例 2.21 例 2.19 のべき級数の収束半径は無限大であったから，この級数によって実数全体を定義域とする関数
$$f(x) = \sum_{n=0}^{\infty} \frac{1}{n!} x^n$$
が得られる．項別微分すると
$$f'(x) = \sum_{n=1}^{\infty} \frac{n}{n!} x^{n-1} = \sum_{n=1}^{\infty} \frac{1}{(n-1)!} x^{n-1} = f(x)$$
となり，$f(x)$ は指数関数 e^x と同じ性質を持つことがわかる．実際に $f(x) = e^x$ であることは次のようにして確かめられる．$h(x) = f(x)e^{-x}$ とおくと
$$h'(x) = f'(x)e^{-x} + f(x)(e^{-x})'$$
$$= f(x)e^{-x} - f(x)e^{-x} = 0$$
であるから $h(x)$ は定数であり，$h(0) = f(0)e^{-0} = 1$ であるからその値は 1 である．したがって $f(x) = e^x$ である． □

注意 2.7 われわれは 45 頁において指数関数を複素変数に対して拡張したが，べき級数 $\sum_{n=0}^{\infty} \frac{1}{n!} x^n$ の定める関数を（複素変数の）指数関数の定義とすることも多い．

例 2.22 (二項級数) α を自然数とするとき，二項定理により
$$(1+x)^\alpha = \sum_{n=0}^{\alpha} \binom{\alpha}{n} x^n$$
である．これを α が自然数でない場合に拡張しよう．実数 α および自然数 n に対し，**一般化された二項係数**を
$$\binom{\alpha}{n} = \frac{\alpha(\alpha-1)\cdots(\alpha-n+1)}{n!} \quad (n>0), \quad \binom{\alpha}{0} = 1$$
と定義し，これを用いて定義されたべき級数
$$\sum_{n=0}^{\infty} \binom{\alpha}{n} x^n$$
を**二項級数**という．このとき
$$(1+x)^\alpha = \sum_{n=0}^{\infty} \binom{\alpha}{n} x^n \quad (|x|<1) \tag{2.8}$$
が成り立つことを確かめよう．ダランベールの定理により，二項級数の収束半径は 1 であることがわかる．よって $I = \{x \mid |x| < 1\}$ において何回でも微分可能な関数
$$f(x) = \sum_{n=0}^{\infty} \binom{\alpha}{n} x^n$$
が得られる．$|x| < 1$ のとき項別微分できて
$$f'(x) = \sum_{n=1}^{\infty} n \binom{\alpha}{n} x^{n-1} = \sum_{m=0}^{\infty} (m+1) \binom{\alpha}{m+1} x^m$$
であるが，
$$(n+1) \binom{\alpha}{n+1} + n \binom{\alpha}{n} = \alpha \binom{\alpha}{n}$$
であるから
$$(1+x)f'(x) = \alpha f(x)$$
が得られる．これを

$$\frac{f'(x)}{f(x)} = \frac{\alpha}{1+x}$$

と式変形し，両辺を積分すれば

$$\log f(x) = \log(1+x)^\alpha + C$$

であるが，$f(0) = 1$ より $C = 0$，したがって $f(x) = (1+x)^\alpha$ が得られた[2]．

例 2.23 (1) $\binom{-1}{n} = \dfrac{(-1)(-2)\cdots(-n)}{n!} = (-1)^n$

であるから，二項級数で $\alpha = -1$ とすれば

$$(1+x)^{-1} = \sum_{n=0}^{\infty} (-1)^n x^n \quad (|x| < 1)$$

が得られる．これは等比級数（54 頁の 例 2.4 参照）にほかならない．

(2) $\binom{\frac{1}{2}}{0} = 1,\ \binom{\frac{1}{2}}{n} = \dfrac{\dfrac{1}{2}\left(-\dfrac{1}{2}\right)\left(-\dfrac{3}{2}\right)\cdots\left(-\dfrac{2n-3}{2}\right)}{n!}$

$$= (-1)^{n-1} \frac{(2n-3)!!}{2^n n!} \quad (n \geq 1)$$

であるから，二項級数で $\alpha = \dfrac{1}{2}$ とすれば

$$\sqrt{1+x} = 1 + \sum_{n=1}^{\infty} (-1)^{n-1} \frac{(2n-3)!!}{2^n n!} x^n \quad (|x| < 1)$$

が得られる．なお $(-3)!!$ は定義されていないことに注意．

---

[2] 厳密には $f(x) > 0$ が必要．$f(x)$ は連続関数で $f(0) = 1$ であるから，x が 0 にちかいときは $f(x) > 0$ であり，上の証明は確かに有効．ここではこれ以上の詳細は省く．

2.3 テイラー展開

前節では，収束べき級数が，中心からの距離が収束半径より小さいところでは何回でも微分可能な関数を定義することをみたが，今度は何回でも微分可能な関数からスタートする．$f(x)$ を，a を含む開区間 I で何回でも微分可能な関数であるとする．(2.7) 式を参考に，a を中心とするべき級数

$f(x)$ の a を中心とするテイラー級数

$$\begin{aligned} & f(a) + f'(a)(x-a) \\ & + \frac{f''(a)}{2!}(x-a)^2 + \cdots + \frac{f^{(n)}(a)}{n!}(x-a)^n + \cdots \\ & = \sum_{n=0}^{\infty} \frac{f^{(n)}(a)}{n!}(x-a)^n \end{aligned} \qquad (2.9)$$

を考えよう．無論望ましいのは，この級数が収束し，その和が $f(x)$ に一致する場合である．そこで次の定義をしておこう．

定義 2.24 (1) 級数 (2.9) の収束半径が正であって，a を含むある開区間においてこの級数の和が $f(x)$ と一致するとき，f は a において**解析的**である（あるいは**テイラー展開可能**である）という．このときべき級数 (2.9) を，a を中心とする $f(x)$ の**テイラー展開**という．特に中心 $a=0$ のときは**マクローリン展開**ともいう．
(2) 関数 $f(x)$ が集合 A の各点において解析的であるとき，f は A において解析的である（あるいは f は A 上の**解析関数**である）という．

注意 2.8 なじみ深い関数はたいてい解析的であるが，それ以外に次に挙げる二つの可能性があり，そのような関数も実際に存在する．
- 収束半径 > 0 であるが，a を含む開区間をどのようにとっても，この級数の和が $f(x)$ と異なる点が含まれる．
- 収束半径 $= 0$ である．

関数 $f(x)$ が 2.2.2 のように a を中心とする収束べき級数によって定義されたものであれば，$f(x)$ は a において解析的であり，$f(x)$ の a を中心とするテイラー展開は $f(x)$ を定義するべき級数そのものである．したがって 例 2.21 およ

び 例 2.22 により次の二つは既知である.

指数関数のマクローリン展開

$$e^x = 1 + x + \frac{1}{2!}x^2 + \cdots + \frac{1}{n!}x^n + \cdots = \sum_{n=0}^{\infty} \frac{1}{n!}x^n \quad (x \in \mathbb{R}) \tag{2.10}$$

$(1+x)^\alpha$ のマクローリン展開

$$(1+x)^\alpha = 1 + \alpha x + \frac{\alpha(\alpha-1)}{2!}x^2 + \cdots$$
$$+ \frac{\alpha(\alpha-1)(\alpha-2)\cdots(\alpha-n+1)}{n!}x^n + \cdots$$
$$= \sum_{n=0}^{\infty} \binom{\alpha}{n} x^n \quad (|x| < 1) \tag{2.11}$$

テイラー展開を求めるには,高次導関数を計算して $f^{(n)}(a)$ の値を求めるのが基本的である.対数関数,三角関数のマクローリン展開は次のとおりである.

対数関数 $\log(1+x)$ のマクローリン展開

$$\log(1+x) = x - \frac{1}{2}x^2 + \frac{1}{3}x^3 - \cdots + (-1)^n \frac{1}{n} x^n + \cdots$$
$$= \sum_{n=1}^{\infty} (-1)^{n-1} \frac{1}{n} x^n \quad (|x| < 1) \tag{2.12}$$

三角関数のマクローリン展開

$$\cos x = 1 - \frac{1}{2!}x^2 + \frac{1}{4!}x^4 - \cdots + \frac{(-1)^m}{(2m)!}x^{2m} + \cdots$$
$$= \sum_{m=0}^{\infty} \frac{(-1)^m}{(2m)!} x^{2m} \quad (x \in \mathbb{R}) \tag{2.13}$$

$$\sin x = x - \frac{1}{3!}x^3 + \frac{1}{5!}x^5 - \cdots + \frac{(-1)^m}{(2m+1)!}x^{2m+1} + \cdots$$
$$= \sum_{m=0}^{\infty} \frac{(-1)^m}{(2m+1)!} x^{2m+1} \quad (x \in \mathbb{R}) \tag{2.14}$$

注意 2.9 指数関数のマクローリン展開と，オイラーの公式の説明で触れた
$$\cos z = \frac{e^{iz} + e^{-iz}}{2}$$
$$\sin z = \frac{e^{iz} - e^{-iz}}{2i}$$
から三角関数のマクローリン展開を形式的に導くことができる．逆に，三角関数のマクローリン展開を既知とすれば，指数関数のマクローリン展開 (2.10) に形式的に
$$x = i\theta$$
を代入することによりオイラーの公式が得られる．

関数の形によっては，高次微分係数を計算するよりも，既知の展開から四則演算，代入，項別微積分などによってテイラー展開を求めるほうが容易である場合も少なくない．

例 2.25 等比級数の和の公式より
$$\frac{1}{1+x^2} = 1 - x^2 + x^4 - \cdots + (-1)^n x^{2n} + \cdots \quad (|x| < 1)$$
である．これを項別積分して次が得られる．

$\tan^{-1} x$ のマクローリン展開

$$\tan^{-1} x = x - \frac{1}{3}x^3 + \frac{1}{5}x^5 - \cdots + (-1)^n \frac{1}{2n+1} x^{2n+1} + \cdots$$
$$= \sum_{n=0}^{\infty} (-1)^n \frac{x^{2n+1}}{2n+1} \quad (|x| < 1)$$

この関数の高次導関数を計算してマクローリン展開を求めるのははるかに大変であることを指摘しておこう（1 章の問題 27 参照）． □

実用上は，関数の展開のはじめの数項のみが必要であることも多い．そのような場合は既知の展開から代数的操作によって計算するほうが簡明である．

例題 2.2

次の関数のマクローリン展開を x^4 の項まで求めよ．

(1) $\dfrac{1}{\cos x}$

(2) $\log(1 + \sin^{-1} x)$

【解答】（1）$\cos x$ は偶関数であるから
$$f(x) = \frac{1}{\cos x}$$
も偶関数であり，そのマクローリン展開は偶数次の項のみからなる．よって
$$f(x) = a_0 + a_1 x^2 + a_2 x^4 + \cdots$$
とおくことができる．$f(x)\cos x = 1$ だから，式 (2.13) より
$$(a_0 + a_1 x^2 + a_2 x^4 + \cdots)\left(1 - \frac{1}{2!}x^2 + \frac{1}{4!}x^4 - \cdots\right) = 1$$
左辺を展開して x の次数の低い順に並べ，右辺と係数を比較することにより a_0, a_1, a_2 を求めれば
$$f(x) = 1 + \frac{1}{2}x^2 + \frac{5}{24}x^4 + \cdots$$

（2）式 (2.12) で x を
$$t = \sin^{-1} x = x + \frac{1}{6}x^3 + \cdots$$
で置き換える．x^5 以上の項を $\cdots$ であらわすことにすると
$$\begin{aligned}
t^2 &= \left(x + \frac{1}{6}x^3 + \cdots\right)\left(x + \frac{1}{6}x^3 + \cdots\right) \\
&= x^2 + \frac{1}{3}x^4 + \cdots \\
t^3 &= \left(x^2 + \frac{1}{3}x^4 + \cdots\right)\left(x + \frac{1}{6}x^3 + \cdots\right) \\
&= x^3 + \cdots \\
t^4 &= \left(x^2 + \frac{1}{3}x^4 + \cdots\right)\left(x^2 + \frac{1}{3}x^4 + \cdots\right) \\
&= x^4 + \cdots
\end{aligned}$$
であるから
$$\begin{aligned}
\log(1 + \sin^{-1} x) &= \left(x + \frac{1}{6}x^3 + \cdots\right) - \frac{1}{2}\left(x^2 + \frac{1}{3}x^4 + \cdots\right) \\
&\quad + \frac{1}{3}(x^3 + \cdots) - \frac{1}{4}(x^4 + \cdots) + \cdots \\
&= x - \frac{1}{2}x^2 + \frac{1}{2}x^3 - \frac{5}{12}x^4 + \cdots
\end{aligned}$$

高次微分係数を直接計算する以外の何らかの方法でテイラー展開が求まると，

逆に高次微分係数の値がわかる．

例題 2.3

$$f(x) = \log(1+x^2)$$

のとき

$$f^{(n)}(0)$$

を求めよ．

【解答】 式 (2.12) において x のかわりに x^2 とすれば

$$f(x) = \sum_{n=1}^{\infty} (-1)^{n-1} \frac{1}{n} x^{2n} \quad (|x| < 1)$$

これをテイラー展開の公式

$$f(x) = \sum_{n=0}^{\infty} \frac{f^{(n)}(0)}{n!} x^n$$

と比較して

$$f^{(n)}(0) = \begin{cases} (-1)^{m-1} \dfrac{(2m)!}{m} & (n = 2m \geq 2) \\ 0 & (n = 0, 2m+1) \end{cases}$$

2章の問題

1 比による判定法を用いて，次の級数の収束・発散を判定せよ．
(1) $\displaystyle\sum_{n=1}^{\infty}\frac{\sqrt{n}}{n!}$ (2) $\displaystyle\sum_{n=1}^{\infty}\frac{n}{5^n}$ (3) $\displaystyle\sum_{n=1}^{\infty}\frac{n^n}{n!}$ (4) $\displaystyle\sum_{n=1}^{\infty}n\sin\frac{\pi}{2^n}$
(5) $\displaystyle\sum_{n=1}^{\infty}\frac{(n!)^2}{(2n)!}$ (6) $\displaystyle\sum_{n=1}^{\infty}\frac{c^n}{n^s}$ (c, s は正の定数で $c\neq 1$)

2* 積分による判定法（定理 2.14）の (2) $\Rightarrow$ (1) を証明せよ．

3 積分による判定法を用いて，次の級数の収束・発散を判定せよ．
(1) $\displaystyle\sum_{n=1}^{\infty}\frac{1}{n^s}$ (s は正の定数) (2) $\displaystyle\sum_{n=2}^{\infty}\frac{1}{n\log n}$ (3) $\displaystyle\sum_{n=2}^{\infty}\frac{\log n}{n^2}$

4 次のべき級数の収束半径を求めよ．
(1) $\displaystyle\sum_{n=0}^{\infty}n!\,x^n$ (2) $\displaystyle\sum_{n=0}^{\infty}2^{\sqrt{n}}x^n$ (3) $\displaystyle\sum_{n=0}^{\infty}\frac{x^n}{2^{n^2}}$
(4) $\displaystyle\sum_{n=0}^{\infty}\left(\sqrt{n+1}-\sqrt{n}\right)x^n$ (5) $\displaystyle\sum_{n=0}^{\infty}\frac{n!}{(n+1)^n}x^n$
(6) $\displaystyle\sum_{n=0}^{\infty}\frac{(n+1)^{n+1}}{(2n)^n}x^{2n}$ (7) $\displaystyle\sum_{n=0}^{\infty}(-6)^n x^{2n+1}$ (8)* $\displaystyle\sum_{n=0}^{\infty}\frac{x^n}{\log(n+2)}$

5 次の関数のマクローリン展開を求めよ．
(1) $\dfrac{1}{3x+4}$ (2) $\dfrac{1}{2x^2-3x+1}$ (3) e^{-x^2} (4) $\cosh x$
(5) $(\cos x)^2$ (6) $\sin\left(x+\dfrac{\pi}{4}\right)$ (7) $\dfrac{1}{\sqrt{1-x^2}}$ (8) $\sin^{-1}x$

6 次の関数の 2 を中心とするテイラー展開を求めよ．
(1) x^4 (2) $\dfrac{1}{x^2+5x+6}$ (3) $\log x$

7 次の関数のマクローリン展開を x^3 まで求めよ．
(1) $e^{x^2}\sin\dfrac{x}{2}$ (2) $\dfrac{1}{(x+2)(x^2+1)}$ (3) $\dfrac{\log(1+x)}{\sqrt{1-2x}}$

8 次の関数 $f(x)$ について，マクローリン展開を利用して $f^{(n)}(0)$ を求めよ．
(1) $f(x)=\tan^{-1}x$ (2) $f(x)=\dfrac{x}{1+x^2}$

9 次の関数 $f(x)$ について,マクローリン展開を利用して $f^{(7)}(0)$ を求めよ.
(1) $f(x) = x\sin(x^2)$ (2) $f(x) = (3x + 2x^3)e^{-x^2}$

■ 調和級数の一般化

例 2.15 でみたように調和級数

$$1 + \frac{1}{2} + \frac{1}{3} + \cdots$$

は発散するが,これを一般化した

$$1 + \frac{1}{2^s} + \frac{1}{3^s} + \cdots$$

は $s > 1$ のとき収束する.そこで $s > 1$ を変数とする関数

$$\zeta(s) = 1 + \frac{1}{2^s} + \frac{1}{3^s} + \cdots$$

を考え,これをリーマンのゼータ関数と呼ぶ.リーマンのゼータ関数は興味深い性質を数々持っているが,以下にそのいくつかを紹介しよう.

(1) $k = 1, 2, 3, \cdots$ に対し $\dfrac{\zeta(2k)}{\pi^{2k}}$ は有理数である.例えば

$$\zeta(2) = 1 + \frac{1}{2^2} + \frac{1}{3^2} + \cdots = \frac{\pi^2}{6}, \quad \zeta(4) = 1 + \frac{1}{2^4} + \frac{1}{3^4} + \cdots = \frac{\pi^4}{90}$$

である.しかし $\zeta(2k+1)$ についてはあまりわかっていない.

(2) 無限積による表示

$$\zeta(s) = \left(1 - \frac{1}{2^s}\right)^{-1} \left(1 - \frac{1}{3^s}\right)^{-1} \left(1 - \frac{1}{5^s}\right)^{-1} \left(1 - \frac{1}{7^s}\right)^{-1} \cdots$$

(素数にわたる積)が知られている.右辺をオイラー積と呼ぶ.このように $\zeta(s)$ は素数と密接な関係があり,$\zeta(s)$ の解析的な性質から,例えば与えられた数以下の素数の個数に関する詳しい情報が得られる.

(3) 複素解析の知識を用いると $\zeta(s)$ の定義域を複素数の全体(ただし $s \ne 1$)に拡げることができ,さらに次の等式の成立を示すことができる($\Gamma(s)$ については 4.3 節参照).

$$\xi(s) = \pi^{-\frac{s}{2}} \Gamma\left(\frac{s}{2}\right) \zeta(s) \quad \text{とおくとき} \quad \xi(1-s) = \xi(s)$$

これを利用すると例えば

$$\zeta(-1) = -\frac{1}{12}$$

が得られる.これを

$$1 + 2 + 3 + \cdots = -\frac{1}{12}$$

と書くのは抵抗があるかもしれないが,理論物理ではこの種の等式が便利に使われているようである.

3 一変数関数の微分

　前節では関数のテイラー展開について学んだ．具体的な例題に現れる係数の規則性に驚いた人も多いと思う．しかしテイラー展開はべき級数（無限和）であり，一般には実際に数値を代入して計算できるものではない．そこでテイラー展開を最初の何項かで打ち切ることにより，関数を多項式（有限和）で近似することを考える．このときの誤差を詳しく記述したものがテイラーの定理である．関数電卓などで手軽に各種近似値を計算できるのもテイラーの定理のおかげである．ほかにも応用をいくつか学ぶ．

> **キーワード**
>
> 平均値の定理，テイラーの定理，剰余項
> ランダウの記号
> 誤差とその評価
> 不定形の極限：ロピタルの定理，テイラー展開

3.1 テイラーの定理

関数 $f(x)$ が $x=a$ において微分可能であるとは有限確定の極限

$$f'(a) = \lim_{x \to a} \frac{f(x)-f(a)}{x-a}$$

が存在することであったが，これは図形的には曲線 $y=f(x)$ 上の点 $(a, f(a))$ において，この曲線に接線が引けるということであった．x が a にちかいとき，

$$f'(a) \fallingdotseq \frac{f(x)-f(a)}{x-a}$$

($\fallingdotseq$ は両辺がほぼ等しいことをあらわす記号) と考えられるから，近似式

$$f(x) \fallingdotseq f(a) + f'(a)(x-a) \tag{3.1}$$

が得られる．(3.1) 式の右辺が，$f(x)$ の a を中心とするテイラー級数の最初の 2 項であることにも注目しておこう．

近似を用いるときは，誤差をきちんと把握しておきたい．それを詳しくみていくために，まず平均値の定理を復習しておこう．

平均値の定理

定理 3.1 関数 $f(x)$ が閉区間 $[a,b]$ において連続，開区間 (a,b) において微分可能ならば，$a<c<b$ なる c で，次を成り立たせるものが存在する．

$$\frac{f(b)-f(a)}{b-a} = f'(c)$$

平均値の定理の主張を図形的に解釈すれば，曲線 $y=f(x)$ について，二点 $(a, f(a)), (b, f(b))$ を結ぶ線分と平行な接線を，接点の x 座標が $a<x<b$ の範囲で引くことができるということである (図 3.1 参照)．

区間の端 b を変数とみて x と書き，分母を払えば，次の形となる．

平均値の定理の言い換え

$$f(x) = f(a) + f'(c)(x-a)$$

この式と (3.1) 式とを比べると，近似式 (3.1) を用いたときの誤差 (左辺と右辺の差) R が

$$R = f(x) - \{f(a) + f'(a)(x-a)\}$$
$$= \{f'(c) - f'(a)\}(x-a)$$

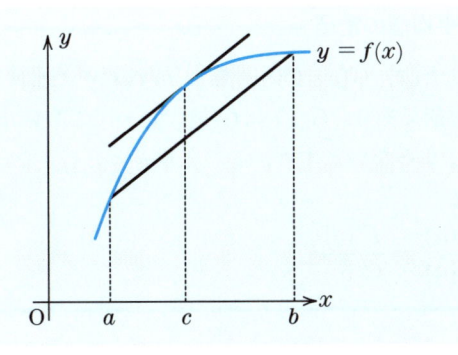

図 3.1

とあらわされることがわかる．もしも導関数 f' が微分可能であれば，同様の考察を f' に適用し，第二次導関数 f'' を用いた誤差 R の記述が得られることが期待される．この方向で平均値の定理を発展させたのがテイラーの定理である．関数を近似する多項式としてテイラー級数を途中で打ち切ったものが現れること，またそのときの誤差が高次導関数で記述されることに注目しよう．

テイラーの定理

定理 3.2 関数 $f(x)$ が a を含むある開区間 I において $(n+1)$ 回微分可能であるとき，任意の $x \in I$ に対し

$$f(x) = f(a) + f'(a)(x-a)$$
$$+ \frac{f''(a)}{2!}(x-a)^2 + \cdots$$
$$+ \frac{f^{(n)}(a)}{n!}(x-a)^n + R_n(x)$$
$$= \sum_{j=0}^{n} \frac{f^{(j)}(a)}{j!}(x-a)^j + R_n(x) \tag{3.2}$$

$$R_n(x) = \frac{f^{(n+1)}(c)}{(n+1)!}(x-a)^{n+1} \tag{3.3}$$

が成り立つ．ただし c は a と x の間にある数である（c は一般には n と x に依存する）．$R_n(x)$ を**剰余項**という．

テイラーの定理の証明には，平均値の定理のもう一つの拡張であるコーシーの平均値の定理を用いる．

コーシーの平均値の定理

定理 3.3 関数 $F(x)$, $G(x)$ が閉区間 $[a,b]$ において連続で，開区間 (a,b) において微分可能であり，$G(a) \neq G(b)$ であってさらに $F'(x)$ と $G'(x)$ とは同時には 0 にならないとする．このとき $a < c < b$ なる c で次をみたすものが存在する．

$$\frac{F(b) - F(a)}{G(b) - G(a)} = \frac{F'(c)}{G'(c)}$$

[証明] 関数

$$\varphi(x) = (G(b) - G(a))F(x) - (F(b) - F(a))G(x)$$

に普通の平均値の定理（の特別な場合であるロルの定理）を適用すればよい． ∎

[テイラーの定理の証明] $a < x$ の場合について述べよう．x を b と書くことにし，閉区間 $[a,b]$ において，二つの関数

$$F(x) = f(x) - \sum_{j=0}^{n} \frac{f^{(j)}(a)}{j!}(x-a)^j, \quad G(x) = (x-a)^{n+1}$$

にコーシーの平均値の定理を適用する（$F(x)$, $G(x)$ はコーシーの平均値の定理の仮定をみたしていることに注意せよ）．$F(a) = G(a) = 0$ であるから，この定理により，$a < c_1 < b$ なる c_1 で次を成り立たせるものが存在する．

$$\frac{F(b)}{G(b)} = \frac{F(b) - F(a)}{G(b) - G(a)} = \frac{F'(c_1)}{G'(c_1)}$$

次に

$$F'(x) = f'(x) - \sum_{j=1}^{n} \frac{f^{(j)}(a)}{(j-1)!}(x-a)^{j-1}, \quad G'(x) = (n+1)(x-a)^n$$

が閉区間 $[a,c_1]$ においてコーシーの平均値の定理の仮定をみたしていることと，$F'(a) = G'(a) = 0$ であることに注意して，この区間でこれらの関数にコーシーの平均値の定理を適用して，$a < c_2 < c_1$ なる c_2 で次を成り立たせるものが存在することがわかる．

$$\frac{F'(c_1)}{G'(c_1)} = \frac{F'(c_1) - F'(a)}{G'(c_1) - G'(a)} = \frac{F''(c_2)}{G''(c_2)}$$

さらに閉区間 $[a,c_2]$ において関数 $F''(x)$, $G''(x)$ にコーシーの平均値の定理が適用できる．このように順次コーシーの平均値の定理を適用することによって，$a < c < b$ なる c で，次を成り立たせるものが存在することが示される．

$$\frac{F(b)}{G(b)} = \frac{F^{(n+1)}(c)}{G^{(n+1)}(c)}$$

ここで

$$F^{(n+1)}(x) = f^{(n+1)}(x), \quad G^{(n+1)}(x) = (n+1)!$$

であるから
$$\frac{f(b) - \sum_{j=0}^{n} \frac{f^{(j)}(a)}{j!}(b-a)^j}{(b-a)^{n+1}} = \frac{f^{(n+1)}(c)}{(n+1)!}$$
となる．この式を変形し，b を再び x と書けば，テイラーの定理が示される．
$x < a$ の場合も同様である． ■

例 3.4 $f(x) = e^x$, $a = 0$ にテイラーの定理を適用すれば
$$e^x = 1 + x + \frac{1}{2!}x^2 + \cdots + \frac{1}{n!}x^n + \frac{e^c}{(n+1)!}x^{n+1}$$
c は 0 と x との間にある数である．次の二つの例でも同様． □

例 3.5 $f(x) = \cos x$, $a = 0$, $n = 2m+1$ としてテイラーの定理を適用すれば
$$\cos x = 1 - \frac{1}{2!}x^2 + \frac{1}{4!}x^4 - \cdots + (-1)^m \frac{1}{(2m)!}x^{2m} + R_{2m+1}(x)$$
$$R_{2m+1}(x) = (-1)^{m+1}\frac{\cos c}{(2m+2)!}x^{2m+2}$$
□

例 3.6 $f(x) = \log(1+x)$, $a = 0$ にテイラーの定理を適用すれば
$$\log(1+x) = x - \frac{1}{2}x^2 + \frac{1}{3}x^3 - \cdots + (-1)^{n-1}\frac{1}{n}x^n + R_n(x)$$
$$R_n(x) = \frac{(-1)^n x^{n+1}}{(n+1)(1+c)^{n+1}}$$
□

▉ コーシーの平均値の定理の図形的な意味

パラメタ表示された曲線
$$C : \begin{cases} x = G(t) \\ y = F(t) \end{cases} (a \leq t \leq b)$$

の点 $(G(c), F(c))$ における接線の傾きは $\dfrac{F'(c)}{G'(c)}$ であるから，コーシーの平均値の定理の主張は「曲線 C について，二点 $(G(a), F(a)), (G(b), F(b))$ を結ぶ線分と平行な接線を，接点に対応するパラメタ t の値が $a < t < b$ の範囲で引くことができる」ということである．

3.2　無限小・無限大とランダウの記号

ここで無限小や無限大の程度を簡潔に記述するための記号を準備しておこう．特に，テイラーの定理の剰余項をこの記号で記述しておく．次節でテイラーの定理の応用を述べる際に，この記号が役立つ．以下 a は定数とする．

無限小と無限大

(1)　$f(x)$ が $x \to a$ のとき**無限小**であるとは，$\lim_{x \to a} f(x) = 0$ であること．

(2)　$f(x)$ が $x \to a$ のとき**無限大**であるとは，$\lim_{x \to a} |f(x)| = +\infty$ であること．

$x \to a+0, x \to a-0, x \to +\infty, x \to -\infty$ のときも同様に定義する．

例 3.7　$f(x) = \dfrac{1}{x}$ は $x \to 0$ のとき無限大，$x \to \pm\infty$ のとき無限小である．□

二つの無限小（または無限大）を比較することを考える．比が充分小さければ，分子は分母に比べて小さいとみなせる．そこで，$x \to a$ のとき f が g に比べて無視できる程度に小さいということを次のように定義する．

ランダウの o 記号

$$\lim_{x \to a} \frac{f(x)}{g(x)} = 0$$

のとき

$$f = o(g) \quad (x \to a)$$

と書く．

$f = o(g)\ (x \to a)$ である二つの関数 f, g について，

(1)　$x \to a$ のとき f, g 共に無限小の場合には，f は g より**高位の無限小**である

(2)　$x \to a$ のとき f, g 共に無限大の場合には，g は f より**高位の無限大**である

という．

$x \to a+0, x \to a-0, x \to +\infty, x \to -\infty$ のときも同様に定義する．

例 3.8　(1)　$f = o(1)\ (x \to a) \iff f$ は $x \to a$ のとき無限小．

(2)　f が n 次式，g が m 次式のとき，

$$f = o(g) \quad (x \to +\infty) \iff n < m$$

したがって $x \to +\infty$ のとき m 次式が n 次式より高位の無限大であるのは, $m > n$ の場合である.

(3) $x \to +\infty$ のとき e^{-x}, $\dfrac{1}{x}$ 共に無限小であるが, 86 頁の例題 3.1 (2) でみるように

$$\lim_{x \to +\infty} \frac{x}{e^x} = 0$$

なので,

$$e^{-x} = o\left(\frac{1}{x}\right) \quad (x \to +\infty)$$

すなわち, $x \to +\infty$ のとき e^{-x} は $\dfrac{1}{x}$ より高位の無限小である. あるいは同じことだが, $x \to +\infty$ のとき e^x は x より高位の無限大である.

(4) $x \to +0$ のとき $\log x$, $\dfrac{1}{x}$ 共に無限大であるが, 87 頁の例題 3.2 (1) でみるように

$$\lim_{x \to +0} x \log x = 0$$

なので,

$$\log x = o\left(\frac{1}{x}\right) \quad (x \to +0)$$

すなわち, $x \to +0$ のとき $\dfrac{1}{x}$ は $\log x$ より高位の無限大である. □

$x \to a$ のとき f が g と同程度以下であるということを次のように定義する.

ランダウの O 記号

(1) x によらない定数 $r > 0$, $K \geq 0$ で

$$|f(x)| \leq K|g(x)| \quad (0 < |x - a| < r)$$

となるものが存在するとき $f = O(g) \ (x \to a)$ と書く.

(2) x によらない定数 $R > 0$, $K \geq 0$ で

$$|f(x)| \leq K|g(x)| \quad (x > R)$$

となるものが存在するとき $f = O(g) \ (x \to +\infty)$ と書く.
$x \to a+0$, $x \to a-0$, $x \to -\infty$ のときも同様に定義する.

例 3.9 (1)　$f = o(g) \quad (x \to a) \implies f = O(g) \quad (x \to a)$

(2)　(1) の逆は一般には正しくない．例えば n を正の実数とするとき

$$x^n = O(x^n) \quad (x \to 0)$$

であるが，

$$x^n = o(x^n) \quad (x \to 0)$$

ではない．しかし $0 < n' < n$ のとき

$$f(x) = O(x^n) \quad (x \to 0) \implies f(x) = o(x^{n'}) \quad (x \to 0)$$

である．

(3)　有限確定の $\lim_{x \to +\infty} f(x)$ が存在すれば

$$f = O(1) \quad (x \to +\infty)$$

となる． □

テイラーの定理の剰余項は

$$R_n(x) = \frac{f^{(n+1)}(c)}{(n+1)!}(x-a)^{n+1}$$

であったから，x が a にちかいときに $|f^{(n+1)}(x)|$ がある定数以下 (すなわち $f^{(n+1)} = O(1)$) であれば，

$$R_n(x) = O((x-a)^{n+1}) \quad (x \to a)$$

つまり剰余項が $(x-a)^{n+1}$ と同程度以下に小さいことがわかる．

これをまとめておこう．

テイラーの定理の系

系 3.10　関数 $f(x)$ が a を含む開区間 I で $(n+1)$ 回微分可能であり，$f^{(n+1)} = O(1) \ (x \to a)$ ならば，次が成り立つ．

$$f(x) = \sum_{j=0}^{n} \frac{f^{(j)}(a)}{j!}(x-a)^j + O((x-a)^{n+1}) \quad (x \to a)$$

定義 3.11　関数 f がある区間 I で n 回微分可能であって，n 次以下の導関数 $f^{(j)} \ (j = 0, 1, 2, \cdots, n)$ が全て I で連続であるとき，f は区間 I で

C^n 級であるという[1]．また f が I で何回でも微分可能であるとき，C^∞ 級であるという．

なお f が I において解析的であることを C^ω 級ということがある．

注意 3.1 f が a を含む開区間 I で C^{n+1} 級であれば，$f^{(n+1)}(x)$ は I で連続であり，$f^{(n+1)} = O(1)$ $(x \to a)$，つまり上の系の仮定がみたされることがわかる．本書で扱う関数はたいてい C^∞ 級であるから，条件 $f^{(n+1)} = O(1)$ $(x \to a)$ は自然にみたされる．

例 3.12 $f(x) = \sin x$, $a = 0$, $n = 4$ に適用すれば
$$\sin x = x - \frac{1}{3!}x^3 + O(x^5) \quad (x \to 0)$$
□

関数 f が $x = a$ において微分可能であることの定義は，有限確定の極限
$$f'(a) = \lim_{x \to a} \frac{f(x) - f(a)}{x - a} \tag{3.4}$$
が存在することであった．これを
$$\lim_{x \to a}\left\{\frac{f(x) - f(a)}{x - a} - f'(a)\right\} = \lim_{x \to a} \frac{f(x) - \{f(a) + f'(a)(x - a)\}}{x - a} = 0$$
と変形することができるから，(3.4) 式は
$$f(x) - \{f(a) + f'(a)(x - a)\} = o(x - a) \quad (x \to a)$$
と同値となる．これを移項して
$$f(x) = f(a) + f'(a)(x - a) + o(x - a) \quad (x \to a)$$
とあらわすことにする．「$x \to a$ のとき $f(x)$ と $f(a) + f'(a)(x - a)$ の差は $x - a$ に比べて無視できる」と解釈することができ，76 頁の (3.1) 式の精密化になっている．これを一般化して次を示すことができる．

ランダウ o 記号を用いた近似式の表示

関数 $f(x)$ が a を含むある開区間において $(n-1)$ 回微分可能で，$f^{(n-1)}(x)$ が $x = a$ において微分可能ならば，
$$f(x) = \sum_{j=0}^{n} \frac{f^{(j)}(a)}{j!}(x - a)^j + o((x - a)^n) \quad (x \to a) \tag{3.5}$$

---

[1] 微分可能ならば連続なので，「n 回微分可能であって $f^{(n)}$ が連続」としても同じ．

3.3 テイラーの定理の応用

3.3.1 近似値

テイラーの定理を利用して関数の近似式を作り，それを用いて近似値を計算することができる．その際，誤差の程度を的確に把握して，適切な近似式を用いることが大切である．

例 3.13 79 頁の **例 3.4** より
$$e^x \doteqdot 1 + x + \frac{1}{2!}x^2 + \cdots + \frac{1}{n!}x^n$$
と近似できる．このときの誤差は
$$R_n(x) = e^x - \left(1 + x + \frac{1}{2!}x^2 + \cdots + \frac{1}{n!}x^n\right)$$
$$= \frac{e^c}{(n+1)!}x^{n+1} \quad (c \text{ は } 0 \text{ と } x \text{ との間にある数})$$
であり，次の不等式が得られる．
$$|R_n(x)| \leq \frac{e^{|x|}}{(n+1)!}|x|^{n+1}$$
このような不等式を（誤差の）評価という．

例えば $x = 1$, $n = 9$ とすれば（$0 < e < 3$ を既知とすると）
$$|e - 2.7182815 \cdots| \leq \frac{e}{10!} = \frac{e}{3628800}$$
$$< \frac{1}{10^6} = 0.000001$$
となり，e の値が小数点以下 5 桁まで正確に求められる． □

例 3.14 $f(x) = \sqrt{1+x}$, $a = 0$, $I = (-1, 1)$, $n = 3$ にテイラーの定理を適用する．$f(x) = (1+x)^{\frac{1}{2}}$ より
$$f'(x) = \frac{1}{2}(1+x)^{-\frac{1}{2}}, \quad f''(x) = -\frac{1}{4}(1+x)^{-\frac{3}{2}}, \quad f'''(x) = \frac{3}{8}(1+x)^{-\frac{5}{2}}$$
であるから，$x \in I$ のとき
$$\sqrt{1+x} \doteqdot 1 + \frac{1}{2}x - \frac{1}{8}x^2 + \frac{1}{16}x^3$$
と近似できる．$x > 0$ と仮定し，このときの誤差 $R_3(x)$ を評価しよう．$f^{(4)}(x) = -\frac{15}{16}(1+x)^{-\frac{7}{2}}$ であるから，

$$R_3(x) = \frac{f^{(4)}(c)}{4!}x^4$$
$$= -\frac{5}{128}(1+c)^{-\frac{7}{2}}x^4 \quad (0 < c < x)$$

したがって，次の評価が得られる．

$$|R_3(x)| < \frac{5}{128}x^4$$

例えば $x = 0.1$ とすれば

$$\left|\sqrt{1.1} - 1.0488125\right| < \frac{5}{128 \cdot 10^4} = 0.00000390625$$

となり，$\sqrt{1.1}$ の値が小数点以下4桁まで正確に求められる（$R_3(x) < 0$ なので，小数点以下5桁までは保証されないことに注意．実際 $\sqrt{1.1} = 1.0488088\cdots$ である）． □

3.3.2 不定形の極限

分数の形であらわされた極限値 $\lim_{x \to a+0} \frac{f(x)}{g(x)}$ の計算方法を説明しよう．a を定数とし，$x \to a+0$ のとき $f(x), g(x)$ が

- 0 に収束
- 0 でない値に収束
- $\pm\infty$ に発散

のいずれであるか[2]によって場合分けして考える．

$$\lim_{x \to a+0} f(x) = 0, \ \lim_{x \to a+0} g(x) = +\infty \quad \text{のとき} \quad \lim_{x \to a+0} \frac{f(x)}{g(x)} = 0$$

のように簡単にわかるものを除けば，次の二つの場合が問題となる．

不定形

- $\lim_{x \to a+0} f(x) = \lim_{x \to a+0} g(x) = 0$ のとき $\lim_{x \to a+0} \frac{f(x)}{g(x)}$ を $\dfrac{\mathbf{0}}{\mathbf{0}}$ の不定形という．
- $\lim_{x \to a+0} |f(x)| = \lim_{x \to a+0} |g(x)| = +\infty$ のとき $\lim_{x \to a+0} \frac{f(x)}{g(x)}$ を $\dfrac{\mathbf{\infty}}{\mathbf{\infty}}$ の不定形という．

$x \to a-0, x \to a, x \to +\infty, x \to -\infty$ の場合についても同様に定義する．

---
[2] これ以外の場合もあり得るが，以下では考察の対象としない．

ロピタルの定理

定理 3.15 関数 f, g が開区間 (a, b) において微分可能で,
$$\lim_{x \to a+0} f(x) = \lim_{x \to a+0} g(x) = 0$$
であるとする．このとき極限 $\displaystyle\lim_{x \to a+0} \frac{f'(x)}{g'(x)}$ が存在するならば，極限 $\displaystyle\lim_{x \to a+0} \frac{f(x)}{g(x)}$ も存在して次が成り立つ．
$$\lim_{x \to a+0} \frac{f(x)}{g(x)} = \lim_{x \to a+0} \frac{f'(x)}{g'(x)}$$
$x \to a-0$, $x \to a$, $x \to +\infty$, $x \to -\infty$ の場合も同様のことが成り立つ．また $\dfrac{\infty}{\infty}$ の不定形の場合も同様である．

[証明] $f(a) = g(a) = 0$
と定義すれば，仮定より f, g は $x = a$ で連続となる．また必要であれば b を a に充分ちかくとり，f, g は $[a, b]$ において連続，(a, b) において微分可能，$g'(x) \neq 0$ と仮定してよい．すると平均値の定理より $g(a) \neq g(b)$ であるから，コーシーの平均値の定理が適用でき，
$$\frac{f(b)}{g(b)} = \frac{f(b) - f(a)}{g(b) - g(a)} = \frac{f'(c)}{g'(c)}$$
をみたす $c \in (a, b)$ が存在する．$b \to a+0$ とすれば $c \to a+0$ であるから
$$\lim_{b \to a+0} \frac{f(b)}{g(b)} = \lim_{c \to a+0} \frac{f'(c)}{g'(c)}$$
が得られた．ほかの場合については略． ∎

例題 3.1

次の極限値を求めよ．

(1) $\displaystyle\lim_{x \to 0} \frac{x - \tan^{-1} x}{x^3}$ (2) n を正の整数とするとき $\displaystyle\lim_{x \to +\infty} \frac{x^n}{e^x}$

【解答】 ロピタルの定理を用いる．

(1) $\displaystyle\lim_{x \to 0} \frac{x - \tan^{-1} x}{x^3} = \lim_{x \to 0} \frac{(x - \tan^{-1} x)'}{(x^3)'}$
$\displaystyle = \lim_{x \to 0} \frac{1 - \dfrac{1}{x^2 + 1}}{3x^2} = \lim_{x \to 0} \frac{1}{3(x^2 + 1)} = \frac{1}{3}$

(2) $\displaystyle\lim_{x\to+\infty}\frac{x^n}{e^x}=\lim_{x\to+\infty}\frac{nx^{n-1}}{e^x}=\lim_{x\to+\infty}\frac{n(n-1)x^{n-2}}{e^x}$
$\displaystyle =\cdots=\lim_{x\to+\infty}\frac{n!}{e^x}=0$

なお任意の実数 α に対して $\displaystyle\lim_{x\to+\infty}\frac{x^\alpha}{e^x}=0$ が示される（$\alpha\leq 0$ の場合は明らか．$\alpha>0$ の場合は上の結果とはさみうちの原理より）． ∎

不定形の極限には，このほかに $\infty-\infty$, $0\cdot\infty$, 0^0, 1^∞, ∞^0 などのタイプがある．これらについても $\dfrac{0}{0}$ または $\dfrac{\infty}{\infty}$ の不定形の極限に帰着できる場合が多い．

例題 3.2

次の極限値を求めよ．
(1) （$0\cdot\infty$ の不定形） $\displaystyle\lim_{x\to+0}x\log x$
(2) （1^∞ の不定形） $\displaystyle\lim_{x\to+0}(1+\sin 2x)^{\frac{3}{x}}$

【解答】 (1) ロピタルの定理を適用するために $\dfrac{0}{0}$ の不定形となるように式変形する．

$$\lim_{x\to+0}x\log x=\lim_{x\to+0}\frac{\log x}{x^{-1}}=\lim_{x\to+0}\frac{x^{-1}}{-x^{-2}}=\lim_{x\to+0}(-x)=0$$

(2) $y=(1+\sin 2x)^{\frac{3}{x}}$ とおいて対数をとると

$$\log y=\frac{3\log(1+\sin 2x)}{x}$$

$x\to+0$ のときこれは $\dfrac{0}{0}$ の不定形であるから，ロピタルの定理により

$$\lim_{x\to+0}\log y=\lim_{x\to+0}\frac{\{3\log(1+\sin 2x)\}'}{x'}=\lim_{x\to+0}\frac{6\cos 2x}{1+\sin 2x}=6$$

指数関数を $e^x=\exp x$ と記すことにすると，$\exp x$ が連続であることより，求める極限値は

$$\lim_{x\to+0}y=\lim_{x\to+0}\exp(\log y)=\exp\left(\lim_{x\to+0}\log y\right)$$
$$=\exp 6=e^6$$ ∎

不定形の極限を求めるのに，関数の展開を利用する方法もある．この場合にはランダウの記号を用いると便利である．

例 3.16 (例題 3.1 (1) の別解)　テイラーの定理の系（82 頁）より

$$\tan^{-1} x = x - \frac{1}{3}x^3 + O(x^5) \quad (x \to 0)$$

であるから

$$\frac{x - \tan^{-1} x}{x^3} = \frac{1}{3} + O(x^2) \quad (x \to 0)$$

したがって

$$\lim_{x \to 0} \frac{x - \tan^{-1} x}{x^3} = \frac{1}{3}$$

次の例ではロピタルの定理を用いるより展開によるほうが容易である．

例題 3.3

$\displaystyle \lim_{x \to 0} \frac{(x - \sin^{-1} x) \tan 2x}{\cosh x + \cos x - 2}$ を求めよ．

【解答】　$\sin^{-1} x = x + \dfrac{1}{6}x^3 + O(x^5)$

$\tan 2x = 2x + O(x^3)$

$\cosh x = 1 + \dfrac{1}{2}x^2 + \dfrac{1}{4!}x^4 + \dfrac{1}{6!}x^6 + O(x^8)$

$\cos x = 1 - \dfrac{1}{2}x^2 + \dfrac{1}{4!}x^4 - \dfrac{1}{6!}x^6 + O(x^8)$

（全て $x \to 0$ のとき）であるから

$$\frac{(x - \sin^{-1} x) \tan 2x}{\cosh x + \cos x - 2} = \frac{\left\{-\dfrac{1}{6}x^3 + O(x^5)\right\}\{2x + O(x^3)\}}{\dfrac{1}{12}x^4 + O(x^8)}$$

$$= \frac{\left\{-\dfrac{1}{6} + O(x^2)\right\}\{2 + O(x^2)\}}{\dfrac{1}{12} + O(x^4)}$$

したがって

$$\lim_{x \to 0} \frac{(x - \sin^{-1} x) \tan 2x}{\cosh x + \cos x - 2} = \frac{-\dfrac{1}{6} \cdot 2}{\dfrac{1}{12}} = -4$$

3.3.3 極値の判定

具体的な関数の極値の求め方については，高等学校で学んだとおり，関数を微分して導関数の値の符号を調べることによって増減を調べればよい．ここでは，あとで多変数関数の極値を扱うときの参考のため，高次導関数を用いた極値の判定法を紹介しておこう．

まず極値の定義から始めよう．極値の定義自体は導関数と直接の関係はない．

定義 3.17　a を含む開区間 I で定義された関数 f について，f が a において（狭義の）**極小**であるとは，次が成り立つような $r > 0$ が存在すること．

$$x \in I,\ 0 < |x - a| < r \implies f(x) > f(a)$$

このとき $f(a)$ を（狭義の）**極小値**という．また条件の「$f(x) > f(a)$」を「$f(x) \geq f(a)$」で置き換えた場合には**広義の極小**という．**極大**，**極大値**，**広義の極大**についても同様．極大値・極小値を総称して**極値**という．

次の定理は基本的であるが，証明は省く．

極値の必要条件

定理 3.18　a を含む開区間において微分可能な関数 f が，$x = a$ で極値をとれば $f'(a) = 0$.

そこで $f'(a) = 0$ となる a について，f が $x = a$ で極値をとるかどうかが問題となる．次の定理の主張は，増減表を考えればわかることであるが，ここではテイラーの定理を利用した証明を与えよう．

極値判定法

定理 3.19　関数 f が a を含む開区間で C^2 級であるとし，$f'(a) = 0$ と仮定する．
(1)　$f''(a) > 0$ であれば f は $x = a$ で極小である．
(2)　$f''(a) < 0$ であれば f は $x = a$ で極大である．

[証明]　テイラーの定理により

$$f(x) = f(a) + f'(a)(x - a) + R_1(x)$$
$$= f(a) + R_1(x)$$

である．ここに

$$R_1(x) = \frac{f''(c)}{2!}(x-a)^2$$

(c は a と x の間に存在) である. $f''(a) > 0$ のとき, 仮定により f'' は連続であるから, x が a に充分近ければ (すなわち $r > 0$ を充分小さくとれば, $0 < |x-a| < r$ のとき) $f''(c) > 0$ となる. したがってこのとき

$$f(x) - f(a) = R_1(x) > 0$$

となり, f は $x=a$ で極小となる. もう一方の場合も同様である. ∎

同様にして次の定理が得られる.

極値判定法

定理 3.20 m は正の整数とする.
(1) 関数 f が a を含む開区間で C^{2m} 級であるとする. このとき
$$f'(a) = f''(a) = \cdots = f^{(2m-1)}(a) = 0, \quad f^{(2m)}(a) > 0$$
ならば f は a において極小.
(2) 関数 f が a を含む開区間で C^{2m} 級であるとする. このとき
$$f'(a) = f''(a) = \cdots = f^{(2m-1)}(a) = 0, \quad f^{(2m)}(a) < 0$$
ならば f は a において極大.
(3) 関数 f が a を含む開区間で C^{2m+1} 級であるとする. このとき
$$f'(a) = f''(a) = \cdots = f^{(2m)}(a) = 0, \quad f^{(2m+1)}(a) \neq 0$$
ならば f は a において極値をとらない.

3.3.4 関数の凹凸

高等学校において,「$f''(x) > 0$ ならば $y = f(x)$ のグラフは下に凸」であると学んだ. これについて少し詳しくみておこう.

まず「下に凸」ということの定義は第二次導関数の値の符号とは直接関係はない.

定義 3.21 (1) 開区間 I で定義された関数 f について, f が I において**凸**である (**凸関数である**) とは, 任意の $a, b, c \in I$ について次が成り立つこと.
$$a < b < c \implies \frac{f(b) - f(a)}{b - a} \leq \frac{f(c) - f(b)}{c - b} \tag{3.6}$$
(2) 関数 f が I において**凹**である (**凹関数である**) とは, $-f$ が I において凸

3.3 テイラーの定理の応用

であること．
(3) 条件式 (3.6) の不等号 $\leq$ を $<$ で置き換えて，**狭義凸**の概念を得る．**狭義凹**についても同様．

注意 3.2 (1) 条件式 (3.6) は次の 2 つのいずれとも同値である．

- 任意の $a, b, c \in I$ について次が成り立つこと．
$$a < b < c \implies \frac{f(b) - f(a)}{b - a} \leq \frac{f(c) - f(a)}{c - a}$$

- 任意の $a, b, c \in I$ について次が成り立つこと．
$$a < b < c \implies \frac{f(c) - f(a)}{c - a} \leq \frac{f(c) - f(b)}{c - b}$$

(2) 高等学校で学んだ「$y = f(x)$ のグラフが下に凸である」とは関数 f が狭義凸のことである．

定理 3.22 関数 f が開区間 I において微分可能であるとする．このとき
(1) f' が I において単調増加ならば f は I において凸である．
(2) f' が I において狭義単調増加ならば f は I において狭義凸である．

[証明] f が条件をみたしているとする．$a, b, c \in I$ が $a < b < c$ であるとする．f に閉区間 $[a, b]$, $[b, c]$ において平均値の定理を適用して，次を成り立たせる $s \in (a, b)$, $t \in (b, c)$ が存在することがわかる．

$$\frac{f(b) - f(a)}{b - a} = f'(s)$$

$$\frac{f(c) - f(b)}{c - b} = f'(t)$$

ここで f' は単調増加であるから，$s < b < t$ より $f'(s) \leq f'(t)$ であり，したがって

$$\frac{f(b) - f(a)}{b - a} \leq \frac{f(c) - f(b)}{c - b}$$

同様に f' が I において狭義単調増加ならば f は I において狭義凸であることも示される． ■

系 3.23 関数 f が開区間 I において 2 回微分可能で，$x \in I$ に対して常に $f''(x) > 0$ ならば f は I において狭義に凸である．

[証明] $x \in I$ に対して常に $f''(x) > 0$ ならば f' が I において狭義単調増加であるから，上の定理から直ちにしたがう． ■

3章の問題

1 記号は本文のとおりとして，次の関数にテイラーの定理を適用せよ．
(1) $f(x) = \cos x$, $a = 0$, $n = 2m$ (2) $f(x) = \sin x$, $a = 0$
(3) $f(x) = (1+x)^\alpha$, $a = 0$ (4) $f(x) = \dfrac{1}{x^2 + 3x + 2}$, $a = 0$
(5) $f(x) = \log(1+x)$, $a = 2$
(6) $f(x) = \sqrt{1+x}$, $a = 0$, $n = 3$
(7) $f(x) = \tan^{-1} x$, $a = 0$, $n = 3$
(8) $f(x) = e^x \cos\sqrt{3}x$, $a = 0$, $n = 3$

2 テイラーの定理を利用して，次の値の近似値を指定された位まで確定せよ．
(1) $\sqrt[5]{1.1}$ （小数第 4 位まで）   (2) $\sqrt[3]{1024}$ （小数第 5 位まで）
(3) $\log 1.1$ （小数第 4 位まで）

3 $f(x) = \tan^{-1} x$, $a = 0$, $n = 3$ にテイラーの定理を適用し，次を示せ．
$$0 < \frac{\pi}{6} - \frac{8}{9\sqrt{3}} < \frac{1}{9\sqrt{3}}$$

4 次の極限値を求めよ $(a, b, \alpha : 正の定数)$.

(1) $\displaystyle\lim_{x\to 1-0} \frac{\cos^{-1} x}{\sqrt{1-x}}$ (2) $\displaystyle\lim_{x\to \frac{\pi}{2}-0} \frac{\log\left(\frac{\pi}{2} - x\right)}{\tan x}$

(3) $\displaystyle\lim_{x\to +\infty} \frac{\log x}{x^\alpha}$ (4) $\displaystyle\lim_{x\to +\infty} \frac{\log\left(x + \sqrt{1+x^2}\right)}{\log x}$

(5) $\displaystyle\lim_{x\to +\infty} x\left(\tan^{-1} x - \frac{\pi}{2}\right)$ (6) $\displaystyle\lim_{x\to +0} x^x$

(7) $\displaystyle\lim_{x\to +\infty} x^{\frac{1}{x}}$ (8) $\displaystyle\lim_{x\to +0} \left(\frac{a^x + b^x}{2}\right)^{\frac{1}{x}}$

(9) $\displaystyle\lim_{x\to +\infty} \left(\frac{a^x + b^x}{2}\right)^{\frac{1}{x}}$ (10) $\displaystyle\lim_{x\to 0} \frac{\tanh x - \tan^{-1} x}{x^5}$

(11) $\displaystyle\lim_{x\to 0} \frac{\cos x - \cos(\sin x)}{x^4}$ (12) $\displaystyle\lim_{x\to 0} \frac{1 - \cos x \cosh x}{x^4}$

(13) $\displaystyle\lim_{x\to 0} \frac{1}{x^2}\left(\frac{\log(1-x)}{x} + \frac{x}{\log(1+x)}\right)$

5 次の極限値を求めよ．
(1) $\displaystyle\lim_{x\to +\infty} (x^2 - e^x \log x)$ (2) $\displaystyle\lim_{x\to +\infty} \frac{(\exp x)^x}{x^{\exp x}}$ （ただし $\exp x = e^x$）

4 一変数関数の積分

　本章では積分についての知識の総仕上げを目指し，次の二つの事柄を学習する．まず，逆三角関数を導入したおかげで，有理関数の不定積分が（原理的には）必ず計算できることを学ぶ．また応用として各種の不定積分の計算練習をおこなう．第二に，定積分の一般化である広義積分を学習する．広義積分の応用として，確率統計などでよく使われるガンマ関数についても学習する．後に多変数関数のところで学ぶ例題と組み合わせると，一見荒唐無稽な等式

$$\left(\frac{1}{2}\right)! = \frac{\sqrt{\pi}}{2}$$

を合理的に説明することができる．

キーワード

有理関数の不定積分
三角関数の不定積分
無理関数の不定積分
広義積分
ガンマ関数とベータ関数
曲線の長さ

4.1 不定積分

不定積分の各種計算法については既に高等学校で学んできたほか，第1章においてもいくつかの公式を得た（6頁，22頁，28頁参照）．そのほかにも昔から多くの技法が知られているが，一方どのような技法によってもけっして計算できない不定積分も存在する．例えば e^{-x^2} や $\dfrac{\sin x}{x}$ の不定積分は初等関数ではあらわせないことが知られている．本節では，原理的には必ず計算でき，また実用上も重要であるタイプの不定積分をいくつか取り上げる．以下で C は積分定数をあらわすものとし，その都度特に断らない．

4.1.1 有理関数の不定積分

有理式（分数式）であらわされる関数を有理関数といった．有理関数の不定積分を計算するには，部分分数（34頁からの1.5.3参照）を利用するのがよい．まず次の公式を確認しておこう．

$$\int (x-a)^n \, dx = \begin{cases} \dfrac{(x-a)^{n+1}}{n+1} + C & (n \neq -1) \\ \log|x-a| + C & (n = -1) \end{cases}$$

例 4.1（36頁の例題 1.10 参照）

$$\int \frac{x^3}{x^2-1} \, dx = \int \left\{ x + \frac{1}{2(x+1)} + \frac{1}{2(x-1)} \right\} dx$$
$$= \frac{x^2}{2} + \frac{1}{2}\log|x+1| + \frac{1}{2}\log|x-1| + C$$
$$\left(= \frac{x^2}{2} + \frac{1}{2}\log|x^2-1| + C \right)$$

□

例 4.2（37頁の例題 1.11 (1) 参照）

$$\int \frac{dx}{(x-1)(x+2)^2} = \int \left(\frac{1}{9(x-1)} - \frac{1}{9(x+2)} - \frac{1}{3(x+2)^2} \right) dx$$
$$= \frac{1}{9}\log|x-1| - \frac{1}{9}\log|x+2| + \frac{1}{3(x+2)} + C$$
$$\left(= \frac{1}{9}\log\left|\frac{x-1}{x+2}\right| + \frac{1}{3(x+2)} + C \right)$$

□

4.1 不定積分

分母が $(x^2+px+q)^n$（ただし判別式 $p^2-4q<0$）の場合の不定積分の計算法を述べよう．部分分数の一般論により分子は一次式と仮定してよいから，問題の不定積分は二種類の不定積分

$$\int \frac{(x^2+px+q)'}{(x^2+px+q)^n}\,dx, \quad \int \frac{dx}{(x^2+px+q)^n}$$

の定数倍の和に分解できる．第一番目の不定積分の計算は容易で

$$\int \frac{(x^2+px+q)'}{(x^2+px+q)^n}\,dx = \begin{cases} \log(x^2+px+q)+C & (n=1) \\ \dfrac{1}{(1-n)(x^2+px+q)^{n-1}}+C & (n>1) \end{cases}$$

となる．第二番目の不定積分は，x^2+px+q を平方完成し，x の適当な一次式を t と置換することにより

$$\int \frac{dt}{(t^2+1)^n}$$

の定数倍に変形できる．$n=1$ のときは

$$\int \frac{dt}{t^2+1} = \tan^{-1} t + C$$

であるから計算できる．

例題 4.1

$\displaystyle\int \frac{dx}{x^3+1}$ を計算せよ．

【解答】 被積分関数を部分分数に分解すると

$$\frac{1}{x^3+1} = \frac{1}{3(x+1)} + \frac{-x+2}{3(x^2-x+1)} \tag{4.1}$$

となる．(4.1) 式右辺第一項の不定積分は $\dfrac{1}{3}\log|x+1|$ である（積分定数は最後に考慮する）．(4.1) 式右辺第二項は

$$\frac{-x+2}{3(x^2-x+1)} = -\frac{(x^2-x+1)'}{6(x^2-x+1)} + \frac{1}{2(x^2-x+1)} \tag{4.2}$$

と変形できて，(4.2) 式右辺第一項の不定積分は $-\dfrac{1}{6}\log(x^2-x+1)$ である．

$$x^2-x+1 = \left(x-\frac{1}{2}\right)^2 + \frac{3}{4} = \frac{3}{4}\left\{\frac{4}{3}\left(x-\frac{1}{2}\right)^2+1\right\}$$

なので
$$t = \sqrt{\frac{4}{3}}\left(x - \frac{1}{2}\right) = \frac{2x-1}{\sqrt{3}}$$
と置換すると，(4.2) 式右辺第二項の不定積分は
$$\int \frac{dx}{2(x^2-x+1)} = \int \frac{1}{2 \cdot \frac{3}{4}(t^2+1)} \frac{\sqrt{3}}{2} dt = \frac{1}{\sqrt{3}} \int \frac{dt}{t^2+1}$$
$$= \frac{1}{\sqrt{3}} \tan^{-1} t = \frac{1}{\sqrt{3}} \tan^{-1} \frac{2x-1}{\sqrt{3}}$$
と計算できる．以上を総合し，積分定数を考慮すれば
$$\int \frac{dx}{x^3+1} = \frac{1}{3} \log|x+1| - \frac{1}{6} \log(x^2-x+1) + \frac{1}{\sqrt{3}} \tan^{-1} \frac{2x-1}{\sqrt{3}} + C$$
$$= \frac{1}{6} \log \frac{(x+1)^2}{(x^2-x+1)} + \frac{1}{\sqrt{3}} \tan^{-1} \frac{2x-1}{\sqrt{3}} + C \qquad ∎$$

注意 4.1 公式
$$\int \frac{dx}{a^2+x^2} = \frac{1}{a} \tan^{-1} \frac{x}{a} + C$$
を覚えて活用してもよいだろう．例えば (4.2) 式右辺第二項の不定積分は
$$\int \frac{dx}{2(x^2-x+1)} = \frac{1}{2} \int \frac{dx}{\left(x-\frac{1}{2}\right)^2 + \frac{3}{4}} dx = \frac{1}{2} \frac{1}{\frac{\sqrt{3}}{2}} \tan^{-1} \frac{x-\frac{1}{2}}{\frac{\sqrt{3}}{2}}$$
$$= \frac{1}{\sqrt{3}} \tan^{-1} \frac{2x-1}{\sqrt{3}}$$

最後に $\int \frac{dt}{(t^2+1)^n}$ の計算方法を述べよう．$n = 1, 2, 3, \cdots$ に対し，
$$I_n = \int \frac{dt}{(t^2+1)^n}$$
とおく．ここでは積分定数を無視して話を進める（4.1.5 で説明するように端点を適切に設定した定積分を考えてもよい）．部分積分により
$$I_n = \int t' \frac{1}{(t^2+1)^n} dt = \frac{t}{(t^2+1)^n} + \int \frac{2nt^2}{(t^2+1)^{n+1}} dt$$
$$= \frac{t}{(t^2+1)^n} + 2n \int \frac{(t^2+1-1)}{(t^2+1)^{n+1}} dt = \frac{t}{(t^2+1)^n} + 2n(I_n - I_{n+1})$$

これを整理し n を一つずらして漸化式
$$I_n = \frac{1}{2(n-1)}\left\{\frac{t}{(t^2+1)^{n-1}} + (2n-3)I_{n-1}\right\}$$
を得る．$I_1 = \tan^{-1} t$ であったから，順次 I_n が計算できる．

例 4.3
$$I_2 = \frac{1}{2}\left(\frac{t}{t^2+1} + I_1\right) = \frac{t}{2(t^2+1)} + \frac{1}{2}\tan^{-1} t$$
$$I_3 = \frac{1}{4}\left\{\frac{t}{(t^2+1)^2} + 3I_2\right\} = \frac{t}{4(t^2+1)^2} + \frac{3t}{8(t^2+1)} + \frac{3}{8}\tan^{-1} t \quad \square$$

以上により，次のことがわかった．

> **定理 4.4** 有理関数の不定積分は必ず計算でき，その結果は有理関数，対数関数，逆正接関数の組合せによってあらわされる．

4.1.2 三角関数の不定積分

三角関数の積分については，高等学校で学んだ各種の技巧は忘れずに活用して欲しい．特に，次の公式が使えないかまず試してみるのがよいだろう．

> $\sin x = t$ により $\displaystyle\int f(\sin x)\cos x\,dx = \int f(t)\,dt$
>
> $\cos x = t$ により $\displaystyle\int f(\cos x)\sin x\,dx = -\int f(t)\,dt$

例題 4.2
$\displaystyle\int (\cos x)^3 dx$ を計算せよ．

【解答】 $(\cos x)^3 = \{1 - (\sin x)^2\}\cos x$ に注意して $\sin x = t$ とおくと
$$\int (\cos x)^3 dx = \int (1-t^2)\,dt = t - \frac{1}{3}t^3 + C$$
$$= \sin x - \frac{1}{3}(\sin x)^3 + C$$
■

こうした工夫ではうまくいかない場合について述べよう．不定積分
$$\int R(\cos x, \sin x)\,dx$$
を考える．ただし $R(s,t)$ は二変数の有理関数とする．

$\int R(\cos x, \sin x)\, dx$ の計算法

$\tan \dfrac{x}{2} = t$ と置換せよ．

このとき
$$\cos x = \frac{1-t^2}{1+t^2}, \quad \sin x = \frac{2t}{1+t^2}, \quad dx = \frac{2}{1+t^2}\, dt$$
であるから
$$\int R(\cos x, \sin x)\, dx = \int R\left(\frac{1-t^2}{1+t^2}, \frac{2t}{1+t^2}\right) \frac{2}{1+t^2}\, dt$$
と有理関数の不定積分に帰着し，必ず計算できるのである．

例題 4.3

$\displaystyle\int \dfrac{\cos x}{1+\cos x}\, dx$ を計算せよ．

【解答】 $\tan \dfrac{x}{2} = t$ により

$$\int \frac{\cos x}{1+\cos x}\, dx = \int \frac{\dfrac{1-t^2}{1+t^2}}{1+\dfrac{1-t^2}{1+t^2}} \cdot \frac{2}{1+t^2}\, dt = \int \frac{1-t^2}{1+t^2}\, dt$$

$$= \int \left(-1 + \frac{2}{1+t^2}\right) dt = -t + 2\tan^{-1} t + C$$

となる．$(2n-1)\pi < x < (2n+1)\pi$ のとき
$$\tan^{-1}\left(\tan \frac{x}{2}\right) = \frac{x}{2} - n\pi$$
であるから，$-2n\pi + C$ をあらためて C と書けば
$$\int \frac{\cos x}{1+\cos x}\, dx = -\tan \frac{x}{2} + x + C$$
となる．なお 106 頁のコラム参照．　　■

【別解】 $\displaystyle\int \frac{\cos x}{1+\cos x}\, dx = \int \left(1 - \frac{1}{1+\cos x}\right) dx = \int \left\{1 - \frac{1-\cos x}{(\sin x)^2}\right\} dx$

$= \int \left\{1 - \dfrac{1}{(\sin x)^2} + \dfrac{\cos x}{(\sin x)^2}\right\} dx = x + \dfrac{1}{\tan x} - \dfrac{1}{\sin x} + C$

これが上の解と等しいことを確かめるのは難しくない．このように，三角関数を含む不定積分は，計算方法によってみかけの異なる解答が得られることがあるので注意が必要である． ■

注意 4.2 置換 $\tan \dfrac{x}{2} = t$ は最後の手段と心得ること．例えば例題 4.2 の不定積分にこの置換を適用してしまうと

$$\int (\cos x)^3 dx = \int \left(\dfrac{1-t^2}{1+t^2}\right)^3 \dfrac{2}{1+t^2}\, dt$$

となり，右辺の計算はかなり面倒である．

4.1.3 無理関数の不定積分（一次式の n 乗根を含む場合）

次の形の不定積分を考える．

$$\int R\left(x, \sqrt[n]{px+q}\right) dx$$

ただし $R(s,t)$ は二変数の有理関数，p, q は実数の定数で $p \neq 0$ とし，また $n \geq 2$ は自然数であるとする．

$\int R\left(x, \sqrt[n]{px+q}\right) dx$ の計算法

$\sqrt[n]{px+q} = t$ と置換せよ．

この置換により

$$x = \dfrac{t^n - q}{p}, \quad dx = \dfrac{nt^{n-1}}{p}\, dt$$

であるから

$$\int R\left(x, \sqrt[n]{px+q}\right) dx = \int R\left(\dfrac{t^n-q}{p},\, t\right) \dfrac{nt^{n-1}}{p}\, dt$$

となり，右辺は有理関数の不定積分なので計算できる．

例題 4.4

次の不定積分を計算せよ．

(1) $\displaystyle \int \dfrac{1}{x + 4 + 4\sqrt{x+1}}\, dx$

(2). $\displaystyle \int \dfrac{\sqrt[3]{x} + 2}{(\sqrt[3]{x}+1)^2}\, dx$

【解答】 (1) 置換 $t = \sqrt{x+1}$ により $x = t^2 - 1$, $dx = 2t\,dt$ だから

$$\int \frac{1}{x+4+4\sqrt{x+1}}\,dx = \int \frac{2t}{t^2+4t+3}\,dt = \int \left(\frac{3}{t+3} - \frac{1}{t+1}\right)dt$$

$$= 3\log|t+3| - \log|t+1| + C = \log\frac{(\sqrt{x+1}+3)^3}{\sqrt{x+1}+1} + C$$

(2) 置換 $t = \sqrt[3]{x}$ により $x = t^3$, $dx = 3t^2\,dt$ だから

$$\int \frac{\sqrt[3]{x}+2}{(\sqrt[3]{x}+1)^2}\,dx = \int \frac{(t+2)3t^2}{(t+1)^2}\,dt = \int \left\{3t + \frac{3}{(t+1)^2} - \frac{3}{t+1}\right\}dt$$

$$= \frac{3}{2}t^2 - \frac{3}{t+1} - 3\log|t+1| + C$$

$$= \frac{3}{2}\sqrt[3]{x^2} - \frac{3}{\sqrt[3]{x}+1} - 3\log|\sqrt[3]{x}+1| + C \qquad\blacksquare$$

4.1.4 無理関数の不定積分(二次式の平方根を含む場合)

二次式の平方根を含む不定積分について考察しよう.本書では既に次の三つが登場していた.

$$\int \frac{dx}{\sqrt{1-x^2}} = \sin^{-1} x + C$$

$$\int \frac{dx}{\sqrt{1+x^2}} = \sinh^{-1} x + C = \log\left(x + \sqrt{x^2+1}\right) + C$$

$$\int \frac{dx}{\sqrt{x^2-1}} = \log\left|x + \sqrt{x^2-1}\right| + C$$

これらと,積分の各種技巧を組み合わせて計算できる場合も多い.

例 4.5 $I = \displaystyle\int \sqrt{1-x^2}\,dx$ とおく.部分積分により

$$I = \int x'\sqrt{1-x^2}\,dx$$

$$= x\sqrt{1-x^2} + \int \frac{x^2}{\sqrt{1-x^2}}\,dx$$

$$= x\sqrt{1-x^2} - \int \frac{1-x^2}{\sqrt{1-x^2}}\,dx + \int \frac{dx}{\sqrt{1-x^2}}$$

$$= x\sqrt{1-x^2} - I + \sin^{-1} x$$

これを整理して
$$\int \sqrt{1-x^2}\,dx = \frac{1}{2}x\sqrt{1-x^2} + \frac{1}{2}\sin^{-1} x + C$$

ほかに 22 頁の例題 1.5 (1), 28 頁の例題 1.6 も参照のこと.

こうした工夫でうまくいかない場合や，あるいはそもそも上の公式を覚えていない場合でも，以下で述べる計算方法で必ず計算できる.

一般に次の形の不定積分を考える.
$$\int R\left(x, \sqrt{px^2 + qx + r}\right) dx$$
ただし $R(s,t)$ は二変数の有理関数，p, q, r は実数の定数で $p \neq 0$ とする．二次式 $px^2 + qx + r$ の性質によって次のように分類して考察する[1].

(1) $p > 0, \quad q^2 - 4pr > 0$
(2) $p > 0, \quad q^2 - 4pr < 0$
(3) $p < 0, \quad q^2 - 4pr > 0$

平方完成を利用すれば，それぞれ次の形の不定積分に帰着する.

(1) $\int R\left(x, \sqrt{x^2 - a^2}\right) dx$

(2) $\int R\left(x, \sqrt{x^2 + a^2}\right) dx$

(3) $\int R\left(x, \sqrt{a^2 - x^2}\right) dx$

ただし $R(s,t)$ は有理関数，$a > 0$ は実数の定数である.

---
(1), (2) $\int R\left(x, \sqrt{x^2 + A}\right) dx$ の計算法

$x + \sqrt{x^2 + A} = t$ と置換せよ.

この置換により $\sqrt{x^2 + A} = t - x$ であるから，両辺平方して整理すると
$$x = \frac{t^2 - A}{2t}$$
が得られる．したがって

---
[1] このほかに次の場合があるが，ここでは考えなくてよい.
 (4) $p > 0, q^2 - 4pr = 0$ のとき $px^2 + qx + r$ は完全平方式であり，根号ははずせる.
 (5) $p < 0, q^2 - 4pr \leq 0$ のとき，実数を変数とする関数としては不適格.

$$\sqrt{x^2+A} = t - x = \frac{t^2+A}{2t}, \quad dx = \frac{t^2+A}{2t^2}\,dt$$

以上より

$$\int R\left(x, \sqrt{x^2+A}\right) dx = \int R\left(\frac{t^2-A}{2t}, \frac{t^2+A}{2t}\right) \frac{t^2+A}{2t^2}\,dt$$

右辺は有理関数の不定積分であり計算できる．

例題 4.5

次の不定積分を計算せよ（A：定数）．

(1) $\displaystyle \int \frac{dx}{\sqrt{x^2+A}}$ (2) $\displaystyle \int \sqrt{x^2+A}\,dx$

【解答】 (1) $x + \sqrt{x^2+A} = t$ により

$$\int \frac{dx}{\sqrt{x^2+A}} = \int \frac{1}{\dfrac{t^2+A}{2t}} \frac{t^2+A}{2t^2}\,dt = \int \frac{dt}{t}$$

$$= \log|t| + C = \log\left|x + \sqrt{x^2+A}\right| + C$$

(2) $x + \sqrt{x^2+A} = t$ により

$$\int \sqrt{x^2+A}\,dx = \int \frac{t^2+A}{2t} \frac{t^2+A}{2t^2}\,dt = \int \frac{(t^2+A)^2}{4t^3}\,dt$$

$$= \int \left(\frac{t}{4} + \frac{A}{2t} + \frac{A^2}{4t^3}\right) dt = \frac{t^2}{8} + \frac{A}{2}\log|t| - \frac{A^2}{8t^2} + C$$

ここで x の式に戻してもよいが，さらに次のように工夫することができる．

$$\frac{1}{t} = \frac{1}{x+\sqrt{x^2+A}} = \frac{-x+\sqrt{x^2+A}}{A}$$

に注意して

$$t^2 - \frac{A^2}{t^2} = \left(t + \frac{A}{t}\right)\left(t - \frac{A}{t}\right) = 4x\sqrt{x^2+A}$$

したがって

$$\int \sqrt{x^2+A}\,dx = \frac{x\sqrt{x^2+A}}{2} + \frac{A}{2}\log\left|x + \sqrt{x^2+A}\right| + C \qquad \blacksquare$$

---
(3) $\displaystyle \int R\left(x, \sqrt{a^2-x^2}\right) dx$ **の計算法（その1）**

$\sin^{-1}\dfrac{x}{a} = \theta$ と置換せよ．

4.1 不定積分

この置換により $\dfrac{x}{a} = \sin\theta$, $-\dfrac{\pi}{2} \leq \theta \leq \dfrac{\pi}{2}$ であるから

$$x = a\sin\theta, \quad \sqrt{a^2 - x^2} = a\cos\theta, \quad dx = a\cos\theta\, d\theta$$

したがって

$$\int R\left(x, \sqrt{a^2 - x^2}\right) dx = \int R(a\sin\theta, a\cos\theta) a\cos\theta\, d\theta$$

右辺は三角関数の不定積分であるから計算できる．

例題 4.6

この方法で $\int \sqrt{1 - x^2}\, dx$ を計算せよ．（**例 4.5** 参照）．

【解答】 置換 $\sin^{-1} x = \theta$ により

$$\int \sqrt{1 - x^2}\, dx = \int (\cos\theta)^2\, d\theta = \int \frac{1 + \cos 2\theta}{2}\, d\theta$$
$$= \frac{\theta}{2} + \frac{\sin 2\theta}{4} + C = \frac{\theta + \sin\theta \cos\theta}{2} + C$$
$$= \frac{1}{2}\sin^{-1} x + \frac{1}{2}x\sqrt{1 - x^2} + C \qquad ∎$$

---
(3) $\int R\left(x, \sqrt{a^2 - x^2}\right) dx$ の計算法（その2）

$\sqrt{\dfrac{a - x}{a + x}} = t$ と置換せよ．

この置換により $x = \dfrac{a(1 - t^2)}{1 + t^2}$ となるから，

$$\sqrt{a^2 - x^2} = (a + x)\sqrt{\frac{a - x}{a + x}} = \frac{2at}{1 + t^2}, \quad dx = \frac{-4at}{(1 + t^2)^2}\, dt$$

したがって

$$\int R\left(x, \sqrt{a^2 - x^2}\right) dx = \int R\left(\frac{a(1 - t^2)}{1 + t^2}, \frac{2at}{1 + t^2}\right) \frac{-4at}{(1 + t^2)^2}\, dt$$

右辺は有理関数の不定積分であり計算できる．

例 4.6 $\int \sqrt{1 - x^2}\, dx$ に適用してみると

$$\int \sqrt{1 - x^2}\, dx = \int \frac{2t}{1 + t^2} \frac{-4t}{(1 + t^2)^2}\, dt = \int \frac{-8t^2}{(1 + t^2)^3}\, dt$$

右辺は 96 頁の説明にしたがって計算できるが，例 4.5，例題 4.6 に比べると，はるかに大変である． □

(3) の計算法（その 2）と同様の方法を (1) に適用することもできる．

例 4.7 $I = \int \sqrt{x^2 - 1}\,dx$ に置換 $\sqrt{\dfrac{x-1}{x+1}} = t$ を適用すると

$$I = \int \frac{2t}{1-t^2}\frac{4t}{(1-t^2)^2}\,dt = \int \frac{8t^2}{(1-t^2)^3}\,dt$$

これを計算すると

$$I = \frac{x\sqrt{x^2-1}}{2} - \frac{1}{2}\log\left|x + \sqrt{x^2-1}\right| + C$$

となることが確かめられるが，例題 4.5 (2) の方法に比べると大変である． □

また (3) の計算法（その 1）との対比で，(2) は置換

$$\sinh^{-1}\frac{x}{a} = t$$

により

$$\int R\left(x, \sqrt{x^2 + a^2}\right) dx = \int R(a\sinh t, a\cosh t)\, a\cosh t\, dt$$

となる．場合によってはこれも使える．

4.1.5　積分の漸化式

漸化式を用いる例は既に有理関数の積分のところにも出てきたが，さらにいくつか追加しよう．

例題 4.7

次の不定積分を求めよ．

(1) $\displaystyle\int \left(\sqrt{x^2+1}\right)^{2m-1} dx \quad (m = \pm 1, \pm 2)$

(2) $\displaystyle\int (\tan x)^n\, dx \quad (n = 0, 1, 2, 3)$

【解答】 (1)　積分定数の煩わしさを避けるために

$$f_m(x) = \int_0^x \left(\sqrt{t^2+1}\right)^{2m-1} dt$$

とおく．求める不定積分は $f_m(x) + C$ である．部分積分により

$$f_m(x) = \int_0^x t' \left(\sqrt{t^2+1}\right)^{2m-1} dt$$
$$= \left[t\left(\sqrt{t^2+1}\right)^{2m-1}\right]_0^x$$
$$\quad - \int_0^x t(2m-1)\left(\sqrt{t^2+1}\right)^{2m-2} \frac{t}{\sqrt{t^2+1}} dt$$
$$= x\left(\sqrt{x^2+1}\right)^{2m-1}$$
$$\quad - (2m-1)\int_0^x \left\{\left(\sqrt{t^2+1}\right)^2 - 1\right\}\left(\sqrt{t^2+1}\right)^{2m-3} dt$$
$$= x\left(\sqrt{x^2+1}\right)^{2m-1} - (2m-1)(f_m(x) - f_{m-1}(x))$$

したがって漸化式
$$2m f_m(x) = x\left(\sqrt{x^2+1}\right)^{2m-1} + (2m-1)f_{m-1}(x)$$
が得られた. $m=0$ に対しては
$$f_0(x) = \int_0^x \frac{dt}{\sqrt{t^2+1}} = \sinh^{-1} x = \log\left(x + \sqrt{x^2+1}\right)$$
であるから，漸化式で $m=1,2$ とすれば
$$f_1(x) = \frac{x\sqrt{x^2+1} + \sinh^{-1} x}{2}$$
$$f_2(x) = \frac{2x\left(\sqrt{x^2+1}\right)^3 + 3x\sqrt{x^2+1} + 3\sinh^{-1} x}{8}$$
また漸化式で $m = 0, -1$ とすれば（この場合 $f_0(x)$ は不要）
$$f_{-1}(x) = \frac{x}{\sqrt{x^2+1}}, \quad f_{-2}(x) = \frac{x}{3\left(\sqrt{x^2+1}\right)^3} + \frac{2x}{3\sqrt{x^2+1}}$$

(2) $f_n(x) = \int_0^x (\tan t)^n\, dt \ \left(-\frac{\pi}{2} < x < \frac{\pi}{2}\right)$ とおき，これを求めればよい.
$$\{(\tan t)^n\}' = n(\tan t)^{n-1}(\tan t)'$$
$$= n(\tan t)^{n-1}\{1 + (\tan t)^2\}$$
$$= n\{(\tan t)^{n-1} + (\tan t)^{n+1}\}$$
の両辺を 0 から x まで積分して，漸化式
$$(\tan x)^n = n(f_{n-1}(x) + f_{n+1}(x)) \quad (n \geq 1)$$
が得られる. $n = 0, 1$ に対しては直接計算して

$$f_0(x) = \int_0^x dt = x, \quad f_1(x) = \int_0^x \tan t \, dt = -\log|\cos x|$$

また漸化式で $n = 1, 2$ とすることにより次を得る.

$$f_2(x) = -x + \tan x, \quad f_3(x) = \log|\cos x| + \frac{(\tan x)^2}{2}$$

注意 4.3 積分区間の下端として別の値を選んでも,定数の差が生じるのみである.

📖 **積分定数について**

積分定数については,例えば

$$\int \frac{dx}{x} = \log|x| + C \quad (C : 任意定数)$$

であると高等学校では教えられており,本書においてもこれを復習して用いているが,厳密にいえばこれは正しくない.実際,

$$f(x) = \begin{cases} 2 + \log(-x) & (x < 0) \\ -3 + \log x & (x > 0) \end{cases}$$

によって定義される関数 f は $f'(x) = \dfrac{1}{x}$ をみたすが,上の形には書けない.上述の公式は,正しくは

$$\int \frac{dx}{x} = \begin{cases} C_1 + \log(-x) & (x < 0) \\ C_2 + \log x & (x > 0) \end{cases} \quad (C_1, C_2 : 任意定数)$$

と書かれるべきである.ここで二つの定数 C_1, C_2 は異なっていてもかまわないことに注意してほしい.例題 4.3 (98 頁) についても同様に,

$$\int \frac{\cos x}{1 + \cos x} \, dx = -\tan \frac{x}{2} + x + C_n$$
$$((2n-1)\pi < x < (2n+1)\pi, \, n \in \mathbb{Z}; \, C_n : 任意定数)$$

となる.積分定数は,原始関数の定義域全体で一定の値をとるというものではなく,原始関数が定義される**各区間**に対して**任意**にとれるのであるが,ここに述べたように書くのは煩わしく,またみやすくもないので,本文で述べてきたように**略記する**のである.このような略記は一々断らない.なお,積分定数を全く省略している本も少なくないが,特に微分方程式を扱う際などは,積分定数が重要な役割を担うので,注意を要する.

4.2 広義積分

高等学校では（そして本書でもこれまでは）定積分といえば閉区間上の連続関数の場合に限って考察してきたが，この制限は実用上いささか窮屈である．

例 4.8 曲線 $y = \dfrac{1}{\sqrt{1-x}}$，直線 $x = \dfrac{1}{2}$，直線 $x = 1$ および x 軸で『囲まれた』（厳密には囲まれているわけではない），上にどこまでも延びている図形（図 4.1）の面積を考えることはできるだろうか．これを $\displaystyle\int_{\frac{1}{2}}^{1} \dfrac{dx}{\sqrt{1-x}}$ と考えるのは自然であるが，関数 $\dfrac{1}{\sqrt{1-x}}$ は閉区間 $\left[\dfrac{1}{2}, 1\right]$ 上の連続関数ではないから，いままでの定積分の対象ではない． □

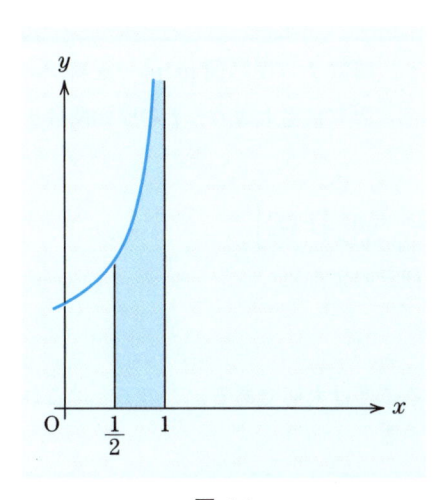

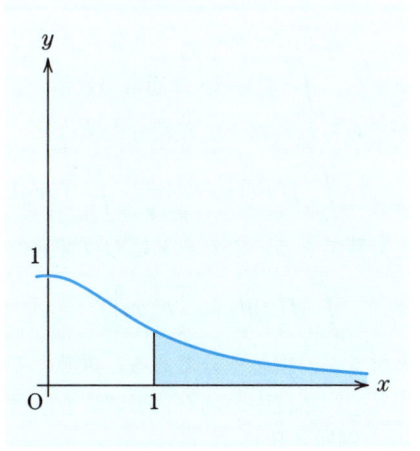

図 4.1

図 4.2

例 4.9 曲線 $y = \dfrac{1}{1+x^2}$，直線 $x = 1$ および x 軸で『囲まれた』右にどこまでも延びている図形（図 4.2）の面積を考えることはできるだろうか．これを $\displaystyle\int_{1}^{+\infty} \dfrac{dx}{1+x^2}$ と考えるのは自然であるが，これもいままでの定積分の対象ではない． □

例 4.10 積分による級数の収束判定（定理 2.14）を

$$\int_{n_0}^{+\infty} f(x)\,dx \text{ が収束} \iff \sum_{n=n_0}^{\infty} f(n) \text{ が収束}$$

と述べておくと便利である．

このような場合も扱えるよう，定積分の定義を拡張する．

4.2.1 広義積分の定義

> **広義積分の定義（区間 $[a,b)$ の場合）**
>
> 区間 $[a,b)$ 上連続な関数 f について，**広義積分**を次で定義する．
> $$\int_a^b f(x)dx = \lim_{p \to b-0} \int_a^p f(x)dx$$
> 詳しくいうと，右辺が収束するときに広義積分 $\int_a^b f(x)dx$ は**収束**するといい，また右辺の極限値を**広義積分の値**という．

この定義で，$a < p < b$ なる p をとると，関数 f は閉区間 $[a,p]$ で連続であるから，$\int_a^p f(x)dx$ は通常の定積分であることに注意しよう．f の原始関数 F が求められれば，広義積分の値は
$$\int_a^b f(x)dx = \lim_{p \to b-0} \int_a^p f(x)dx = \lim_{p \to b-0} \Big[F(x)\Big]_a^p$$
と計算できる．これをしばしば普通の定積分のように
$$\int_a^b f(x)dx = \Big[F(x)\Big]_a^b$$
と書くが，広義積分であると認識していることは大切である．このことはこれから述べるほかの場合についても同様である．

> **例題 4.8**
>
> 広義積分 $\int_{\frac{1}{2}}^1 \dfrac{dx}{\sqrt{1-x}}$ を計算せよ（図 4.1 参照）．

【解答】
$$\begin{aligned}
\int_{\frac{1}{2}}^1 \frac{dx}{\sqrt{1-x}} &= \lim_{p \to 1-0} \int_{\frac{1}{2}}^p \frac{dx}{\sqrt{1-x}} \\
&= \lim_{p \to 1-0} \Big[-2\sqrt{1-x}\Big]_{\frac{1}{2}}^p \\
&= \lim_{p \to 1-0} \left(-2\sqrt{1-p} + 2\sqrt{\frac{1}{2}}\right) = \sqrt{2}
\end{aligned}$$

これを次のように書くことが多い.

$$\int_{\frac{1}{2}}^{1} \frac{dx}{\sqrt{1-x}} = \left[-2\sqrt{1-x}\right]_{\frac{1}{2}}^{1} = \sqrt{2}$$

■

区間 $(a,b]$ 上連続な関数 f に対しても同様である.

広義積分の定義（区間 $(a,b]$ の場合）

区間 $(a,b]$ 上連続な関数 f について，広義積分を次で定義する.

$$\int_{a}^{b} f(x)dx = \lim_{p \to a+0} \int_{p}^{b} f(x)dx$$

注意 4.4 以前はこのタイプの広義積分について異常積分という用語があった．なお大学の初年時の講義以外では，下に述べるものも含めて，(殊更に広義積分といわずに) 単に積分ということも多い．

次に無限区間上の積分について考察しよう．

広義積分の定義（区間 $[a,+\infty)$ の場合）

区間 $[a,+\infty)$ 上連続な関数 f について，広義積分を次で定義する.

$$\int_{a}^{+\infty} f(x)dx = \lim_{p \to +\infty} \int_{a}^{p} f(x)dx$$

広義積分の定義（区間 $(-\infty,b]$ の場合）

区間 $(-\infty,b]$ 上連続な関数 f について，広義積分を次で定義する.

$$\int_{-\infty}^{b} f(x)dx = \lim_{p \to -\infty} \int_{p}^{b} f(x)dx$$

例題 4.9
広義積分 $\displaystyle\int_{1}^{+\infty} \frac{dx}{1+x^2}$ を計算せよ（図 4.2 参照）．

【解答】
$$\int_{1}^{+\infty} \frac{dx}{1+x^2} = \lim_{p \to +\infty} \int_{1}^{p} \frac{dx}{1+x^2} = \lim_{p \to +\infty} \left[\tan^{-1} x\right]_{1}^{p}$$
$$= \lim_{p \to +\infty} \left(\tan^{-1} p - \frac{\pi}{4}\right) = \frac{\pi}{2} - \frac{\pi}{4} = \frac{\pi}{4}$$

これを次のように書くことが多い．
$$\int_1^{+\infty} \frac{dx}{1+x^2} = \left[\tan^{-1} x\right]_1^{+\infty} = \frac{\pi}{2} - \frac{\pi}{4} = \frac{\pi}{4}$$
■

ここまでは区間の一端が f の定義域に入っており，広義積分を考えるときには積分区間の一端はずっと固定され，もう一端 p を動かした極限を考えていた．今度は開区間上の積分を考察しよう．

広義積分の定義（開区間の場合）

区間 $(-\infty, +\infty)$ 上連続な関数 f について，広義積分を次で定義する．
$$\int_{-\infty}^{+\infty} f(x)dx = \lim_{\substack{p \to -\infty \\ q \to +\infty}} \int_p^q f(x)dx$$
有限な開区間 (a, b) 上の連続関数についての広義積分，無限開区間 $(-\infty, b)$，$(a, +\infty)$ 上の連続関数についての広義積分についても同様に定義する．

注意 4.5 極限
$$\lim_{\substack{p \to -\infty \\ q \to +\infty}} \int_p^q f(x)dx$$
が存在するとは，p, q を独立に動かして $p \to -\infty, q \to +\infty$ とするとき，その仕方によらない一定の（有限の）値に収束する場合をいう．

例題 4.10

広義積分 $\displaystyle\int_{-1}^1 \frac{dx}{\sqrt{1-x^2}}$ を計算せよ（図 4.3 参照）．

【解答】
$$\int_{-1}^1 \frac{dx}{\sqrt{1-x^2}} = \lim_{\substack{p \to -1+0 \\ q \to 1-0}} \int_p^q \frac{dx}{\sqrt{1-x^2}} = \lim_{\substack{p \to -1+0 \\ q \to 1-0}} \left[\sin^{-1} x\right]_p^q$$
$$= \lim_{\substack{p \to -1+0 \\ q \to 1-0}} (\sin^{-1} q - \sin^{-1} p) = \frac{\pi}{2} - \left(-\frac{\pi}{2}\right) = \pi$$

これを次のように書くことが多い．
$$\int_{-1}^1 \frac{dx}{\sqrt{1-x^2}} = \left[\sin^{-1} x\right]_{-1}^1 = \sin^{-1} 1 - \sin^{-1}(-1)$$
$$= \frac{\pi}{2} - \left(-\frac{\pi}{2}\right) = \pi$$
■

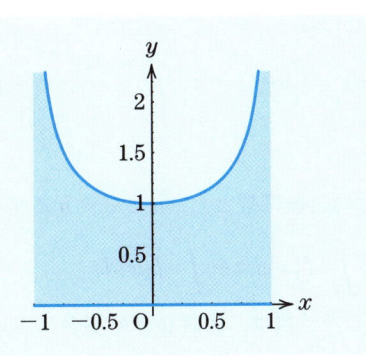

図 4.3

例 4.11 関数 $\dfrac{2x}{1+x^2}$ (図 4.4 参照) は区間 $(-\infty, +\infty)$ 上連続な奇関数であるから

$$\lim_{p\to+\infty}\int_{-p}^{+p}\frac{2x}{1+x^2}dx = \lim_{p\to+\infty} 0 = 0$$

であるが,

$$\lim_{p\to+\infty}\int_{-p}^{+2p}\frac{2x}{1+x^2}dx = \lim_{p\to+\infty}\Big[\log(1+x^2)\Big]_{-p}^{+2p}$$

$$= \lim_{p\to+\infty}\log\frac{1+4p^2}{1+p^2} = \lim_{p\to+\infty}\log\frac{\dfrac{1}{p^2}+4}{\dfrac{1}{p^2}+1} = \log 4$$

であるから, 広義積分 $\displaystyle\int_{-\infty}^{+\infty}\frac{2x}{1+x^2}dx$ は収束しない.

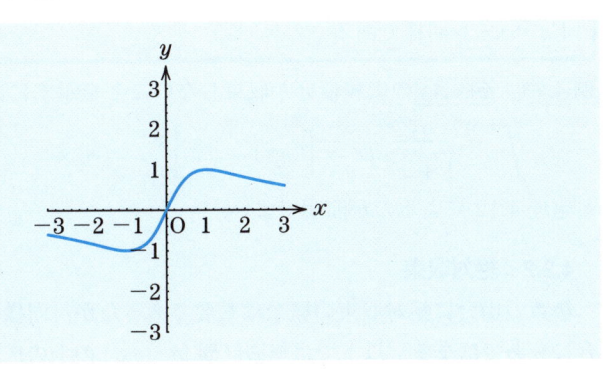

図 4.4

この広義積分の場合には
$$\int_{-\infty}^{+\infty} \frac{2x}{1+x^2} dx = \left[\log(1+x^2)\right]_{-\infty}^{+\infty} = +\infty - (+\infty)$$
としてはならない．

f を閉区間 $[a,b]$ 上の連続関数とし，$a<c<b$ とするとき，
$$\int_a^b f(x)dx = \int_a^c f(x)dx + \int_c^b f(x)dx$$
であった．定積分のこの性質は，広義積分の場合についても成り立つ．

> **定理 4.12** 有限の開区間 (a,b) 上の連続関数 f について次の三条件は同等．
> (1) 広義積分 $\int_a^b f(x)dx$ は収束する．
> (2) $a<c<b$ なる任意の実数 c に対して，広義積分 $\int_a^c f(x)dx$, $\int_c^b f(x)dx$ は共に収束する．
> (3) $a<c<b$ なる実数 c で，広義積分 $\int_a^c f(x)dx$, $\int_c^b f(x)dx$ が共に収束するものが存在する．
> これらの条件がみたされるとき，$a<c<b$ なる任意の実数 c に対して
> $$\int_a^b f(x)dx = \int_a^c f(x)dx + \int_c^b f(x)dx$$
> が成り立つ．無限開区間 $(-\infty,+\infty)$, $(-\infty,b)$, $(a,+\infty)$ の上の広義積分についても同様である．

例 4.13 例 4.11 の広義積分が収束しないことを示すには
$$\int_0^{+\infty} \frac{2x}{1+x^2} dx = \left[\log(1+x^2)\right]_0^{+\infty} = +\infty$$
と定理 4.12 によるのが簡明でよい．

4.2.2 絶対収束

級数の場合に絶対収束の概念は重要であったが，同様のことが広義積分の場合にもあてはまる．以下では無限区間 $[a,+\infty)$ の上の広義積分について述べる

が，ほかの場合も同様である．

広義積分の絶対収束

定義 4.14 広義積分 $\displaystyle\int_a^{+\infty} f(x)dx$ が**絶対収束**するとは，広義積分 $\displaystyle\int_a^{+\infty} |f(x)|\,dx$ が収束すること．

定理 4.15 絶対収束する広義積分は収束する．すなわち，区間 $[a, +\infty)$ の上の連続関数 f について，広義積分 $\displaystyle\int_a^{+\infty} |f(x)|\,dx$ が収束するならば広義積分 $\displaystyle\int_a^{+\infty} f(x)\,dx$ も収束する．

[証明] 関数 g, h を

$$g(x) = \begin{cases} f(x) & (f(x) \geq 0) \\ 0 & (f(x) < 0) \end{cases}, \quad h(x) = \begin{cases} 0 & (f(x) > 0) \\ -f(x) & (f(x) \leq 0) \end{cases}$$

によって定義すれば g, h は共に区間 $[a, +\infty)$ 上正または 0 の値をとる連続関数で，

$$f = g - h, \quad |f| = g + h$$

である．ここで $0 \leq g \leq |f|, 0 \leq h \leq |f|$ であるから，

$$\int_a^{+\infty} |f(x)|\,dx \text{ が収束} \implies \int_a^{+\infty} g(x)dx, \int_a^{+\infty} h(x)dx \text{ が共に収束}$$

したがってこのとき

$$\int_a^{+\infty} f(x)dx = \int_a^{+\infty} g(x)dx - \int_a^{+\infty} h(x)dx$$

も収束する． ∎

比較定理

定理 4.16 区間 $[a, +\infty)$ 上の連続関数 f の広義積分について次が成り立つ．
(1) 区間 $[a, +\infty)$ の上の連続関数 φ で

$$|f(x)| \leq \varphi(x) \quad (a \leq x < +\infty) \tag{4.3}$$

かつ広義積分 $\displaystyle\int_a^{+\infty} \varphi(x)dx$ が収束するものが存在するならば広義積分 $\displaystyle\int_a^{+\infty} f(x)dx$ は絶対収束する．(4.3) をみたす関数 φ を関数 f の**優関数**という．

(2) f が区間 $[a, +\infty)$ 上正または 0 の値をとり，区間 $[a, +\infty)$ の上の連続関数 ψ で
$$0 \leq \psi(x) \leq f(x) \quad (a \leq x < +\infty)$$
かつ広義積分 $\int_a^{+\infty} \psi(x)dx$ が発散するものが存在するならば広義積分 $\int_a^{+\infty} f(x)dx$ は発散する．

— 例題 4.11 —

広義積分 $\int_0^{+\infty} e^{-x^2}dx$ が（絶対）収束することを示せ．

【解答】 $\int_0^{+\infty} e^{-x^2}dx = \int_0^1 e^{-x^2}dx + \int_1^{+\infty} e^{-x^2}dx$

において右辺第一項は通常の定積分であるから，右辺第二項が問題となる．区間 $[1, +\infty)$ において関数 e^{-x} は関数 e^{-x^2} の優関数であり

$$\int_1^{+\infty} e^{-x}dx = \left[-e^{-x}\right]_1^{+\infty} = e^{-1} < +\infty$$

であるから，比較定理により広義積分 $\int_1^{+\infty} e^{-x^2}dx$ は（絶対）収束する．したがって広義積分 $\int_0^{+\infty} e^{-x^2}dx$ も（絶対）収束する． ■

注意 4.6 この広義積分の値は後にみるように $\dfrac{\sqrt{\pi}}{2}$ であるが，原始関数を用いて計算するのは困難である．このように，広義積分の収束性を判定することとその値を求めることとは一般には直接関係しない．

数列 $(p_n)_{n \in \mathbb{N}}$ は $\lim_{n \to \infty} p_n = +\infty$ をみたしているとする．もしも広義積分 $\int_a^{+\infty} f(x)dx$ が収束していれば，

$$\lim_{n \to \infty} \int_a^{p_n} f(x)dx \tag{4.4}$$

も $\int_a^{+\infty} f(x)dx$ と同じ値に収束する．しかし逆に (4.4) が収束するからといっ

4.2 広義積分

て $\int_a^{+\infty} f(x)dx$ が収束するとは限らない. $\int_a^{+\infty} f(x)dx$ が収束するためには, $\lim_{n\to\infty} p_n = +\infty$ となるあらゆる数列 $(p_n)_{n\in\mathbb{N}}$ に対して, (4.4) が共通の値に収束する必要がある.

例 4.17 数列 $(2n\pi)_{n\in\mathbb{N}}$ と $\left(\dfrac{4n+1}{2}\pi\right)_{n\in\mathbb{N}}$ はいずれも $\lim_{n\to\infty} p_n = +\infty$ をみたすが,

$$\lim_{n\to\infty}\int_0^{2n\pi}\sin x\,dx = 0$$

$$\lim_{n\to\infty}\int_0^{\frac{4n+1}{2}\pi}\sin x\,dx = 1$$

であるから広義積分 $\int_0^{+\infty}\sin x\,dx$ は収束しない. □

絶対収束するかどうかの判定については事情は大きく異なる.

定理 4.18 次の三条件は同等である.

(1) 広義積分 $\int_a^{+\infty} f(x)dx$ は絶対収束する.

(2) 数列 $(p_n)_{n\in\mathbb{N}}$ で $\lim_{n\to\infty} p_n = +\infty$ となるものをどのようにとっても,

$$\lim_{n\to\infty}\int_a^{p_n}|f(x)|\,dx < +\infty$$

である.

(3) 数列 $(p_n)_{n\in\mathbb{N}}$ で次をみたすものが存在する.

$$\lim_{n\to\infty} p_n = +\infty \quad \text{かつ} \quad \lim_{n\to\infty}\int_a^{p_n}|f(x)|\,dx < +\infty$$

これらの条件がみたされているとき, $\lim_{n\to\infty} p_n = +\infty$ となる任意の数列 $(p_n)_{n\in\mathbb{N}}$ に対して次が成り立つ.

$$\int_a^{+\infty} f(x)dx = \lim_{n\to\infty}\int_a^{p_n} f(x)dx$$

絶対収束する広義積分の値を求めるのに, 計算に都合のよい数列を用いることができる. 多変数の広義積分ではこの考え方は極めて有効である.

4.3 ガンマ関数とベータ関数

本節では広義積分の例として表題の二つの関数を紹介し，その性質を述べ，これらを用いて種々の定積分・広義積分の値をあらわす方法を解説する．

4.3.1 ガンマ関数

パラメタ x を含む広義積分 $\int_0^{+\infty} e^{-t}t^{x-1}dt$ について考察しよう．

補題 4.19 広義積分 $\int_0^{+\infty} e^{-t}t^{x-1}dt$ は $x>0$ のとき絶対収束する．

この広義積分の値をパラメタ x の関数とみて，$\{x \in \mathbb{R} \,|\, x>0\}$ で定義された関数が得られる．これを**ガンマ関数**という．

ガンマ関数
$$\Gamma(x) = \int_0^{+\infty} e^{-t}t^{x-1}dt \quad (x>0)$$

ガンマ関数の基本的な性質をみておこう．

定理 4.20 (1) $\Gamma(x) > 0 \quad (x>0)$
(2) $\Gamma(x+1) = x\,\Gamma(x) \quad (x>0)$
(3) $\Gamma(1) = 1$

[証明] (1) は被積分関数が正であることより明らか．また (3) の確認も読者に委ねる．(2) を示そう．$x>0$ に対して，部分積分により

$$\begin{aligned}
\Gamma(x+1) &= \int_0^{+\infty} e^{-t}t^x dt \\
&= \left[-e^{-t}t^x\right]_0^{+\infty} - \int_0^{+\infty} (-e^{-t})\frac{d}{dt}(t^x)dt \\
&= \int_0^{+\infty} e^{-t} x\, t^{x-1} dt = x\Gamma(x)
\end{aligned}$$

である．ただし $\lim_{p \to +\infty} e^{-p}p^x = 0$ を用いた（86 頁の例題 3.1 (2) 参照）．∎

注意 4.7 このほかに
(4) $\log \Gamma(x)$ は凸関数

が成り立つことが知られている.さらに,$\{x \in \mathbb{R} \,|\, x > 0\}$ で定義され上記の条件 (1) から (4) をみたす関数 f はガンマ関数に限ることが知られている.

系 4.21 $\Gamma(n+1) = n!$ $(n = 0, 1, 2 \cdots)$

したがってガンマ関数は自然数 n に対して定義されていた階乗 $n!$ を実数に拡張したものということができる.例えば $\left(\dfrac{1}{2}\right)!$ に相当するものは $\Gamma\left(\dfrac{3}{2}\right)$ となるが,その値はどうなるだろうか.前節でも紹介したが,次のことを認めておこう.

補題 4.22 $\displaystyle\int_0^{+\infty} e^{-s^2} ds = \dfrac{\sqrt{\pi}}{2}$

これと簡単な置換積分により $\Gamma\left(\dfrac{1}{2}\right) = \sqrt{\pi}$ を得る.したがって定理 4.20(2) の関数等式より次を得る.

$$\Gamma\left(\frac{3}{2}\right) = \frac{1}{2}\Gamma\left(\frac{1}{2}\right)$$
$$= \frac{\sqrt{\pi}}{2}$$

実はガンマ関数は連続関数であり,何回でも微分可能であることが知られている.また複素解析の知識を用いるとガンマ関数の定義域を拡張することができ,次の公式が得られる.

定理 4.23 $\Gamma(x)\Gamma(1-x) = \dfrac{\pi}{\sin \pi x}$ $(x \notin \mathbb{Z})$

無闇にいろいろなことを認めるのはよくないが,本書ではこれも認めることにする.これを用いれば例えば次を得る.

$$\Gamma\left(\frac{1}{3}\right)\Gamma\left(\frac{2}{3}\right) = \frac{\pi}{\sin \dfrac{\pi}{3}} = \frac{2\pi}{\sqrt{3}}$$

なお $\Gamma\left(\dfrac{1}{3}\right)$ の簡単な表示は知られていない．

4.3.2　ベータ関数

補題 4.24　パラメタ x, y を含む広義積分 $\displaystyle\int_0^1 t^{x-1}(1-t)^{y-1}dt$ は $x>0$ かつ $y>0$ のとき絶対収束する．

この広義積分の値をパラメタ x, y の関数とみて，
$$\{(x,y)\in\mathbb{R}^2\,|\,x>0,\,y>0\}$$
で定義された二変数関数が得られる．これをベータ関数という．

ベータ関数
$$B(x,y)=\int_0^1 t^{x-1}(1-t)^{y-1}dt$$

置換 $1-t=s$ によって
$$B(y,x)=B(x,y)\quad(x>0,\,y>0)$$
が成り立つことは直ちにわかる．次の公式は極めて重要である．

定理 4.25　$B(x,y)=\dfrac{\Gamma(x)\Gamma(y)}{\Gamma(x+y)}\quad(x>0,\,y>0)$

この定理の証明は多変数の広義積分を習得するまで待たなければならない．当面これも認めることにしよう．この定理により上に述べたガンマ関数の公式からベータ関数の様々な公式が導かれる．

例 4.26　
$$B\left(\frac{7}{6},\frac{11}{6}\right)=\frac{\Gamma\left(\dfrac{7}{6}\right)\Gamma\left(\dfrac{11}{6}\right)}{\Gamma\left(\dfrac{7}{6}+\dfrac{11}{6}\right)}$$
$$=\frac{\dfrac{1}{6}\Gamma\left(\dfrac{1}{6}\right)\dfrac{5}{6}\Gamma\left(\dfrac{5}{6}\right)}{\Gamma(3)}$$

4.3 ガンマ関数とベータ関数

$$= \frac{5}{72} \Gamma\left(\frac{1}{6}\right) \Gamma\left(\frac{5}{6}\right)$$
$$= \frac{5}{72} \frac{\pi}{\sin\frac{\pi}{6}}$$
$$= \frac{5}{36}\pi$$

ある種の定積分・広義積分について，ガンマ関数やベータ関数を用いて見通しよく計算できる場合がある．次の例のほか，本章の問題 12, 13 を参照してほしい．

例 4.27 $a < b$ とし，次の広義積分を考えよう．
$$\int_a^b \frac{dx}{\sqrt[3]{(x-a)^2(b-x)}}$$
これは有理関数の積分に帰着する（本章の問題 2 参照）．具体的には
$$t = \sqrt[3]{\frac{x-a}{b-x}}$$
により
$$\int_a^b \frac{dx}{\sqrt[3]{(x-a)^2(b-x)}} = \int_0^{+\infty} \frac{3}{t^3+1} dt$$
となる．しかしここでは別の置換
$$t = \frac{x-a}{b-a}$$
をしよう．簡単な計算により
$$\int_a^b \frac{dx}{\sqrt[3]{(x-a)^2(b-x)}} = \int_0^1 \frac{dt}{\sqrt[3]{t^2(1-t)}}$$
$$= \int_0^1 t^{\frac{1}{3}-1}(1-t)^{\frac{2}{3}-1} dt = B\left(\frac{1}{3}, \frac{2}{3}\right)$$
となり，本節で挙げた性質を利用すれば
$$\int_a^b \frac{dx}{\sqrt[3]{(x-a)^2(b-x)}} = B\left(\frac{1}{3}, \frac{2}{3}\right)$$
$$= \frac{\Gamma\left(\frac{1}{3}\right) \Gamma\left(\frac{2}{3}\right)}{\Gamma(1)} = \frac{2\pi}{\sqrt{3}}$$

4.4 積分の応用

4.4.1 曲線の長さ

積分の応用として曲線の長さの公式を紹介しよう.

曲線の長さ

定理 4.28 f が $[a,b]$ で連続, (a,b) で C^1 級のとき, 曲線 $y = f(x)$ ($a \leq x \leq b$) の長さは

$$\int_a^b \sqrt{1+f'(x)^2}\,dx$$

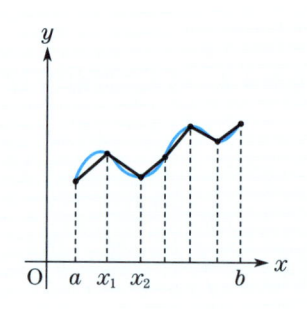

図 4.5

[証明] C を折れ線で近似することにより証明される. 閉区間 $[a,b]$ を

$$a = x_0 < x_1 < \cdots < x_{n-1} < x_n = b$$

と分割し, C 上に点 $P_i(x_i, f(x_i))$ ($0 \leq i \leq n$) をとると

$$\overline{P_{i-1}P_i} = \sqrt{(x_i - x_{i-1})^2 + (f(x_i) - f(x_{i-1}))^2}$$
$$= \sqrt{1 + \left(\frac{f(x_i) - f(x_{i-1})}{x_i - x_{i-1}}\right)^2}(x_i - x_{i-1})$$

である. 平均値の定理により

$$\frac{f(x_i) - f(x_{i-1})}{x_i - x_{i-1}} = f'(c_i), \quad c_i \in (x_{i-1}, x_i)$$

とあらわせるから, C の長さは

4.4 積分の応用

$$\lim_{n\to\infty}\sum_{i=1}^n \overline{\mathrm{P}_{i-1}\mathrm{P}_i} = \lim_{n\to\infty}\sum_{i=1}^n \sqrt{1+f'(c_i)^2}(x_i - x_{i-1})$$
$$= \int_a^b \sqrt{1+f'(x)^2}\,dx$$

最後の等号については 6.1.1 の定理 6.2 参照. ∎

例題 4.12

放物線 $y = \dfrac{x^2}{2}$ $\left(0 \le x \le \dfrac{4}{3}\right)$ の長さを計算せよ.

【解答】 $y' = x$ であるから,この曲線の長さは

$$\int_0^{\frac{4}{3}} \sqrt{1+x^2}\,dx$$

である.$x + \sqrt{x^2+1} = t$ と置換することにより(102 頁の例題 4.5 (2) 参照)

$$\int_0^{\frac{4}{3}} \sqrt{1+x^2}\,dx = \int_1^3 \frac{(t^2+1)^2}{4t^3}\,dt = \int_1^3 \left(\frac{t}{4} + \frac{1}{2t} + \frac{1}{4t^3}\right)dt$$
$$= \left[\frac{t^2}{8} + \frac{1}{2}\log|t| - \frac{1}{8t^2}\right]_1^3 = \frac{10}{9} + \frac{1}{2}\log 3 \qquad \blacksquare$$

注意 4.8 同じ二次曲線でも,円以外の楕円と双曲線の場合には,長さをあらわす積分が四次式の平方根を含み(このような積分を一般に楕円積分という),初等的には計算できないことが知られている.

パラメタ表示された曲線の長さ

定理 4.29 t を変数とする関数 $x(t), y(t)$ が $[\alpha, \beta]$ で連続,(α, β) で C^1 級であって,さらに $x'(t)$ と $y'(t)$ は同時には 0 にならないとする.このとき,パラメタ表示された曲線

$$\begin{cases} x = x(t) \\ y = y(t) \end{cases} (\alpha \le t \le \beta)$$

の長さは

$$\int_\alpha^\beta \sqrt{\left(\frac{dx}{dt}\right)^2 + \left(\frac{dy}{dt}\right)^2}\,dt$$

[証明] $\dfrac{dx}{dt} > 0$ ($\alpha \leq t \leq \beta$) と仮定する．パラメタ表示を置換と考えれば，定理 4.28 の公式より

$$\int_a^b \sqrt{1 + f'(x)^2}\, dx = \int_\alpha^\beta \sqrt{1 + \dfrac{\left(\dfrac{dy}{dt}\right)^2}{\left(\dfrac{dx}{dt}\right)^2}} \dfrac{dx}{dt}\, dt$$

$$= \int_\alpha^\beta \sqrt{\left(\dfrac{dx}{dt}\right)^2 + \left(\dfrac{dy}{dt}\right)^2}\, dt$$

一般の場合は略す． ■

例題 4.13

サイクロイド（図 4.6 参照）

$$\begin{cases} x = a(t - \sin t) \\ y = a(1 - \cos t) \end{cases} \quad (0 \leq t \leq 2\pi)$$

の長さを計算せよ（$a > 0$ は定数）．

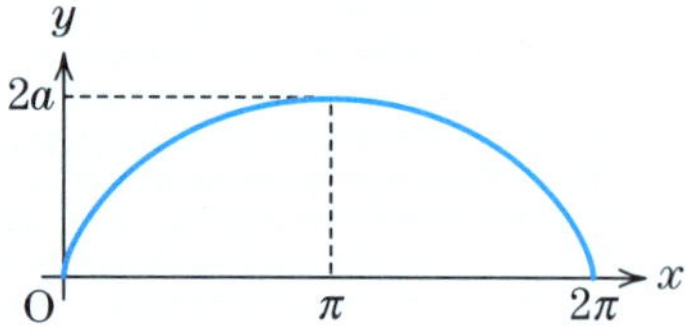

図 4.6 サイクロイド

【解答】 $\left(\dfrac{dx}{dt}\right)^2 + \left(\dfrac{dy}{dt}\right)^2 = a^2(1 - \cos t)^2 + a^2(\sin t)^2$

$$= 2a^2(1 - \cos t) = 4a^2 \left(\sin \dfrac{t}{2}\right)^2$$

であるから，この曲線の長さは

$$\int_0^{2\pi} 2a \sin \dfrac{t}{2}\, dt = \left[-4a \cos \dfrac{t}{2}\right]_0^{2\pi} = 8a$$

■

極座標で表示された曲線の長さ

定理 4.30 f が $[\alpha, \beta]$ で連続，(α, β) で C^1 級であるとき，極座標で $r = f(\theta)$ $(\alpha \leq \theta \leq \beta)$ とあらわされる曲線の長さは

$$\int_\alpha^\beta \sqrt{f(\theta)^2 + f'(\theta)^2}\, d\theta$$

4.4 積分の応用

[証明] パラメタ表示
$$\begin{cases} x = f(\theta)\cos\theta \\ y = f(\theta)\sin\theta \end{cases} \quad (\alpha \leq \theta \leq \beta)$$
に定理 4.29 を適用すればよい. ■

例題 4.14

心臓形（カージオイド）
$$r = a(1 + \cos\theta)$$
$$(0 \leq \theta \leq 2\pi)$$
の長さを計算せよ（$a > 0$ は定数）.

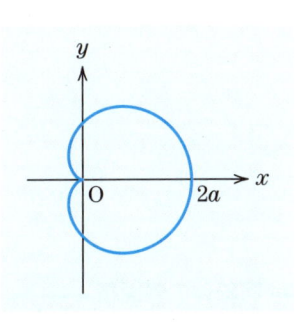

図 4.7 カージオイド

【解答】 $r^2 + \left(\dfrac{dr}{d\theta}\right)^2 = a^2(1+\cos\theta)^2 + a^2(\sin\theta)^2 = 4a^2\left(\cos\dfrac{\theta}{2}\right)^2$

であるから，この曲線の長さは
$$\int_0^{2\pi} 2a\left|\cos\frac{\theta}{2}\right|dt = \int_0^{\pi} 4a\cos\frac{\theta}{2}\,dt = \left[8a\sin\frac{\theta}{2}\right]_0^{\pi} = 8a \quad ■$$

4.4.2 面積

積分を用いて面積や体積を計算することを高等学校で学んだ．ここでは次の二つの公式を挙げておこう．

極座標で表示された図形の面積

定理 4.31 f が $[\alpha, \beta]$ で連続であるとき，極座標で $r = f(\theta)$ $(\alpha \leq \theta \leq \beta)$ とあらわされる曲線と，半直線 $\theta = \alpha$, $\theta = \beta$ で囲まれた図形の面積は
$$\frac{1}{2}\int_\alpha^\beta f(\theta)^2\,d\theta$$
ただし $\beta - \alpha \leq 2\pi$ とする.

例題 4.15

カージオイド

$$r = 1 + \cos\theta \quad (0 \leq \theta \leq 2\pi)$$

によって囲まれる部分の面積を求めよ．

【解答】
$$\frac{1}{2}\int_0^{2\pi}(1+\cos\theta)^2\,d\theta = \int_0^{2\pi}\left(\frac{1}{2}+\cos\theta+\frac{(\cos\theta)^2}{2}\right)d\theta$$
$$= \int_0^{2\pi}\left(\frac{3}{4}+\cos\theta+\frac{\cos 2\theta}{4}\right)d\theta$$
$$= \left[\frac{3}{4}\theta+\sin\theta+\frac{\sin 2\theta}{8}\right]_0^{2\pi}$$
$$= \frac{3\pi}{2}$$
∎

回転体の側面積

f は $[a,b]$ で連続, (a,b) で C^1 級の関数であって $f(x) \geq 0$ $(a \leq x \leq b)$ をみたすとする．このとき図形

$$\{(x,y) \mid a \leq x \leq b,\ 0 \leq y \leq f(x)\}$$

を x 軸のまわりに回転して得られる立体の側面積は

$$2\pi \int_a^b f(x)\sqrt{1+f'(x)^2}\,dx$$

例題 4.16

図形 $\left\{(x,y)\ \middle|\ 0 \leq x \leq 1,\ 0 \leq y \leq \dfrac{x^2}{2}\right\}$ を x 軸のまわりに回転して得られる立体の側面積を求めよ．

【解答】 置換 $t = x + \sqrt{x^2+1}$ により

$$2\pi\int_0^1 \frac{x^2}{2}\sqrt{1+x^2}\,dx = 2\pi\int_1^{1+\sqrt{2}}\frac{(t^2-1)^2(t^2+1)^2}{32t^5}\,dt$$
$$= \frac{\pi}{8}\left\{3\sqrt{2}-\log\left(1+\sqrt{2}\right)\right\}$$
∎

4章の問題

1 次の不定積分を計算せよ．

(1) $\displaystyle\int \frac{dx}{1+4x^2}$
(2) $\displaystyle\int \frac{dx}{3x^2+12x+14}$
(3) $\displaystyle\int \frac{x^3+1}{x^2+1}dx$
(4) $\displaystyle\int \frac{dx}{x^4-1}$
(5) $\displaystyle\int \frac{x+2}{x^3-3x^2-x+3}dx$
(6) $\displaystyle\int \frac{x-1}{(x-3)^2(x-5)}dx$
(7) $\displaystyle\int \frac{dx}{x^4+4}$
(8) $\displaystyle\int \frac{\tan x}{2+\cos x}dx$
(9) $\displaystyle\int \frac{dx}{\sin x}$
(10) $\displaystyle\int \frac{\cos x}{1+\sin x-\cos x}dx$
(11) $\displaystyle\int \frac{dx}{5+3\sin x+4\cos x}$
(12) $\displaystyle\int \frac{dx}{13+3\sin x+12\cos x}$
(13) $\displaystyle\int \frac{dx}{x\sqrt{x+4}}$
(14) $\displaystyle\int \frac{dx}{x+2+\sqrt{2x-1}}$
(15) $\displaystyle\int \frac{\sqrt[4]{x}-1}{\sqrt{x}+1}dx$

2* $R(u,v)$ は二変数の有理関数とし，定数 p,q,r,s は $ps-qr\neq 0$ をみたすとする．不定積分
$$\int R\left(x, \sqrt[n]{\frac{px+q}{rx+s}}\right)dx$$
は置換 $\sqrt[n]{\dfrac{px+q}{rx+s}}=t$ により有理関数の不定積分に帰着されることを確かめよ．

3 次の不定積分を計算せよ．ただし A, a は $A\neq 0, a>0$ をみたす定数とする．

(1) $\displaystyle\int \frac{dx}{\sqrt{x(2a-x)}}$
(2) $\displaystyle\int \frac{x}{\sqrt{a^2-x^2}}dx$
(3) $\displaystyle\int \frac{x^2}{\sqrt{x^2+A}}dx$
(4) $\displaystyle\int \frac{dx}{x^2\sqrt{x^2+A}}$
(5) $\displaystyle\int \frac{dx}{x\sqrt{a^2-x^2}}$
(6) $\displaystyle\int \frac{x}{\sqrt{x^2+6x+10}}dx$

4 漸化式をつくることにより，次の不定積分を求めよ．

(1) $\displaystyle\int (\cos x)^5 dx$
(2) $\displaystyle\int \frac{dx}{(\cos x)^4}$
(3) $\displaystyle\int \frac{(\log x)^3}{\sqrt{x}}dx$

5 次の広義積分を計算せよ．

(1) $\displaystyle\int_1^{+\infty} \frac{dx}{x^k}$ (k：定数)
(2) $\displaystyle\int_a^b \frac{dx}{(x-a)^k}$ (a,b,k：定数で $a<b$)
(3) $\displaystyle\int_1^2 \frac{dx}{x\sqrt{x-1}}$
(4) $\displaystyle\int_2^{+\infty} \frac{dx}{(x-1)(x+2)}$

(5) $\displaystyle\int_0^{+\infty} \frac{x^2}{(x^2+1)(x^2+4)}\,dx$ (6) $\displaystyle\int_0^{+\infty} xe^{-x}\,dx$

(7) $\displaystyle\int_0^1 \frac{\log x}{x}\,dx$ (8) $\displaystyle\int_0^1 \frac{\log x}{\sqrt{x}}\,dx$

6 次の広義積分の収束・発散を判定せよ．

(1) $\displaystyle\int_2^{+\infty} \frac{dx}{\sqrt{x^3+1}}$ (2) $\displaystyle\int_0^1 \frac{e^{-x}}{x\sqrt{x}}\,dx$ (3) $\displaystyle\int_2^{+\infty} \frac{dx}{\sqrt{x^3-1}}$

(4) $\displaystyle\int_\pi^{+\infty} \frac{1-(\cos x)^2}{x^2}\,dx$ (5) $\displaystyle\int_0^{\frac{\pi}{2}} \frac{dx}{\sqrt{\sin x}}$

7 $0 < p \le 1$ とするとき，次の広義積分が収束することを示せ．

(1) $\displaystyle\int_0^1 e^{-x} x^{p-1}\,dx$ (2) $\displaystyle\int_1^{+\infty} e^{-x} x^{p-1}\,dx$ (3) $\displaystyle\int_0^{+\infty} e^{-x} x^{p-1}\,dx$

8* 広義積分 $\displaystyle\int_0^\infty \frac{\sin x}{x\sqrt{x}}\,dx$ が絶対収束することを示せ．

9 (1) 関数 f は積分による級数の収束判定（定理 2.14）の仮定をみたし，級数 $\displaystyle\sum_{n=n_0}^\infty f(n)$ は収束しているとする．このとき次を示せ．
$$\sum_{n=n_0+1}^\infty f(n) \le \int_{n_0}^{+\infty} f(x)\,dx \le \sum_{n=n_0}^\infty f(n)$$

(2) $\displaystyle\frac{\pi}{4} \le \sum_{n=1}^\infty \frac{1}{n^2+1} \le \frac{\pi}{4} + \frac{1}{2}$ を確かめよ．

10 補題 4.22 を認めて $\Gamma\left(\dfrac{1}{2}\right) = \sqrt{\pi}$ を示せ．

11 $\left(\dfrac{2m-1}{2}\right)!$ に相当する $\Gamma\left(\dfrac{2m+1}{2}\right)$ の値を求めよ．ただし m は 0 以上の整数とする．

12 指示された置換積分を利用して，次の定積分または広義積分をガンマ関数あるいはベータ関数を用いてあらわせ．

(1) $\alpha > 0, k > 0, p > 0$ のとき $\displaystyle\int_0^{+\infty} e^{-kx^\alpha} x^{p-1}\,dx$ $[kx^\alpha = t]$

(2) $\alpha > 0, p > 0$ のとき $\displaystyle\int_1^{+\infty} \frac{(\log x)^{p-1}}{x^{\alpha+1}}\,dx$ $[\log x^\alpha = t]$

(3) $a < b, p > 0, q > 0$ のとき

$$\int_a^b (x-a)^{p-1}(b-x)^{q-1}dx \quad \left[\frac{x-a}{b-a}=t\right]$$

(4) $c<a<b,\ p>0,\ q>0$ のとき
$$\int_a^b \frac{(x-a)^{p-1}(b-x)^{q-1}}{(x-c)^{p+q}}dx \quad \left[\frac{b-c}{b-a}\cdot\frac{x-a}{x-c}=t\right]$$

(5) $\alpha>0,\ p>0,\ q>0$ のとき $\displaystyle\int_0^1 x^{p-1}(1-x^\alpha)^{q-1}dx \quad [x^\alpha=t]$

(6) $p>0,\ q>0$ のとき $\displaystyle\int_0^{\frac{\pi}{2}}(\sin x)^{2p-1}(\cos x)^{2q-1}dx \quad [(\sin x)^2=t]$

(7) $\alpha>0,\ p>0,\ q>0,\ \alpha q>p$ のとき
$$\int_0^{+\infty}\frac{x^{p-1}}{(1+x^\alpha)^q}dx \quad \left[1-\frac{1}{1+x^\alpha}=t\right]$$

13 次の定積分または広義積分の値を具体的に求めよ.

(1) $\displaystyle\int_0^{+\infty}x^2 e^{-3x^2}dx$ 　　(2) $\displaystyle\int_1^{+\infty}\frac{\sqrt{(\log x)^3}}{x^5}dx$

(3) $\displaystyle\int_2^5 \sqrt[4]{(x-2)^3(5-x)}\,dx$ 　　(4) $\displaystyle\int_0^1 \frac{x}{\sqrt[3]{1-x^6}}dx$

(5) $\displaystyle\int_0^{\frac{\pi}{2}}(\sin x)^8(\cos x)^6 dx$ 　　(6) $\displaystyle\int_0^{+\infty}\frac{x}{(1+x^6)^3}dx$

14 次の曲線の長さを計算せよ. $a>0$ は定数とする.

(1) $y=\cosh x \quad (-1\leq x\leq 1)$
　　（懸垂線, カテナリー）

(2) $y=\dfrac{2}{3}x\sqrt{x} \quad (0\leq x\leq 3)$

(3) $y=\log x \quad (1\leq x\leq \sqrt{3})$

(4) $x=a(\cos t)^3,\quad y=a(\sin t)^3 \quad (0\leq t\leq 2\pi)$
　　（星芒形, アステロイド）

(5) $x=t^2-6t,\quad y=t^2-2t \quad (0\leq t\leq 2)$

(6) $r=\theta \quad (0\leq\theta\leq 2\pi)$
　　（アルキメデス螺旋）

(7) $r=e^{a\theta} \quad (0\leq\theta\leq 2\pi)$
　　（対数螺旋）

15* a,b は正の定数で, a は b の整数倍であるとする.

(1) 半径 a の円 C_1 の外側を半径 b の円 C_2 がすべらずに転がるとき, C_2 上の一点の描く軌跡を**外サイクロイド**という. 座標を適当に設定すれば, C_2 の回転

角 θ をパラメタとして
$$x = (a+b)\cos\theta - b\cos\frac{a+b}{b}\theta$$
$$y = (a+b)\sin\theta - b\sin\frac{a+b}{b}\theta$$
と表示される．この曲線の $0 \leq \theta \leq 2\pi$ に対応する部分の長さを計算せよ．

(2) 同様に C_2 が C_1 の内側を転がるときは**内サイクロイド**とよばれ，
$$x = (a-b)\cos\theta + b\cos\frac{a-b}{b}\theta$$
$$y = (a-b)\sin\theta - b\sin\frac{a-b}{b}\theta$$
と表示される．この曲線の $0 \leq \theta \leq 2\pi$ に対応する部分の長さを計算せよ．

16[*] $a > 0$ を定数，n を自然数とし，極座標で
$$r^n = a^n \sin n\theta \quad \left(0 \leq \theta \leq \frac{\pi}{n}\right)$$
と表示される曲線を考える（下の図は左から順に $n = 2, 3$ の場合）．
(1) この曲線の長さをベータ関数を用いてあらわせ．
(2) この曲線によって囲まれた部分の面積をベータ関数を用いてあらわせ．

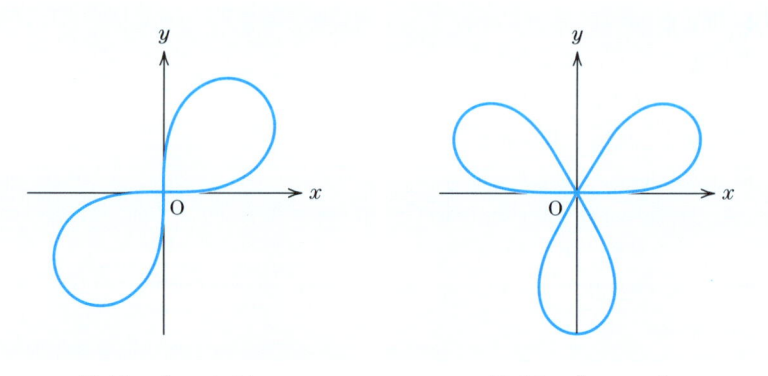

図 4.8 $r^2 = \sin 2\theta$ 　　図 4.9 $r^3 = \sin 3\theta$

17 次の曲線を x 軸のまわりに回転して得られる曲面の面積を求めよ．
(1) $y = \sqrt{x} \quad (0 \leq x \leq 1)$
(2) サイクロイド
$$x = a(t - \sin t),\ y = a(1 - \cos t) \quad (0 \leq t \leq 2\pi) \quad (a > 0 \text{ は定数})$$

5 多変数関数の微分

　この章では，実多変数の実数値関数についての微分法を，主として二変数の場合に即して述べる．一変数の場合とは異なる様々な現象に細心の注意を払う必要がある．二変数の場合について充分に理解できれば，変数が増えてもさほど困難はないであろう．ここで展開される考え方は次の二つに要約される．
  (1)　一変数関数に帰着（偏微分・方向微分・曲線に沿った微分）
  (2)　多項式で近似（全微分・テイラーの定理）
この両者は互いに密接に関連している．(2) はさらに
- 一次式で近似（全微分）——線形代数の初歩を応用
- 二次式で近似——二次形式の理論（線形代数の応用）を利用
- より高次の多項式で近似

のように分けられるが，本書では主として上の二つを扱う．この章を読むには線形代数と二次形式の理論の知識があったほうがよいが，必要なことは附録 B にまとめておいた．

キーワード

多変数関数
偏微分
全微分，接平面，連鎖律
テイラーの定理
極値，停留点，（二次形式）
陰関数
条件付き極値，ラグランジュの未定乗数法

5.1 多変数関数

5.1.1 多変数関数

n 個の実数の組を縦に並べたものを**数ベクトル**といい，n を明示したい場合には n 次元数ベクトルという．n 次元数ベクトルの全体を n 次元**数ベクトル空間**とよび，$\mathbb{R}^n$ と書く．$\mathbb{R}^n$ には（成分ごとの演算として）和と実数倍が備わっている．各成分が 0 である数ベクトルを**零ベクトル**とよび $\mathbf{0}$ と書く．

$$\mathbb{R}^n = \left\{ \begin{bmatrix} x_1 \\ x_2 \\ \vdots \\ x_n \end{bmatrix} \middle| \ x_1, x_2, \cdots, x_n \in \mathbb{R} \right\}, \quad \mathbf{0} = \begin{bmatrix} 0 \\ 0 \\ \vdots \\ 0 \end{bmatrix}$$

$n = 2, 3$ の場合には数ベクトルを平面ベクトルあるいは空間ベクトルと同一視することが多い．

$$\mathbb{R}^2 = \left\{ \begin{bmatrix} x \\ y \end{bmatrix} \middle| \ x, y \in \mathbb{R} \right\}, \quad \mathbb{R}^3 = \left\{ \begin{bmatrix} x \\ y \\ z \end{bmatrix} \middle| \ x, y, z \in \mathbb{R} \right\}$$

これに対して座標平面上の点の座標は $\mathrm{P}(x, y)$ のように書くが，これを二次元数ベクトル $\begin{bmatrix} x \\ y \end{bmatrix}$ と同一視し，座標平面を $\mathbb{R}^2$ と同一視することが多い．同様に座標空間は $\mathbb{R}^3$ と同一視される．以下では混乱のおそれのない限り，そのときに応じて都合のよい表記を用いる．例えば原点 $(0,0)$ は零ベクトル $\mathbf{0}$ と同一視される．

平面ベクトルや空間ベクトルの場合と同様に n 次元数ベクトルの**ノルム**（ベクトルの大きさ）を

$$\boldsymbol{a} = \begin{bmatrix} a_1 \\ a_2 \\ \vdots \\ a_n \end{bmatrix} \in \mathbb{R}^n \quad \text{に対し} \quad |\boldsymbol{a}| = \sqrt{a_1^2 + a_2^2 + \cdots + a_n^2}$$

と定義する[1]．このように定義したノルムは平面ベクトル，空間ベクトルの場合と同様の性質をみたす．

> **定義 5.1** D を $\mathbb{R}^2$ の部分集合とする．
> (1) D が**開集合**であるとは，D の各点 (a,b) に対し，この点を中心とする半径 r の円板
> $$\{(x,y) \mid \sqrt{(x-a)^2+(y-b)^2} < r\}$$
>   で D に含まれるものが存在すること．
> (2) D が**閉集合**であるとは，D の $\mathbb{R}^2$ における補集合（$\mathbb{R}^2$ の点で D に属さないものの全体）が開集合であること．
> (3) D が**連結**であるとは，D の任意の二点が D 内の有限個の線分で結べること．
> (4) 連結な開集合を**領域**という．

$\mathbb{R}^n$ でもノルムを定義したので「円板」が定義でき，$\mathbb{R}^n$ の部分集合についても開集合などを同様に定義する．$\mathbb{R}^n$ 内の線分については附録 B.1 節参照．

$\mathbb{R}^n$ の部分集合 D から $\mathbb{R}$ への写像を**多変数関数**といい，特に n を明示したい場合には **n 変数関数**という．例えば二変数関数の場合には，上で述べたように二次元数ベクトル $\begin{bmatrix} x \\ y \end{bmatrix}$ と座標平面上の点 (x,y) と同一視して
$$f: D \to \mathbb{R}, \quad (x,y) \mapsto f(x,y)$$
のように書く．n 変数関数の場合も同様に $f(x_1, x_2, \cdots, x_n)$ のように記す．

例 5.2 $f(x,y) = \dfrac{1}{\sqrt{1-x^2-y^2}}$ は領域 $D = \{(x,y) \in \mathbb{R}^2 \mid x^2+y^2<1\}$ で定義された二変数関数である． □

5.1.2 二変数関数のグラフと等位線

関数の特徴や性質を視覚的に捉えるにはグラフが便利である．グラフを描くには変数の個数に加えて座標軸がもう一本必要なので，われわれが描けるのは

---

[1] 線形代数ではまず n 次元数ベクトルの内積 $\langle \boldsymbol{a}, \boldsymbol{b} \rangle$ を定義し，内積の定めるノルムとして $|\boldsymbol{a}| = \sqrt{\langle \boldsymbol{a}, \boldsymbol{a} \rangle}$ と定義する．

二変数関数のグラフまでである．$D \subset \mathbb{R}^2$ で定義された二変数関数 f の**グラフ**とは，$\mathbb{R}^3$ の部分集合

$$\{(x,y,z) \in \mathbb{R}^3 \,|\, z = f(x,y),\ (x,y) \in D\}$$

のことである．あるいは簡単に $z = f(x,y)$ と書くこともある．二変数関数のグラフは一般に xyz 空間内の曲面をあらわすと考えてよい．

またわれわれが地形を地図として記録する際に等高線を用いるように，f の値が一定値 c をとるような (x,y) の全体のなす集合

$$\{(x,y) \in D \,|\, f(x,y) = c\}$$

を観察するのも有用である．この集合は一般に xy 平面内の曲線をあらわすと考えてよく，f の**等位線**とよばれる．

例 5.3 (1) R を正の定数とし，$D = \{(x,y) \in \mathbb{R}^2 \,|\, x^2 + y^2 \leq R^2\}$ で定義された二変数関数 $f(x,y) = \sqrt{R^2 - x^2 - y^2}$ を考える．

$$z = f(x,y) \iff x^2 + y^2 + z^2 = R^2,\quad z \geq 0$$

であるから $f(x,y)$ のグラフは原点を中心とする半径 R の半球面である．また $0 \leq c < R$ に対し等位線 $f(x,y) = c$ は原点を中心とする半径 $\sqrt{R^2 - c^2}$ の円である．

(2) $D = \mathbb{R}^2$ で定義された二変数関数 $f(x,y) = x^2 - y^2$ のグラフと等位線を図示する．等位線 $f(x,y) = c$ は $c \neq 0$ のとき双曲線，$c = 0$ のとき二直線 $y = \pm x$ である．□

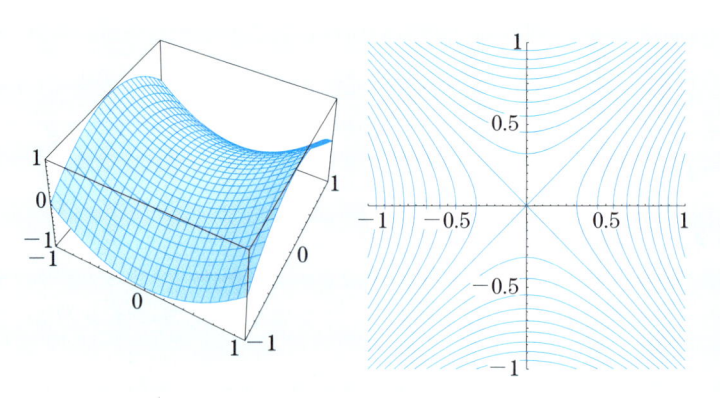

図 5.1 $f(x,y) = x^2 - y^2$ のグラフと等位線

5.1.3 極限と連続性

多変数関数の連続性の定義は形式的には一変数の場合と同様である．

連続性の定義

領域 $D \subset \mathbb{R}^n$ 上の関数 $f : D \to \mathbb{R}$ について，f が $\boldsymbol{a} \in D$ において**連続**であるとは次が成り立つこと．

$$\lim_{\boldsymbol{x} \to \boldsymbol{a}} f(\boldsymbol{x}) = f(\boldsymbol{a})$$

f が D の各点で連続であるとき f は D 上連続であるという．

連続関数の性質

領域 $D \subset \mathbb{R}^n$ 上の関数 $f : D \to \mathbb{R}$，$g : D \to \mathbb{R}$ について，f, g が $\boldsymbol{a} \in D$ において連続であるとする．このとき次が成り立つ．

- f, g の和 $f + g$，積 fg および f の定数 c 倍 cf も $\boldsymbol{a} \in D$ において連続である．
- $g(\boldsymbol{a}) \neq 0$ ならば商 $\dfrac{f}{g}$ も $\boldsymbol{a} \in D$ において連続である．

例 5.4 各 $j = 1, 2, \cdots, n$ に対し，座標関数

$$\mathbb{R}^n \to \mathbb{R};\ (x_1, x_2, \cdots, x_n) \mapsto x_j$$

が連続であることは容易に確かめられるので，$x_1, x_2, \cdots, x_n$ の多項式であらわされる関数（多項式関数）は $\mathbb{R}^n$ 上連続であり，また多項式関数の商であらわされる関数（有理関数）は分母が 0 とならないところで連続である． □

ここまでは一変数関数の場合と大きな違いはみられないが，ここで注意しなければならないのは，

$$\boldsymbol{x} \to \boldsymbol{a} \quad \text{とは} \quad |\boldsymbol{x} - \boldsymbol{a}| \to 0 \quad \text{のこと} \tag{5.1}$$

であり，f が $\boldsymbol{a} \in D$ において連続であるというのはおそらく想像しているよりは強い条件なのである．このことについて考察しよう．

平面領域 $D \subset \mathbb{R}^2$ において定義された関数 $f : D \to \mathbb{R}$ が点 $(a, b) \in D$ において連続であるというのは，

(1) 有限確定の極限 $\displaystyle\lim_{(x,y) \to (a,b)} f(x, y)$ が存在し

(2) それが $f(a,b)$ と一致する

ということであるが，有限確定の極限 $\lim_{(x,y)\to(a,b)} f(x,y)$ が存在するというのは，どのような近づき方で点 (x,y) が点 (a,b) に近づいても，$f(x,y)$ が一定の値に近づくということである．

本章冒頭で，多変数関数の性質を調べる方法の第一として「一変数関数に帰着させること」を挙げたが，おそらくまず最初に思いつくのは

「n 変数関数に対して，$(n-1)$ 個の変数の値を固定することにより得られる一変数関数（全部で n 個）を調べれば，もとの多変数関数についての知見が得られるであろう」

というものであろう．二変数関数の極限に関してこの考え方を適用すれば，「x 軸や y 軸に平行に (x,y) を (a,b) に近づけたときの f の様子を調べれば，f の (a,b) での連続性がわかるであろう」ということになる．しかし次の例でみるように一般にはこれは正しくない．

例 5.5 関数 $f : \mathbb{R}^2 \to \mathbb{R}$ を
$$f(x,y) = \begin{cases} \dfrac{2xy}{x^2+y^2} & ((x,y) \neq (0,0)) \\ 0 & ((x,y) = (0,0)) \end{cases}$$
によって定義する．この関数 f は原点 $(0,0)$ において連続ではない．

実際，x 軸上，y 軸上で点 (x,y) を原点に近づけると
$$f(x,0) = \frac{2x \cdot 0}{x^2+0^2} = 0 \quad (x \neq 0)$$
$$f(0,y) = \frac{2 \cdot 0 \cdot y}{0^2+y^2} = 0 \quad (y \neq 0)$$
であるから
$$\lim_{x \to 0} f(x,0) = 0$$
$$\lim_{y \to 0} f(0,y) = 0$$
である．しかし直線 $y=x$ 上で点 (x,y) を原点に近づけると
$$f(t,t) = \frac{2t \cdot t}{t^2+t^2}$$
$$= \frac{2t^2}{2t^2} = 1 \quad (t \neq 0)$$

であるから
$$\lim_{t\to 0} f(t,t) = 1$$
であって, 極限 $\lim_{(x,y)\to(0,0)} f(x,y)$ は存在しない. □

上の例では
$$f(0,0) = 0$$
$$= \lim_{x\to 0} f(x,0)$$
$$= \lim_{y\to 0} f(0,x)$$
であるから, 原点においてもグラフは (x 軸および y 軸に沿って) つながっている. しかし原点において, そのほかの方向にはつながっていない. 有限確定の極限 $\lim_{(x,y)\to(0,0)} f(x,y)$ が存在するという条件は意外に強いのである.

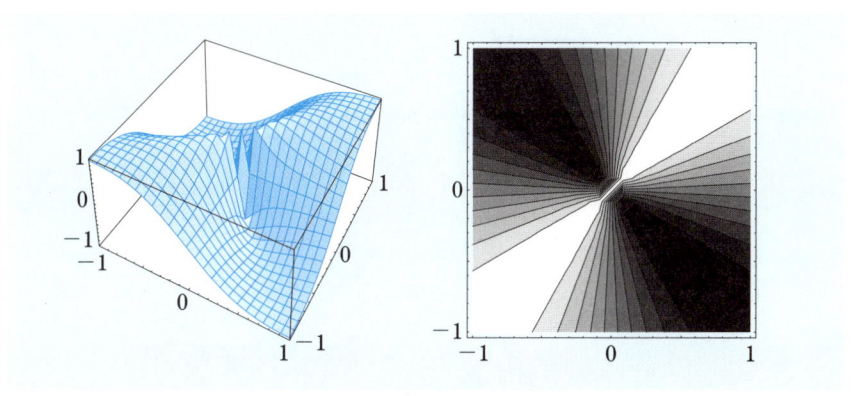

図 5.2 $f(x,y) = \dfrac{2xy}{x^2+y^2}$ のグラフと等位線

上の例の f の等位線 $f(x,y) = c$ を考えると, $c = 0$ に対しては x, y 両軸からなる集合, $0 < |c| < 1$ である c に対しては原点を通る二直線から原点を除いた集合, $c = \pm 1$ に対しては直線 $y = \pm x$ から原点を除いた集合 (複号同順), それ以外の c に対しては空集合であることがわかる. 複数の等位線が原点で『交わっているようにみえる』ことから, f が原点で連続でないことがわかる. このように等位線の観察が連続性の判定に役立つ場合もある.

一方,ある関数がある点で連続であることを定義どおり確かめるのは,一般にそれほど容易ではない.ここでは例を一つ挙げるだけにとどめる.

例 5.6 関数 $f: \mathbb{R}^2 \to \mathbb{R}$ を

$$f(x,y) = \begin{cases} \dfrac{x^3 y}{x^2 + y^2} & ((x,y) \neq (0,0)) \\ 0 & ((x,y) = (0,0)) \end{cases}$$

によって定義する.この関数 f が原点において連続であることを示そう.

$(x,y) \to (0,0)$ とは $\sqrt{x^2 + y^2} \to 0$ のことであるから,$\sqrt{x^2 + y^2} \to 0$ のとき $f(x,y) \to f(0,0)$ を示せばよい.そのために $|f(x,y)|$ を $\sqrt{x^2 + y^2}$ を用いて上から評価する.$(x,y) \neq (0,0)$ のとき

$$\begin{aligned} |f(x,y)| &= \frac{(x^2)^{\frac{3}{2}} (y^2)^{\frac{1}{2}}}{x^2 + y^2} \\ &\leq \frac{(x^2 + y^2)^{\frac{3}{2}} (x^2 + y^2)^{\frac{1}{2}}}{x^2 + y^2} \\ &= \left(\sqrt{x^2 + y^2}\right)^2 \end{aligned}$$

したがって $\sqrt{x^2 + y^2} \to 0$ のとき

$$f(x,y) \to 0 = f(0,0)$$

であり,f は原点で連続とわかる. □

5.2 偏微分

二変数関数 $f = f(x, y)$ を，点 (a, b) のちかくで調べることにしよう．前節でも触れた手法であるが，まずは一つの変数を残してほかの変数の値を固定することにより二つの一変数関数

$$x \mapsto f(x, b), \quad y \mapsto f(a, y)$$

を考え，これらを調べることから始めよう．

偏微分可能性，偏微分係数，偏導関数

(1) f が点 (a, b) において x について**偏微分可能**であるとは，一変数関数 $x \mapsto f(x, b)$ が $x = a$ において微分可能であること，すなわち有限確定の極限

$$\lim_{x \to a} \frac{f(x, b) - f(a, b)}{x - a}$$

が存在すること．このとき，この極限値を点 (a, b) における f の x についての**偏微分係数**といい，

$$f_x(a, b), \quad \frac{\partial f}{\partial x}(a, b)$$

などと書く．

(2) $f : D \to \mathbb{R}$ が D の各点で x について偏微分可能であるとき，f は D 上 x について偏微分可能であるという．このとき $(x, y) \mapsto \dfrac{\partial f}{\partial x}(x, y)$ によって定義される D 上の関数を f の x についての**偏導関数**といい，

$$f_x, \quad \frac{\partial f}{\partial x}$$

などと書く．
y についての偏微分可能性なども同様に定義される．

例題 5.1
次の二変数関数の偏導関数を求めよ．
(1) $f(x, y) = x^2 + 3xy - 4y^2 - 5x + 7y + 1$
(2) $g(x, y) = \sqrt{x^2 + y^2}$

【解答】 例えば x についての偏導関数を求めるには，y を定数とみなして f を x で微分する．

(1) f は全平面 $\mathbb{R}^2$ において x についても y についても偏微分可能で、
$$f_x(x,y) = \frac{\partial f}{\partial x}(x,y) = 2x + 3y - 5$$
$$f_y(x,y) = \frac{\partial f}{\partial y}(x,y) = 3x - 8y + 7$$

(2) g は全平面から原点を除いた領域 $D = \{(x,y) \in \mathbb{R}^2 \mid (x,y) \neq (0,0)\}$ において x についても y についても偏微分可能で、
$$g_x(x,y) = \frac{\partial g}{\partial x}(x,y) = \frac{x}{\sqrt{x^2+y^2}}$$
$$g_y(x,y) = \frac{\partial g}{\partial y}(x,y) = \frac{y}{\sqrt{x^2+y^2}}$$

三変数以上の関数についても同様である.

例題 5.2

次の三変数関数の偏導関数を求めよ.

(1) $f(r,\theta,\varphi) = r\sin\theta\cos\varphi$ (2) $f(x,y,z) = \dfrac{1}{\sqrt{x^2+y^2+z^2}}$

【解答】 (1) 例えば r についての偏導関数を求めるには、θ と φ を定数とみなして f を r で微分する.
$$f_r(r,\theta,\varphi) = \sin\theta\cos\varphi$$
$$f_\theta(r,\theta,\varphi) = r\cos\theta\cos\varphi, \quad f_\varphi(r,\theta,\varphi) = -r\sin\theta\sin\varphi$$

(2) $f_x = \dfrac{-x}{\sqrt{(x^2+y^2+z^2)^3}}$

$f_y = \dfrac{-y}{\sqrt{(x^2+y^2+z^2)^3}}$

$f_z = \dfrac{-z}{\sqrt{(x^2+y^2+z^2)^3}}$

一変数関数については「微分可能ならば連続」が成り立ったが、二変数関数が x についても y についても偏微分可能であったとしても連続とは限らない.

例 5.7 **例 5.5** の二変数関数関数
$$f(x,y) = \begin{cases} \dfrac{2xy}{x^2+y^2} & ((x,y) \neq (0,0)) \\ 0 & ((x,y) = (0,0)) \end{cases}$$
は原点において x について偏微分可能である. 実際

$$\frac{\partial f}{\partial x}(0,0) = \lim_{x \to 0} \frac{f(x,0) - f(0,0)}{x} = 0$$

y についても同様．しかし既にみたように f は原点において連続ではない．□

5.2.1 方向微分と曲線に沿った微分

偏微分係数 $f_x(a,b)$ は点 (x,y) が x 軸に平行に点 (a,b) に近づくときの様子についての情報を与えるに過ぎず，また $f_y(a,b)$ は点 (x,y) が y 軸に平行に点 (a,b) に近づくときの様子についての情報を与えるに過ぎない．点 (a,b) に近づく方法は無限にあるが，ある特定のベクトルに平行に近づいた場合について述べておこう．点 (a,b) とベクトル $\boldsymbol{a} = \begin{bmatrix} a \\ b \end{bmatrix}$ を同一視して次のように定義する．

方向微分

零ベクトルでない $\boldsymbol{v} \in \mathbb{R}^2$ について，点 (a,b) において f が $\boldsymbol{v}$ 方向に**方向微分可能**であるとは，次の極限が存在すること．
$$\lim_{t \to 0} \frac{f(\boldsymbol{a} + t\boldsymbol{v}) - f(\boldsymbol{a})}{t}$$
この極限値を点 (a,b) における f の $\boldsymbol{v}$ 方向の**方向微分係数**という．

---

x についての偏微分係数，y についての偏微分係数はそれぞれ $\boldsymbol{e}_1 = \begin{bmatrix} 1 \\ 0 \end{bmatrix}, \boldsymbol{e}_2 = \begin{bmatrix} 0 \\ 1 \end{bmatrix}$ 方向の方向微分係数にほかならない．

例題 5.3

次の関数の原点における $\boldsymbol{v} = \begin{bmatrix} v_1 \\ v_2 \end{bmatrix}$ $(\neq \boldsymbol{0})$ 方向の方向係数を求めよ．

$$f(x,y) = \begin{cases} \dfrac{x^2 y}{x^2 + y^2} & ((x,y) \neq (0,0)) \\ 0 & ((x,y) = (0,0)) \end{cases}$$

【解答】 $\displaystyle \lim_{t \to 0} \frac{f(tv_1, tv_2) - f(0,0)}{t} = \frac{v_1^2 v_2}{v_1^2 + v_2^2}$ ■

さらには，曲線に沿って点 (a,b) に近づく場合の考察が必要なこともあるであろう．点 (a,b) を通る（$t = t_0$ に対応する点が (a,b) で，あまり性質が悪くない）曲線 γ

$$\begin{cases} x = x(t) \\ y = y(t) \end{cases}$$

に関して，有限確定の極限

$$\lim_{t \to t_0} \frac{f(x(t), y(t)) - f(x(t_0), y(t_0))}{t - t_0}$$

が存在するとき f は点 (a,b) において曲線 γ に沿って微分可能であるといい，この極限値を f の点 (a,b) における曲線 γ に沿った微分係数という．

> ☕ **微分係数と勾配**
>
> $f = f(x,y)$ の点 (a,b) における偏微分係数を並べて得られる 1×2 行列を
> $$f'(a,b) = \begin{bmatrix} \dfrac{\partial f}{\partial x}(a,b) & \dfrac{\partial f}{\partial y}(a,b) \end{bmatrix}$$
> と記し，点 (a,b) における f の**微分係数**（あるいは**微分係数行列**または**ヤコビ行列**）という．またこれを転置して得られる二次元数ベクトルを
> $$(\nabla f)(a,b) = \begin{bmatrix} f_x(a,b) \\ f_y(a,b) \end{bmatrix}$$
> と記し，点 (a,b) における f の**勾配**（または**勾配ベクトル**）という．
>
> f が点 (a,b) において全微分可能（5.3 節参照）であるとき，微分係数を用いれば前節の一次近似式は
> $$f(x,y) \fallingdotseq f(a,b) + f'(a,b) \begin{bmatrix} x - a \\ y - b \end{bmatrix}$$
> とあらわせる．このとき $\boldsymbol{v} = \begin{bmatrix} v_1 \\ v_2 \end{bmatrix}$ に対し
> $$f(a + tv_1, b + tv_2) \fallingdotseq f(a,b) + tf'(a,b) \begin{bmatrix} v_1 \\ v_2 \end{bmatrix}$$
> となるから，f は点 (a,b) において $\boldsymbol{v}$ 方向に方向微分可能であり，その方向微分係数は $f'(a,b)\boldsymbol{v}$ であることがわかる．
>
> 点 (a,b) のまわりで f がどの方向に最も増加するかを考えてみよう．これは方向微分係数 $f'(a,b)\boldsymbol{v}$ を最大とする単位ベクトル $\boldsymbol{v}$ を求めることにほかならず，$\boldsymbol{v}$ が $(\nabla f)(a,b)$ と同じ向きのときが求める場合であることがわかる．曲面 $z = f(x,y)$ 上の点 $(a, b, f(a,b))$ にいる人がこの曲面に沿って移動する状況を考えると，$(\nabla f)(a,b)$ 方向が最も険しいということであって，これが $(\nabla f)(a,b)$ が勾配とよばれるゆえんである．
>
> **例 5.8** $f(x,y) = \sqrt{1 - x^2 - y^2}$ のとき
> $$\nabla f = -\frac{1}{\sqrt{1 - x^2 - y^2}} \begin{bmatrix} x \\ y \end{bmatrix}$$
> である．この関数のグラフ（半球面）上の点 $(a, b, \sqrt{1 - a^2 - b^2})$ においては，$(-a, -b)$ 方向に登るのが最もきつい． □

5.3 全微分

一変数関数が微分可能であるとは一次関数で近似できることであり，近似する一次関数の一次の項の係数が微分係数であった（3.1 節参照）．したがって前節で導入した偏微分の考え方は，多変数関数の性質を調べるのに一変数関数の場合に帰着させ，一変数の一次関数で近似するものといえる．

一方この節では多変数関数を多変数の一次関数で近似することについて考察する．そこから二つの重要な応用（接平面，合成関数の微分法）が得られる．

5.3.1 一次近似と全微分

二変数 x, y の一次関数とは x, y の一次式 $\varphi(x, y) = c + px + qy$ （c, p, q: 定数）の形の関数のことである．一変数関数が微分可能であるとは一次関数で近似できることであった．これにならって二変数関数に対する次の定義を導入する．

> **全微分可能性**
>
> 二変数関数 $f = f(x, y)$ が点 (a, b) において**全微分可能**（あるいは単に**微分可能**）であるとは，$\boldsymbol{x} = \begin{bmatrix} x \\ y \end{bmatrix}$, $\boldsymbol{a} = \begin{bmatrix} a \\ b \end{bmatrix}$ と記すとき
>
> $$\varphi(\boldsymbol{a}) = f(\boldsymbol{a}), \quad \lim_{\boldsymbol{x} \to \boldsymbol{a}} \frac{f(\boldsymbol{x}) - \varphi(\boldsymbol{x})}{|\boldsymbol{x} - \boldsymbol{a}|} = 0$$
>
> をみたす一次関数 $\varphi(x, y)$ が存在すること．

注意 5.1 上の定義をランダウの記号で書けば次のようになる．

$$f(\boldsymbol{x}) - \varphi(\boldsymbol{x}) = o(|\boldsymbol{x} - \boldsymbol{a}|) \quad (\boldsymbol{x} \to \boldsymbol{a})$$

> **命題 5.9** $f = f(x, y)$ が点 (a, b) において全微分可能であるとする．このとき
> (1) f は点 (a, b) において連続である．
> (2) 定義における一次関数 φ はただ一つである．

［証明］ (1) $\boldsymbol{x} \to \boldsymbol{a}$ のとき（$|\boldsymbol{x} \to \boldsymbol{a}| \to 0$ のとき）$f(\boldsymbol{x}) \to f(\boldsymbol{a})$ をいえばよい．
$|f(\boldsymbol{x}) - f(\boldsymbol{a})| = |f(\boldsymbol{x}) - \varphi(\boldsymbol{a})|$
$\leq |f(\boldsymbol{x}) - \varphi(\boldsymbol{x})| + |\varphi(\boldsymbol{x}) - \varphi(\boldsymbol{a})|$

$$= \frac{|f(\boldsymbol{x}) - \varphi(\boldsymbol{x})|}{|\boldsymbol{x} - \boldsymbol{a}|}|\boldsymbol{x} - \boldsymbol{a}| + |\varphi(\boldsymbol{x}) - \varphi(\boldsymbol{a})|$$

$\boldsymbol{x} \to \boldsymbol{a}$ のとき右辺第一項 $\to 0$ であり，また φ は一次関数ゆえ連続，したがって右辺第二項も $\to 0$ である．したがって $f(\boldsymbol{x}) \to f(\boldsymbol{a})$ である．

(2) φ_1, φ_2 が φ の条件をみたすと仮定し $\varphi_0 = \varphi_1 - \varphi_2$ とおけば，φ_0 は一次関数で $\displaystyle\lim_{\boldsymbol{x} \to \boldsymbol{a}} \frac{\varphi_0(\boldsymbol{x})}{|\boldsymbol{x} - \boldsymbol{a}|} = 0$ をみたすが，このような φ_0 は定数関数 0 に限る． ∎

$f = f(x, y)$ が点 (a, b) において全微分可能であるとき，定義における一次関数 $\varphi(x, y)$ を具体的に調べよう．点 (x, y) を点 (a, b) に近づける方法として，x 軸に平行な直線 $y = b$ に沿って近づけることを考えると

$$\lim_{x \to a} \frac{|f(x, b) - \varphi(x, b)|}{x - a} = 0$$

であるから，f は点 (a, b) において x について偏微分可能であって

$$\varphi(x, b) = f(a, b) + f_x(a, b)(x - a)$$

である．同様に y 軸に平行な直線 $x = a$ に沿って近づけることを考えると

$$\varphi(a, y) = f(a, b) + f_y(a, b)(y - b)$$

でなければならない．この二つを同時にみたす一次関数は次に限られる．

$$\varphi(x, y) = f(a, b) + f_x(a, b)(x - a) + f_y(a, b)(y - b)$$

── 一次近似の具体的表示 ──

$f(x, y)$ が点 (a, b) において全微分可能であるとき，点 (a, b) のちかくで

$$f(x, y) \doteqdot f(a, b) + f_x(a, b)(x - a) + f_y(a, b)(y - b)$$

と近似できる．

これにより，全微分可能性を確かめるには

$$\lim_{\boldsymbol{x} \to \boldsymbol{a}} \frac{|f(x, y) - f(a, b) - f_x(a, b)(x - a) - f_y(a, b)(y - b)|}{\sqrt{(x - a)^2 + (y - b)^2}} = 0$$

が成り立っているかどうかを調べればよい．

── 例題 5.4 ──

前節例題 5.3 の f は原点において全微分可能ではないことを示せ．

【解答】 例題 5.3 の解で $\boldsymbol{v} = \boldsymbol{e}_1, \boldsymbol{e}_2$ ととれば $f_x(0, 0) = f_y(0, 0) = 0$ がわかる．また $f(0, 0) = 0$ であるから，f が原点において全微分可能であるためには

5.3 全微分

$$\lim_{(x,y)\to(0,0)} \frac{|f(x,y)|}{\sqrt{x^2+y^2}} = 0 \tag{5.2}$$

の成立が必要充分である.ところが例えば半直線 $y=x>0$ 上では $\frac{|f(x,y)|}{\sqrt{x^2+y^2}} = \frac{1}{2\sqrt{2}}$ であるから,(5.2) 式は成り立たない(実際,左辺の極限値は存在しないことがわかる).したがって f は原点において全微分可能ではない.下の図をみると,f を原点のちかくで一次近似すること(グラフを平面で近似すること)ができそうもない感じがわかるであろう. ∎

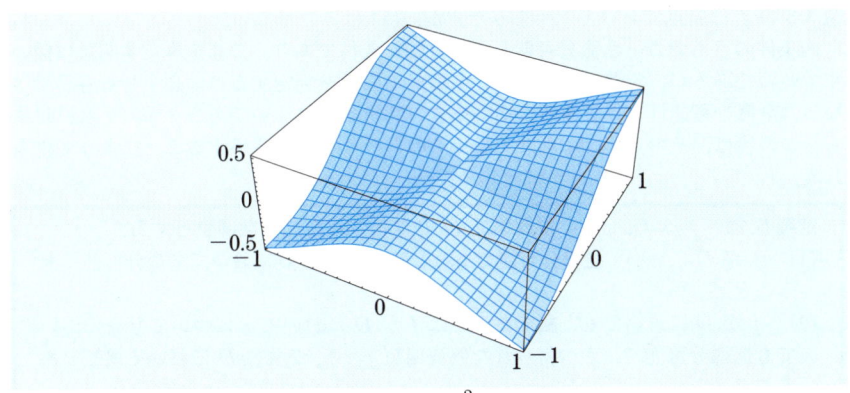

図 5.3　$f(x,y) = \dfrac{x^2 y}{x^2+y^2}$ のグラフ

上の一次近似式を

$$f(x,y) - f(a,b) \doteqdot f_x(a,b)(x-a) + f_y(a,b)(y-b)$$

と書いてみれば,x, y を独立に僅かに変化させたときの f の変化の様子を記述した式とみることができる.そこでこれを

$$df = \frac{\partial f}{\partial x} dx + \frac{\partial f}{\partial y} dy \tag{5.3}$$

と書き,df を f の**全微分**(あるいは単に**微分**)という.これらは一変数の場合の $f(x) \doteqdot f(a) + f'(a)(x-a)$, $f(x) - f(a) \doteqdot f'(a)(x-a)$, $df = \dfrac{df}{dx} dx$ に対応するものである.

5.3.2　全微分可能性

ここまで述べてきた関数のいろいろな性質について整理しておこう.

定理 5.10　点 (a,b) を含むある平面領域で定義された二変数関数 $f = f(x,y)$ に関する次の四条件を考える．
(1) (a,b) において全微分可能
(2) (a,b) においてあらゆる方向に方向微分可能
(3) (a,b) において各変数について偏微分可能
(4) (a,b) において連続
これら四条件の間には次の含意関係がある．

$$(1) \Rightarrow (2) \Rightarrow (3), \quad (1) \Rightarrow (4)$$

上に挙げられている以外の含意関係はないことが知られている．例えば 139 頁の例題 5.3 の f は原点において (2) をみたすが，(1) はみたさない．

四条件のうちでは「全微分可能」が最も強い条件であり，これをみたす関数は扱いやすいのであるが，定義にしたがって全微分可能性を判定するのは必ずしも容易ではない．全微分可能性を保証する，扱いやすい判定条件はないであろうか．それに対する一つの答は，その点 (a,b) だけでなくそのあたり一帯に注目することによって得られる．

定義 5.11　$f = f(x,y)$ を平面領域 D で定義された二変数関数とする．
(1) f が D において**全微分可能**であるとは，D の各点において全微分可能であること．
(2) f が D において C^1 **級**であるとは f が D において x についても y についても偏微分可能で，かつ得られた偏導関数 f_x, f_y が共に D において連続であること．

定理 5.12　二変数関数 f が D において C^1 級ならば，f は D において全微分可能．

[証明]　f が D において C^1 級ならば f は D の各点で x についても y についても偏微分可能であるから，点 $(a,b) \in D$ を任意にとると

$$f(x,y) = f(x,b) + f_y(x,b)(y-b) + o(|y-b|)$$
$$= f(a,b) + f_x(a,b)(x-a) + o(|x-a|) + f_y(x,b)(y-b) + o(|y-b|)$$

(ランダウ記号は $\boldsymbol{x} \to \boldsymbol{a}$ のとき) である．f_y は D において連続であるから

$$f_y(x,b) = f_y(a,b) + o(1)$$
$$f_y(x,b)(y-b) = f_y(a,b)(y-b) + o(|y-b|)$$
$$o(|x-a|) = o(|\boldsymbol{x} - \boldsymbol{a}|)$$
$$o(|y-b|) = o(|\boldsymbol{x} - \boldsymbol{a}|)$$

5.3 全微分

であり，次を得る．
$$f(x,y) = f(a,b) + f_x(a,b)(x-a) + f_y(a,b)(y-b) + o(|\boldsymbol{x}-\boldsymbol{a}|)$$

5.3.3 接平面と法線

f が点 (a,b) において微分可能[2]であるとは f が (a,b) のちかくで一次関数で近似できることであった．二変数の一次関数は xyz 空間における平面をあらわすので，f が点 (a,b) において微分可能であるとは，曲面 $z = f(x,y)$ が点 $(a,b,f(a,b))$ の充分ちかくで平面で近似できるということである．この平面を f の点 $(a,b,f(a,b))$ における**接平面**とよぶ．

接平面と法線の方程式

二変数関数 f が点 (a,b) において微分可能であるとする．
(1) 曲面 $z = f(x,y)$ の点 $(a,b,f(a,b))$ における接平面の方程式は
$$z - f(a,b) = f_x(a,b)(x-a) + f_y(a,b)(y-b)$$
(2) 曲面 $z = f(x,y)$ の点 $(a,b,f(a,b))$ における法線の方程式は
$$\frac{x-a}{f_x(a,b)} = \frac{y-b}{f_y(a,b)} = -(z - f(a,b))$$
分母が 0 となる場合については附録の注意 B.1 参照．

上の公式は一次近似の観点から得られたものであるが，次のように考えることもできる．曲面 $z = f(x,y)$ のグラフと平面 $y = b$ との共通部分 $z = f(x,b), y = b$ はこの曲面上の曲線と考えることができる（図 5.4 参照）．この曲線の $(a,b,f(a,b))$ における接線ベクトルは $\begin{bmatrix} 1 \\ 0 \\ f_x(a,b) \end{bmatrix}$ である．同様に曲線 $z = f(a,y), x = a$ の $(a,b,f(a,b))$

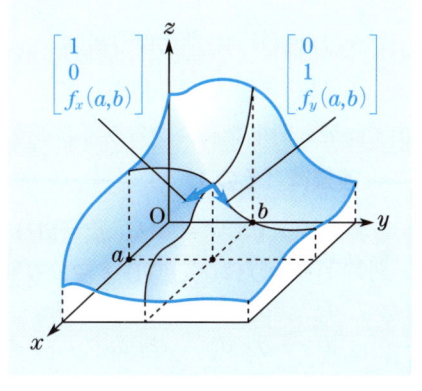

図 5.4

---
[2] 今後は全微分可能を単に微分可能ということにする．

における接線ベクトルは $\begin{bmatrix} 0 \\ 1 \\ f_y(a,b) \end{bmatrix}$ である．接平面はこれら二つのベクトルに平行であるから，その法線ベクトルは次となる．

$$\begin{bmatrix} 1 \\ 0 \\ f_x(a,b) \end{bmatrix} \times \begin{bmatrix} 0 \\ 1 \\ f_y(a,b) \end{bmatrix} = \begin{bmatrix} -f_x(a,b) \\ -f_y(a,b) \\ 1 \end{bmatrix}$$

例題 5.5

関数 $f(x,y) = \tan^{-1}\dfrac{y}{x}$ のグラフの，点 $\left(\sqrt{3}, 1, f(\sqrt{3},1)\right)$ における接平面と法線の方程式を求めよ．

【解答】 $f(\sqrt{3},1) = \dfrac{\pi}{6},\ f_x(\sqrt{3},1) = -\dfrac{1}{4},\ f_y(\sqrt{3},1) = \dfrac{\sqrt{3}}{4}$ より接平面の方程式は $z - \dfrac{\pi}{6} = -\dfrac{1}{4}\left(x - \sqrt{3}\right) + \dfrac{\sqrt{3}}{4}(y-1)$, すなわち $z = -\dfrac{1}{4}x + \dfrac{\sqrt{3}}{4}y + \dfrac{\pi}{6}$．

法線の方程式は $-\left(x - \sqrt{3}\right) = \dfrac{y-1}{\sqrt{3}} = -\dfrac{z - \dfrac{\pi}{6}}{4}$． ■

5.3.4 合成関数と連鎖律

一変数関数の場合の合成関数の微分法

$$\left(f(g(x))\right)' = f'(g(x))\, g'(x)$$

の，多変数への一般化を紹介しよう．本節の最後で全く一般の形を紹介するが，まずは最も簡単な場合からみておこう．

連鎖律（その1）

$f = f(x,y),\ x = x(t),\ y = y(t)$ がいずれも微分可能であるとき，合成関数 $z(t) = f(x(t), y(t))$ も微分可能であり，次が成り立つ．

$$\frac{dz}{dt} = \frac{\partial f}{\partial x}\frac{dx}{dt} + \frac{\partial f}{\partial y}\frac{dy}{dt}$$

[証明の粗筋] $t = t_0$ での微分可能性を問題とする．微分可能の仮定より

$$x(t) - x(t_0) \fallingdotseq x'(t_0)(t-t_0), \quad y(t) - y(t_0) \fallingdotseq y'(t_0)(t-t_0)$$

また $x_0 = x(t_0),\ y_0 = y(t_0),\ x = x(t),\ y = y(t)$ とおけば，

$$z(t) = f(x(t), y(t))$$
$$\doteqdot f(x_0, y_0) + f_x(x_0, y_0)(x(t) - x_0) + f_y(x_0, y_0)(y(t) - y_0)$$
$$\doteqdot z(t_0) + f_x(x_0, y_0)x'(t_0)(t - t_0) + f_y(x_0, y_0)y'(t_0)(t - t_0)$$

したがって
$$\frac{z(t) - z(t_0)}{t - t_0} \doteqdot f_x(x_0, y_0)x'(t_0) + f_y(x_0, y_0)y'(t_0)$$

と考えられ，$t \to t_0$ のときに示すべき等式が得られる．∎

上では説明の都合上，合成関数に新たな記号 z をあてて区別していたが，合成関数もそのまま f と書いて
$$\frac{df}{dt} = \frac{\partial f}{\partial x}\frac{dx}{dt} + \frac{\partial f}{\partial y}\frac{dy}{dt}$$
と書くことも多い．これは全微分（(5.3) 式）を dt で割った形であるから，全微分とともに覚えておくとよい．

連鎖律（その2）

$f = f(x, y)$, $x = x(u, v)$, $y = y(u, v)$ がいずれも微分可能であるとき，合成関数 $z(u, v) = f(x(u, v), y(u, v))$ も微分可能であり，次が成り立つ．
$$\frac{\partial z}{\partial u} = \frac{\partial f}{\partial x}\frac{\partial x}{\partial u} + \frac{\partial f}{\partial y}\frac{\partial y}{\partial u}$$
$$\frac{\partial z}{\partial v} = \frac{\partial f}{\partial x}\frac{\partial x}{\partial v} + \frac{\partial f}{\partial y}\frac{\partial y}{\partial v}$$

[証明] v をとめて u だけの関数と考えて連鎖律（その1）を適用すれば第一の式が得られる．第二の式も同様．∎

この場合も合成関数をそのまま f と書いて
$$\frac{\partial f}{\partial u} = \frac{\partial f}{\partial x}\frac{\partial x}{\partial u} + \frac{\partial f}{\partial y}\frac{\partial y}{\partial u}, \quad \frac{\partial f}{\partial v} = \frac{\partial f}{\partial x}\frac{\partial x}{\partial v} + \frac{\partial f}{\partial y}\frac{\partial y}{\partial v}$$
と書かれることが多い．

例 5.13 平面極座標
$$\begin{cases} x = r\cos\theta \\ y = r\sin\theta \end{cases}$$
により $f = f(x, y)$ を r, θ の関数とみたとき

$$\frac{\partial f}{\partial r} = \frac{\partial f}{\partial x}\frac{\partial x}{\partial r} + \frac{\partial f}{\partial y}\frac{\partial y}{\partial r} = \frac{\partial f}{\partial x}\cos\theta + \frac{\partial f}{\partial y}\sin\theta$$

$$\frac{\partial f}{\partial \theta} = \frac{\partial f}{\partial x}\frac{\partial x}{\partial \theta} + \frac{\partial f}{\partial y}\frac{\partial y}{\partial \theta} = -\frac{\partial f}{\partial x}r\sin\theta + \frac{\partial f}{\partial y}r\cos\theta$$

5.3.5 合成写像と連鎖律

より一般の形で連鎖律を述べておこう．領域 $D \subset \mathbb{R}^n$ で定義された写像 $\boldsymbol{g}: D \to \mathbb{R}^m$ を考える．$\boldsymbol{g}$ は m 個の n 変数関数 $g_1, g_2, \cdots, g_m$ の組にほかならない．

$$\boldsymbol{g}(\boldsymbol{x}) = \begin{bmatrix} g_1(\boldsymbol{x}) \\ \vdots \\ g_m(\boldsymbol{x}) \end{bmatrix}$$

各 g_i が $\boldsymbol{a}$ において微分可能であるとしよう．偏微分係数 $\dfrac{\partial g_i}{\partial x_j}(\boldsymbol{a})$ $(1 \leq i \leq m, 1 \leq j \leq n)$ を並べて得られる $m \times n$ 行列を $\boldsymbol{g}$ の点 $\boldsymbol{a}$ における**ヤコビ行列**といい $\boldsymbol{g}'(\boldsymbol{a})$ と記す（140 頁のヤコビ行列の一般化である）．このとき，$\boldsymbol{a}$ にちかい $\boldsymbol{x} \in D$ に対しては近似式

$$\boldsymbol{g}(\boldsymbol{x}) \fallingdotseq \boldsymbol{g}(\boldsymbol{a}) + \boldsymbol{g}'(\boldsymbol{a})(\boldsymbol{x} - \boldsymbol{a})$$

が成り立つことが示せる．

$\boldsymbol{g}$ が $\boldsymbol{a}$ において**微分可能**であるとは，$\boldsymbol{g}(\boldsymbol{x}) - \boldsymbol{g}(\boldsymbol{a})$ が $\boldsymbol{x} - \boldsymbol{a}$ を変数とする写像として線形写像で近似できることと定義する．このとき各 g_i は $\boldsymbol{a}$ において微分可能であり，上の近似式が成り立つ．すなわち $\boldsymbol{g}$ が $\boldsymbol{a}$ において微分可能であることと，各 g_i が $\boldsymbol{a}$ において微分可能であることとは同等である．

$\boldsymbol{g}$ の像 $\boldsymbol{g}(D)$ を含む領域 $E \subset \mathbb{R}^m$ で定義された写像 $\boldsymbol{f}: E \to \mathbb{R}^l$ に対し，

$$(\boldsymbol{f} \circ \boldsymbol{g})(\boldsymbol{x}) = \boldsymbol{f}(\boldsymbol{g}(\boldsymbol{x})) \quad (\boldsymbol{x} \in D)$$

により合成写像 $\boldsymbol{f} \circ \boldsymbol{g}: D \to \mathbb{R}^l$ が定義される．合成写像のヤコビ行列について次の定理が成り立つ．一変数関数の場合の自然な拡張になっている．

合成写像の微分法，あるいは連鎖律

定理 5.14 写像 $\boldsymbol{g}: D \to \mathbb{R}^m$, $\boldsymbol{f}: E \to \mathbb{R}^l$ が $\boldsymbol{g}(D) \subset E$ をみたすとする．$\boldsymbol{g}$ が点 $\boldsymbol{a} \in D$ において，$\boldsymbol{f}$ が点 $\boldsymbol{g}(\boldsymbol{a}) \in E$ においてそれぞれ微分可能ならば，合成写像 $\boldsymbol{f} \circ \boldsymbol{g}$ も点 $\boldsymbol{a}$ において微分可能であり，

$$(\boldsymbol{f} \circ \boldsymbol{g})'(\boldsymbol{a}) = \boldsymbol{f}'(\boldsymbol{g}(\boldsymbol{a}))\,\boldsymbol{g}'(\boldsymbol{a})$$

が成り立つ（左辺は $l \times n$ 行列，右辺は $l \times m$ 行列と $m \times n$ 行列の積）．

［証明の粗筋］ $\boldsymbol{b} = \boldsymbol{g}(\boldsymbol{a})$ とおく．微分可能の仮定より

$$\boldsymbol{g}(\boldsymbol{x}) \fallingdotseq \boldsymbol{g}(\boldsymbol{a}) + \boldsymbol{g}'(\boldsymbol{a})(\boldsymbol{x} - \boldsymbol{a})$$

$$\boldsymbol{f}(\boldsymbol{y}) \fallingdotseq \boldsymbol{f}(\boldsymbol{b}) + \boldsymbol{f}'(\boldsymbol{b})(\boldsymbol{y} - \boldsymbol{b})$$

が成り立つ．よって点 a のちかくで

$$(f \circ g)(x) = f(g(x)) \doteq f(b) + f'(b)\,(g(x) - g(a))$$
$$\doteq (f \circ g)(a) + f'(b)g'(a)(x - a)$$

と近似できるから，定理の結論が得られる． ∎

例えばこの定理で $n = m = 2, l = 1$ の場合が連鎖律（その 2）である（確かめよ）．

例 5.15 **(逆変換の微分公式)**　$x = x(u, v),\ y = y(u, v)$ が u, v に関して

$$u = u(x, y), \quad v = v(x, y)$$

と解けると仮定する．x, y の u, v に関する偏微分がわかっているとき，u, v の x, y に関する偏微分の公式を導いてみよう．

$$x = \begin{bmatrix} x \\ y \end{bmatrix}, \quad g = \begin{bmatrix} u(x) \\ v(x) \end{bmatrix}, \quad u = \begin{bmatrix} u \\ v \end{bmatrix}, \quad h = \begin{bmatrix} x(u) \\ y(u) \end{bmatrix}$$

とおけば

$$g'(x) = \begin{bmatrix} \dfrac{\partial u}{\partial x} & \dfrac{\partial u}{\partial y} \\ \dfrac{\partial v}{\partial x} & \dfrac{\partial v}{\partial y} \end{bmatrix}, \quad h'(u) = \begin{bmatrix} \dfrac{\partial x}{\partial u} & \dfrac{\partial x}{\partial v} \\ \dfrac{\partial y}{\partial u} & \dfrac{\partial y}{\partial v} \end{bmatrix}$$

である．仮定により h は g の逆写像であるから，$h \circ g$ は恒等変換であり，そのヤコビ行列は単位行列である．したがって連鎖律より

$$\begin{bmatrix} \dfrac{\partial x}{\partial u} & \dfrac{\partial x}{\partial v} \\ \dfrac{\partial y}{\partial u} & \dfrac{\partial y}{\partial v} \end{bmatrix} \begin{bmatrix} \dfrac{\partial u}{\partial x} & \dfrac{\partial u}{\partial y} \\ \dfrac{\partial v}{\partial x} & \dfrac{\partial v}{\partial y} \end{bmatrix} = \begin{bmatrix} 1 & 0 \\ 0 & 1 \end{bmatrix}$$

となり，求める公式

$$\begin{bmatrix} \dfrac{\partial u}{\partial x} & \dfrac{\partial u}{\partial y} \\ \dfrac{\partial v}{\partial x} & \dfrac{\partial v}{\partial y} \end{bmatrix} = \begin{bmatrix} \dfrac{\partial x}{\partial u} & \dfrac{\partial x}{\partial v} \\ \dfrac{\partial y}{\partial u} & \dfrac{\partial y}{\partial v} \end{bmatrix}^{-1} = \dfrac{1}{\dfrac{\partial x}{\partial u}\dfrac{\partial y}{\partial v} - \dfrac{\partial x}{\partial v}\dfrac{\partial y}{\partial u}} \begin{bmatrix} \dfrac{\partial y}{\partial v} & -\dfrac{\partial x}{\partial v} \\ -\dfrac{\partial y}{\partial u} & \dfrac{\partial x}{\partial u} \end{bmatrix}$$

が得られた． □

5.4 テイラーの定理

一変数の場合に関数の局所的な挙動を調べるカギは多項式による近似と誤差の評価を与えるテイラーの定理であった．多変数の場合も同様の定理が成り立ち，それが極めて重要な役割を担っている．この節では二変数関数のテイラーの定理について紹介し，次の節でその応用について述べる．

5.4.1 高次偏導関数

一変数関数のテイラーの定理に高次導関数が現れたように，多変数関数の場合にも高次の偏導関数が必要となる．まず高次偏導関数について考察しよう．

xy 平面内の領域 $D \subset \mathbb{R}^2$ において定義された関数 $f : D \to \mathbb{R}$ が D において x について偏微分可能であるとしよう．このとき f の x についての偏導関数 $f_x : D \to \mathbb{R}$ が定義されるが，これも D において x について偏微分可能であれば f_x の x についての偏導関数

$$f_{xx} : D \to \mathbb{R}$$

が定義される．これを

$$\frac{\partial^2 f}{\partial x^2}$$

とも書く．また f_x が D において y について偏微分可能であれば f_x の y についての偏導関数

$$f_{xy} : D \to \mathbb{R}$$

が定義される．これは

$$\frac{\partial^2 f}{\partial y \partial x}$$

とも書かれる．この二つの記法では x と y の順序が異なることに注意しよう．

$$f_{xy} = (f_x)_y = \frac{\partial}{\partial y}\left(\frac{\partial f}{\partial x}\right) = \frac{\partial^2 f}{\partial y \partial x}$$

なのである．同様に f の y についての偏導関数 $f_y : D \to \mathbb{R}$ が定義されていて，f_y が x, y について偏微分可能であれば f_y の偏導関数

$$\frac{\partial^2 f}{\partial x \partial y} = f_{yx}$$

$$\frac{\partial^2 f}{\partial y^2} = f_{yy}$$

が定義される．これら f_{xx}, f_{xy}, f_{yx}, f_{yy} を f の第二次偏導関数あるいは二階偏導関数といい，またこれらの関数の点 (a,b) における値 $f_{xx}(a,b)$, $f_{xy}(a,b)$, $f_{yx}(a,b)$, $f_{yy}(a,b)$ を f の点 (a,b) における第二次偏微分係数あるいは二階偏微分係数という．

例題 5.6

次の二変数関数の第二次偏導関数を求めよ．
(1) $f(x,y) = x^2 + 3xy - 4y^2 - 5x + 7y + 1$
(2) $g(x,y) = \sqrt{x^2 + y^2}$

【解答】　第一次偏導関数は例題 5.1 で求めてあった．
(1) $f_{xx}(x,y) = 2$, $\quad f_{xy}(x,y) = 3$, $\quad f_{yx}(x,y) = 3$, $\quad f_{yy}(x,y) = -8$
(2) $g_{xx}(x,y) = \dfrac{y^2}{\sqrt{(x^2+y^2)^3}}$, $\quad g_{xy}(x,y) = -\dfrac{xy}{\sqrt{(x^2+y^2)^3}}$,

$g_{yx}(x,y) = -\dfrac{xy}{\sqrt{(x^2+y^2)^3}}$, $\quad g_{yy}(x,y) = \dfrac{x^2}{\sqrt{(x^2+y^2)^3}}$ ■

より高次の偏微分係数，偏導関数も同様に定義される．例えば二変数関数 $f = f(x,y)$ の第三次偏導関数は

$$f_{xxx} = \frac{\partial^3 f}{\partial x^3}$$

$$f_{xxy} = (f_{xx})_y = \frac{\partial}{\partial y}\left(\frac{\partial^2 f}{\partial x^2}\right) = \frac{\partial^3 f}{\partial y \partial x^2}$$

$$f_{xyx} = (f_{xy})_x = \frac{\partial}{\partial x}\left(\frac{\partial^2 f}{\partial y \partial x}\right) = \frac{\partial^3 f}{\partial x \partial y \partial x}$$

$$f_{xyy} = (f_{xy})_y = \frac{\partial}{\partial y}\left(\frac{\partial^2 f}{\partial y \partial x}\right) = \frac{\partial^3 f}{\partial y^2 \partial x}$$

$$f_{yxx} = (f_{yx})_x = \frac{\partial}{\partial x}\left(\frac{\partial^2 f}{\partial x \partial y}\right) = \frac{\partial^3 f}{\partial x^2 \partial y}$$

$$f_{yxy} = (f_{yx})_y = \frac{\partial}{\partial y}\left(\frac{\partial^2 f}{\partial x \partial y}\right) = \frac{\partial^3 f}{\partial y \partial x \partial y}$$

$$f_{yyx} = (f_{yy})_x \qquad = \frac{\partial}{\partial x}\left(\frac{\partial^2 f}{\partial y^2}\right) = \frac{\partial^3 f}{\partial x \partial y^2}$$

$$f_{yyy} = \qquad\qquad\qquad\qquad\qquad\quad \frac{\partial^3 f}{\partial y^3}$$

の八種類ある．三変数以上の関数についても同様であり，一般に n 変数関数 f の第 r 次偏導関数の種類は ${}_n\Pi_r = n^r$ （重複順列の数）である．

例題 5.6 では $f_{xy} = f_{yx}$, $g_{xy} = g_{yx}$ が成り立っているが，これは偶然ではない．一般的に述べるために用語を導入しよう．

> **定義 5.16** 領域 D 上の関数 $f : D \to \mathbb{R}$ について，f の第 k 次以下の偏導関数が全て存在し，これらがいずれも連続であるとき，f は D において **C^k 級**であるという．また f が D においてあらゆる自然数 k について C^k 級であるとき，f は D において **C^∞ 級**であるという．

注意 5.2 f 自身を f の第 0 次偏導関数とよぶことにするので，上の定義には f 自身が連続であることが条件に入っている．C^1 級については 144 頁で述べた定義と一見異なるようであるが，前の意味で f が C^1 級ならば f は連続であるので結局一致する．また f が D において連続であることを，f が D において C^0 級であるともいう．

> **定理 5.17** 関数 $f : D \to \mathbb{R}$ が D において C^k 級ならば，f の第 k 次までの偏導関数は偏微分する変数の順序によらない．

例 5.18 二変数関数 $f = f(x, y)$ が C^2 級ならば，第二次偏導関数で本質的に異なるのは f_{xx}, $f_{xy} = f_{yx}$, f_{yy} の三種類であり，f が C^3 級ならば，第三次偏導関数で本質的に異なるのは

$$f_{xxx}, \quad f_{xxy} = f_{xyx} = f_{yxx}, \quad f_{xyy} = f_{yxy} = f_{yyx}, \quad f_{yyy}$$

の四種類である．一般に n 変数関数 f が C^r 級ならば，第 r 次偏導関数で本質的に異なるものの個数は ${}_nH_r = {}_{n+r-1}C_r$ （重複組合せの数）である．　□

> **例題 5.7**
> $f(x, y, z) = \dfrac{1}{\sqrt{x^2 + y^2 + z^2}}$ の第二次偏導関数を求めよ．

【解答】 例題 5.2 (2) より $f_x = -\dfrac{x}{\sqrt{(x^2+y^2+z^2)^3}}$ であるから

$$f_{xx} = \frac{2x^2 - y^2 - z^2}{\sqrt{(x^2+y^2+z^2)^5}}, \quad f_{xy} = \frac{3xy}{\sqrt{(x^2+y^2+z^2)^5}}$$

同様に（あるいは対称性により）

$$f_{yy} = \frac{-x^2 + 2y^2 - z^2}{\sqrt{(x^2+y^2+z^2)^5}}, \quad f_{zz} = \frac{-x^2 - y^2 + 2z^2}{\sqrt{(x^2+y^2+z^2)^5}}$$

$$f_{xy} = f_{yx} = \frac{3xy}{\sqrt{(x^2+y^2+z^2)^5}}, \quad f_{yz} = f_{zy} = \frac{3yz}{\sqrt{(x^2+y^2+z^2)^5}}$$

$$f_{zx} = f_{xz} = \frac{3zx}{\sqrt{(x^2+y^2+z^2)^5}}$$

■

二変数関数 $f = f(x, y)$ に対し

$$\Delta f = \frac{\partial^2 f}{\partial x^2} + \frac{\partial^2 f}{\partial y^2}$$

と記す $\left(\Delta = \dfrac{\partial^2}{\partial x^2} + \dfrac{\partial^2}{\partial y^2}\right.$ は**ラプラシアン**とよばれる $\left.\right)$.

例題 5.8

f を C^2 級の二変数関数とするとき，極座標により

$$\Delta f = \frac{\partial^2 f}{\partial r^2} + \frac{1}{r}\frac{\partial f}{\partial r} + \frac{1}{r^2}\frac{\partial^2 f}{\partial \theta^2}$$

とあらわされることを示せ．

【解答】 例 5.13 より

$$\frac{\partial f}{\partial r} = \frac{\partial f}{\partial x}\cos\theta + \frac{\partial f}{\partial y}\sin\theta, \quad \frac{\partial f}{\partial \theta} = -\frac{\partial f}{\partial x}r\sin\theta + \frac{\partial f}{\partial y}r\cos\theta$$

であったから，$\dfrac{\partial^2 f}{\partial x \partial y} = \dfrac{\partial^2 f}{\partial y \partial x}$ に注意して

$$\frac{\partial^2 f}{\partial r^2} = \frac{\partial}{\partial r}\left(\frac{\partial f}{\partial x}\cos\theta + \frac{\partial f}{\partial y}\sin\theta\right)$$
$$= \frac{\partial}{\partial r}\left(\frac{\partial f}{\partial x}\right)\cos\theta + \frac{\partial}{\partial r}\left(\frac{\partial f}{\partial y}\right)\sin\theta$$

$$= \left(\frac{\partial^2 f}{\partial x^2}\cos\theta + \frac{\partial^2 f}{\partial y \partial x}\sin\theta\right)\cos\theta + \left(\frac{\partial^2 f}{\partial x \partial y}\cos\theta + \frac{\partial^2 f}{\partial y^2}\sin\theta\right)\sin\theta$$

$$= \frac{\partial^2 f}{\partial x^2}(\cos\theta)^2 + 2\frac{\partial^2 f}{\partial x \partial y}\sin\theta\cos\theta + \frac{\partial^2 f}{\partial y^2}(\sin\theta)^2$$

$$\frac{\partial^2 f}{\partial \theta^2} = \frac{\partial}{\partial \theta}\left(-\frac{\partial f}{\partial x}r\sin\theta + \frac{\partial f}{\partial y}r\cos\theta\right)$$

$$= -\frac{\partial}{\partial \theta}\left(\frac{\partial f}{\partial x}\right)r\sin\theta - \frac{\partial f}{\partial x}r\cos\theta + \frac{\partial}{\partial \theta}\left(\frac{\partial f}{\partial y}\right)r\cos\theta - \frac{\partial f}{\partial y}r\sin\theta$$

$$= -\left(\frac{\partial^2 f}{\partial x^2}(-r\sin\theta) + \frac{\partial^2 f}{\partial y \partial x}r\cos\theta\right)r\sin\theta - \frac{\partial f}{\partial x}r\cos\theta$$

$$+ \left(\frac{\partial^2 f}{\partial x \partial y}(-r\sin\theta) + \frac{\partial^2 f}{\partial y^2}r\cos\theta\right)r\cos\theta - \frac{\partial f}{\partial y}r\sin\theta$$

$$= \frac{\partial^2 f}{\partial x^2}r^2(\sin\theta)^2 - 2\frac{\partial^2 f}{\partial x \partial y}r^2\sin\theta\cos\theta + \frac{\partial^2 f}{\partial y^2}r^2(\cos\theta)^2$$

$$- \frac{\partial f}{\partial x}r\cos\theta - \frac{\partial f}{\partial y}r\sin\theta$$

以上を右辺に代入すれば左辺と等しいことがわかる. ∎

【別解】 例 5.13 の結果から，微分作用素としての関係式

$$r\frac{\partial}{\partial r} = x\frac{\partial}{\partial x} + y\frac{\partial}{\partial y}, \quad \frac{\partial}{\partial \theta} = -y\frac{\partial}{\partial x} + x\frac{\partial}{\partial y}$$

が得られる．これらを「微分作用素として二乗」して和をとれば

$$\left(r\frac{\partial}{\partial r}\right)^2 + \left(\frac{\partial}{\partial \theta}\right)^2 = (x^2 + y^2)\Delta$$

となる．ここで

$$\left(r\frac{\partial}{\partial r}\right)^2 = r\frac{\partial}{\partial r}\left(r\frac{\partial}{\partial r}\right) = r\left(\frac{\partial}{\partial r} + r\frac{\partial^2}{\partial r^2}\right), \quad \left(\frac{\partial}{\partial \theta}\right)^2 = \frac{\partial}{\partial \theta}\left(\frac{\partial}{\partial \theta}\right) = \frac{\partial^2}{\partial \theta^2}$$

また $x^2 + y^2 = r^2$ であるから，求める等式が得られる. ∎

5.4.2 テイラーの定理

　二変数関数の局所的な様子を調べよう．D は $\mathbb{R}^2$ の領域，$f : D \to \mathbb{R}$ は C^{N+1} 級関数とし，$A(a, b) \in D$ とする．また $P(X, Y) \in D$ とし，点 A と点 P を結ぶ線分 AP が領域 D に含まれるとする（点 P は，あとで点 A のちかくを動かすのであるが，当面固定しておく）．

5.4 テイラーの定理

$$\begin{cases} x(t) = a + t(X-a) \\ y(t) = b + t(Y-b) \end{cases}$$

によって閉区間 $[0,1]$ と線分 AP が一対一に対応する．一変数関数 g を $g(t) = f(x(t), y(t))$ によって定義すれば，g は $[0,1]$ を含むある開区間において C^{N+1} 級である．g に一変数のテイラーの定理を適用すると，$0 < t \leq 1$ に対し

$$g(t) = g(0) + g'(0)t + \frac{g''(0)}{2!}t^2 + \cdots + \frac{g^{(N)}(0)}{N!}t^N + \frac{g^{(N+1)}(c)}{(N+1)!}t^{N+1}$$
$$(0 < c < t)$$

が成り立つ（c は t に依存する）．特に $t = 1$ として次を得る．

$$g(1) = g(0) + g'(0) + \frac{g''(0)}{2!} + \cdots + \frac{g^{(N)}(0)}{N!} + \frac{g^{(N+1)}(c)}{(N+1)!}$$
$$(0 < c < 1) \tag{5.4}$$

この式により $f(X,Y) = g(1)$ の様子を詳しく調べることにしよう．そのためには g の高次導関数を計算する必要がある．a, b, X, Y は定数であることに注意して，連鎖律を用いると

$$\begin{aligned}
g'(t) &= f_x(x(t), y(t))x'(t) + f_y(x(t), y(t))y'(t) \\
&= f_x(x(t), y(t))(X-a) + f_y(x(t), y(t))(Y-b) \\
g''(t) &= (f_x(x(t), y(t)))'(X-a) + (f_y(x(t), y(t)))'(Y-b) \\
&= \{f_{xx}(x(t), y(t))(X-a) + f_{xy}(x(t), y(t))(Y-b)\}(X-a) \\
&\quad + \{f_{yx}(x(t), y(t))(X-a) + f_{yy}(x(t), y(t))(Y-b)\}(Y-b) \\
&= f_{xx}(x(t), y(t))(X-a)^2 + 2f_{xy}(x(t), y(t))(X-a)(Y-b) \\
&\quad + f_{yy}(x(t), y(t))(Y-b)^2
\end{aligned}$$

となる．最後の等号は，f が C^{N+1} 級であるとの仮定において $N \geq 1$ であるとして，$f_{xy} = f_{yx}$ を用いた．$N \geq 2$ ならばさらに

$$\begin{aligned}
g'''(t) &= f_{xxx}(x(t), y(t))(X-a)^3 + 3f_{xxy}(x(t), y(t))(X-a)^2(Y-b) \\
&\quad + 3f_{xyy}(x(t), y(t))(X-a)(Y-b)^2 \\
&\quad + f_{yyy}(x(t), y(t))(Y-b)^3
\end{aligned}$$

となり，一般に次が成り立つことがわかる（証明は数学的帰納法による）．$l \leq N+1$ ならば

$$g^{(l)}(t) = \sum_{k=0}^{l} \binom{l}{k} \frac{\partial^l f}{\partial x^{l-k} \partial y^k}(x(t), y(t))(X-a)^{l-k}(Y-b)^k$$

となる．ここで $\binom{l}{k} = \dfrac{l!}{(l-k)!k!}$ は二項係数である．

以上を (5.4) 式に代入し，$(a+c(X-a), b+c(Y-b))$ を (x_1, y_1) とおき，また (X, Y) をあらためて (x, y) と書けば次を得る．

二変数関数のテイラーの定理

定理 5.19 関数 $f : D \to \mathbb{R}$ は領域 $D \subset \mathbb{R}^2$ で C^{N+1} 級とし，$A(a, b) \in D$ とする．また $P(x, y) \in D$ とし，点 A と点 P を結ぶ線分が領域 D に含まれるとする．このとき

$$f(x, y) = f(a, b) + f_x(a, b)(x-a) + f_y(a, b)(y-b)$$
$$+ \frac{1}{2!}\{f_{xx}(a,b)(x-a)^2 + 2f_{xy}(a,b)(x-a)(y-b)$$
$$+ f_{yy}(a,b)(y-b)^2\} + \cdots$$
$$+ \frac{1}{N!} \sum_{k=0}^{N} \binom{N}{k} \frac{\partial^N f}{\partial x^{N-k} \partial y^k}(a, b)(x-a)^{N-k}(y-b)^k$$
$$+ R_N(x, y)$$

$R_N(x, y)$
$$= \frac{1}{(N+1)!} \sum_{k=0}^{N+1} \binom{N+1}{k} \frac{\partial^{N+1} f}{\partial x^{N+1-k} \partial y^k}(x_1, y_1)(x-a)^{N+1-k}(y-b)^k$$

となる．ただし (x_1, y_1) は線分 AP 上のある点で，端点ではない．

テイラーの定理で $\varphi_N(x, y) = f(x, y) - R_N(x, y)$ とおけば，これは x, y の N 次式である．一変数の場合（82 頁）と同様に，ランダウの記号を用いて次のように述べることができる．

系 5.20 関数 f が点 $\boldsymbol{a}$ において C^{N+1} 級ならば次を得る．
$$f(x, y) = \varphi_N(x, y) + O(|\boldsymbol{x} - \boldsymbol{a}|^{N+1}) \quad (\boldsymbol{x} \to \boldsymbol{a})$$

5.5 多変数関数の極値

この節では，前節で述べたテイラーの定理の応用として，多変数関数の極値について解説する．前半の話のながれについては，一変数関数の極値判定法の定理の証明（89, 90 頁）が参考になるだろう．

5.5.1 極値と停留点

まず多変数関数の極値の定義を述べよう．多変数関数の極値は，形式的には一変数の場合と全く同様に定義される．

> **定義 5.21** n 次元の領域 $D \subset \mathbb{R}^n$ 上の関数 $f: D \to \mathbb{R}$ と点 $\boldsymbol{a} \in \mathbb{R}^n$ について，f が $\boldsymbol{a}$ において（狭義の）**極小**であるとは（充分小さい）$r > 0$ で次を成り立たせるものが存在すること：$\boldsymbol{x} \in D$ について
> $$0 < |\boldsymbol{x} - \boldsymbol{a}| < r \implies f(\boldsymbol{x}) > f(\boldsymbol{a})$$
> このとき $f(\boldsymbol{a})$ を（狭義の）**極小値**という．
>
> この条件の「$f(\boldsymbol{x}) > f(\boldsymbol{a})$」を「$f(\boldsymbol{x}) \geq f(\boldsymbol{a})$」で置き換えて**広義の極小**の概念を得る．**極大，極大値，広義の極大**についても同様である．極大値・極小値を総称して**極値**という．

一変数の場合同様，微分できない点なども極値をとる点の有力な候補であるが，ここでは微分可能な関数について考察する．

> **定義 5.22** 領域 $D \subset \mathbb{R}^n$ 上微分可能な関数 f について，点 $\boldsymbol{a} \in D$ が関数 f の**停留点**[3] であるとは
> $$\begin{cases} \dfrac{\partial f}{\partial x_1}(\boldsymbol{a}) = 0 \\ \dfrac{\partial f}{\partial x_2}(\boldsymbol{a}) = 0 \\ \quad \cdots \\ \dfrac{\partial f}{\partial x_n}(\boldsymbol{a}) = 0 \end{cases}$$
> （すなわち $f'(\boldsymbol{a}) = \boldsymbol{0}$）であること．

一変数の場合と同様に次が成り立つ．

---
[3] 高木貞治「解析概論」では停留点という用語をこれとは別の意味に用いている．

極値をとる点の必要条件

命題 5.23 $f: D \to \mathbb{R}$ が微分可能であるとする．f が $\boldsymbol{a} \in D$ において極値をとるならば，点 $\boldsymbol{a}$ は f の停留点である．

[証明]（この証明は多変数の問題に一変数の微分法を応用する典型的な例である）f が $\boldsymbol{a} = (a_1, a_2, \cdots, a_n)$ において極小であるとすると，定義により

$$0 < |\boldsymbol{x} - \boldsymbol{a}| < r \implies f(\boldsymbol{x}) > f(\boldsymbol{a})$$

をみたす $r > 0$ が存在する．一変数関数 g を

$$g(t) = f(t, a_2, a_3, \cdots, a_n)$$

によって定義すると $g(a_1) = f(\boldsymbol{a})$ である．また実数 t に対し $\boldsymbol{x} = (t, a_2, a_3, \cdots, a_n)$ を対応させれば，$g(t) = f(\boldsymbol{x})$, $|t - a_1| = |\boldsymbol{x} - \boldsymbol{a}|$ であるから

$$0 < |t - a_1| < r \implies g(t) > g(a_1)$$

が成り立っている．これは一変数関数 g が a_1 において極小であることにほかならず，定理 3.18 より $g'(a_1) = 0$, したがって

$$\frac{\partial f}{\partial x_1}(\boldsymbol{a}) = g'(a_1) = 0$$

となる．ほかの変数に関する偏微分係数も同様である．また極大の場合も同様である． ∎

例題 5.9

次の関数の停留点を求めよ．
(1) $f(x, y) = x^2 + y^2 + xy - 4x + y$　　(2) $f(x, y) = x^3 + y^3 - 3xy$

【解答】(1) $f_x(x, y) = 2x + y - 4$, $f_y(x, y) = 2y + x + 1$ より，連立方程式

$$\begin{cases} 2x + y - 4 = 0 \\ 2y + x + 1 = 0 \end{cases}$$

を解いて停留点 $(x, y) = (3, -2)$ を得る．

(2) $f_x(x, y) = 3(x^2 - y)$, $f_y(x, y) = 3(y^2 - x)$ より，連立方程式

$$\begin{cases} x^2 - y = 0 \\ y^2 - x = 0 \end{cases}$$

を解いて停留点 $(x, y) = (0, 0), (1, 1)$ を得る． ∎

5.5.2 二変数関数の極値

停留点であることは極値をとる点の充分条件ではない．つまり点 $\boldsymbol{a}$ が関数 f

の停留点であっても，f が a において極値をとるとは限らない．これは一変数の場合も同様であったが，一変数の場合にはみられなかったタイプの停留点の例を挙げよう．

例 5.24 $f(x,y) = x^2 - y^2$ の停留点は原点である．しかし x 軸に限定して考えれば f は原点で極小であり，y 軸に限定して考えれば f は原点で極大である（132 頁のグラフを参照のこと）．したがって f は原点で極値をとらない．□

このように，ある方向に沿って点 (a,b) を通って動くときは点 (a,b) において極大，別の方向に沿って動くときには点 (a,b) において極小となるとき，点 (a,b) は関数 f の**鞍点**あるいは**峠点**（山の峠越えの道と稜線のイメージ）であるという．

f を平面領域 $D \subset \mathbb{R}^2$ で定義された C^2 級関数とし，$(a,b) \in D$ をその停留点とする．$f_x(a,b) = f_y(a,b) = 0$ および $f_{xy} = f_{yx}$ に注意すれば，テイラーの定理により

$$f(x,y) \doteqdot f(a,b) + \frac{1}{2!}\{f_{xx}(a,b)(x-a)^2 \\ + 2f_{xy}(a,b)(x-a)(y-b) + f_{yy}(a,b)(y-b)^2\}$$

と近似できる．右辺にあらわれる二次偏微分係数が極値判定において重要であることがみてとれよう．行列式

$$H(a,b) = \begin{vmatrix} f_{xx}(a,b) & f_{xy}(a,b) \\ f_{yx}(a,b) & f_{yy}(a,b) \end{vmatrix}$$

を点 (a,b) における f の**ヘッセ行列式**（あるいは**ヘッシアン**）という．ここで二変数関数の極値判定法を述べよう．詳しい説明は 5.5.3 でおこなう．

― 二変数関数の極値判定 ―

定理 5.25 平面領域 $D \subset \mathbb{R}^2$ 上の C^2 級関数 $f: D \to \mathbb{R}$ とその停留点 $(a,b) \in D$ について次が成り立つ．
(1) $f_{xx}(a,b) > 0$, $H(a,b) > 0 \implies f$ は点 (a,b) において極小
(2) $f_{xx}(a,b) < 0$, $H(a,b) > 0 \implies f$ は点 (a,b) において極大
(3) $H(a,b) < 0 \implies f$ は点 (a,b) においては極値をとらない
　　　　　　　（点 (a,b) は f の鞍点）

--- 例題 5.10 ---

次の関数の極値を求めよ．
(1) $f(x,y) = x^3 + y^3 - 3xy$
(2) $f(x,y) = \cos x + \cos y + \cos(x+y)$

【解答】 (1) 第一次偏導関数および停留点 $(0,0), (1,1)$ は例題 5.9 (2) で求めてあった．第二次偏導関数を計算すると

$$f_{xx}(x,y) = 6x, \quad f_{xy}(x,y) = f_{yx}(x,y) = -3, \quad f_{yy}(x,y) = 6y$$

である．

$$f_{xx}(1,1) = 6 > 0, \quad H(1,1) = 27 > 0$$

であるから，点 $(1,1)$ において f は極小値 $f(1,1) = -1$ をとる．一方 $H(0,0) = -9 < 0$ であるから，原点は鞍点であり f は原点において極値をとらない．以上より，関数 f は点 $(1,1)$ において極小値 -1 をとる．

(2) 余弦関数の周期性により，$\{(x,y) | -\pi < x \leq \pi, -\pi < y \leq \pi\}$ の範囲で停留点を調べれば充分である．まず

$$f_x(x,y) = -\sin x - \sin(x+y) = -2\sin\frac{2x+y}{2}\cos\frac{y}{2}$$

$$f_y(x,y) = -\sin y - \sin(x+y) = -2\sin\frac{x+2y}{2}\cos\frac{x}{2}$$

より，停留点を求める連立方程式 $f_x(x,y) = f_y(x,y) = 0$ は

$$\sin\frac{2x+y}{2} = \sin\frac{x+2y}{2} = 0$$

$$\sin\frac{2x+y}{2} = \cos\frac{x}{2} = 0$$

$$\cos\frac{y}{2} = \sin\frac{x+2y}{2} = 0$$

$$\cos\frac{y}{2} = \cos\frac{x}{2} = 0$$

の四組に分かれ，これらを解いて六個の停留点

$$(0,0), \quad \left(\frac{2}{3}\pi, \frac{2}{3}\pi\right), \quad \left(-\frac{2}{3}\pi, -\frac{2}{3}\pi\right), \quad (\pi, 0), \quad (0, \pi), \quad (\pi, \pi)$$

を得るが，関数 f の対称性

$$f(-x,-y) = f(x,y), \quad f(y,x) = f(x,y)$$

5.5 多変数関数の極値

により, $\left(-\dfrac{2}{3}\pi, -\dfrac{2}{3}\pi\right)$, $(0, \pi)$ については調べなくてよい. 次に第二次偏導関数を計算すると

$$f_{xx}(x, y) = -\cos x - \cos(x+y)$$
$$f_{xy}(x, y) = f_{yx}(x, y) = -\cos(x+y)$$
$$f_{yy}(x, y) = -\cos y - \cos(x+y)$$

である. 各停留点において極値判定をする.

- $f_{xx}(0,0) = -2 < 0$, $H(0,0) = 3 > 0$ であるから, f は $(0,0)$ で極大値 $f(0,0) = 3$ をとる.
- $f_{xx}\left(\dfrac{2}{3}\pi, \dfrac{2}{3}\pi\right) = 1 > 0$, $H\left(\dfrac{2}{3}\pi, \dfrac{2}{3}\pi\right) = \dfrac{3}{4} > 0$ であるから, f は $\left(\dfrac{2}{3}\pi, \dfrac{2}{3}\pi\right)$ で極小値 $f\left(\dfrac{2}{3}\pi, \dfrac{2}{3}\pi\right) = -\dfrac{3}{2}$ をとる.
- $H(\pi, 0) = \begin{vmatrix} 2 & 1 \\ 1 & 0 \end{vmatrix} = -1 < 0$ より, 点 $(\pi, 0)$ は鞍点であり, f はこの点では極値をとらない.
- $H(\pi, \pi) = \begin{vmatrix} 0 & -1 \\ -1 & 0 \end{vmatrix} = -1 < 0$ より, 点 (π, π) は鞍点であり, f はこの点では極値をとらない.

以上より, 周期性と対称性を考慮して次の解答を得る.

- 点 $(2m\pi, 2n\pi)$ において極大, 極大値 3.
- 点 $\left(\pm\dfrac{2}{3}\pi + 2m\pi, \pm\dfrac{2}{3}\pi + 2n\pi\right)$ において極小, 極小値 $-\dfrac{3}{2}$.

ただし m, n は整数で, 複号は同順. ■

定理 5.25 には $H(a, b) = 0$ の場合が含まれていないことに注意しよう. $H(a, b) = 0$ の場合はいろいろな状況があり得る. 比較的簡単な例を挙げよう.

例 5.26 (1) $f_1(x, y) = x^2 + y^4$ は原点において極小.
(2) $f_2(x, y) = x^2 - y^4$ は原点において極値をとらない (原点は鞍点).
(3) $f_2(x, y) = x^2 - y^3$ は原点において極値をとらない (原点は鞍点ではない). □

$H(a, b) = 0$ の場合の極値判定については, 個々の場合に応じて精密な考察をおこなう必要がある.

例題 5.11

次の関数の原点における挙動を調べよ．

(1) $f(x,y) = \dfrac{1}{3}x^3 - xy^2 - \dfrac{1}{2}x^2y^2 - xy^3$

(2) $f(x,y) = \cosh x + \cosh y + \exp\left(-\dfrac{1}{2}(x^2+y^2)\right)$

【解答】 いずれも原点は停留点であるが，原点におけるヘッセ行列式は 0 であり（確認せよ），定理 5.25 によって判定することはできない．

(1) $y=0$ として得られる一変数関数 $g(x) = f(x,0) = \dfrac{1}{3}x^3$ は $x=0$ で極値をとらないから，f は原点では極値をとらない．

(2) 一変数関数 $\cosh t$, e^t のマクローリン展開はそれぞれ
$$\cosh t = 1 + \frac{1}{2!}t^2 + \frac{1}{4!}t^4 + \frac{1}{6!}t^6 + \cdots$$
$$e^t = 1 + \frac{1}{1!}t + \frac{1}{2!}t^2 + \frac{1}{3!}t^3 + \cdots$$
であるから
$$\exp\left(-\frac{1}{2}(x^2+y^2)\right) = 1 - \frac{1}{2}(x^2+y^2) + \frac{1}{2!}\left\{-\frac{1}{2}(x^2+y^2)\right\}^2 - \cdots$$
を得る．よって
$$f(x,y) = 3 + \left\{\frac{1}{4!}(x^4+y^4) + \frac{1}{8}(x^2+y^2)^2\right\} + （六次以上の項）$$
となる．テイラーの定理により，
$$f(x,y) = 3 + \left\{\frac{1}{4!}(x_1^4+y_1^4) + \frac{1}{8}(x_1^2+y_1^2)^2\right\}$$
が成り立つ．ここで点 (x_1, y_1) は原点と点 (x,y) を両端とする線分上のある点で，原点とは異なる（定理 5.19 参照）から
$$\frac{1}{4!}(x_1^4+y_1^4) + \frac{1}{8}(x_1^2+y_1^2)^2 > 0$$
である．よって f は原点において極小である． ∎

5.5.3 極値と二次形式

定理 5.25 の証明のために本書では二次形式の理論を用いる．ややとっつきにくい感じがするかもしれないが，n 変数関数の場合への拡張が容易であるという利点がある．二次形式については附録 B.2.3 を参照のこと．

5.5 多変数関数の極値

定義 5.27 点 (p,q) に対して定まる実対称行列
$$\mathcal{H}(p,q) = \begin{bmatrix} f_{xx}(p,q) & f_{xy}(p,q) \\ f_{yx}(p,q) & f_{yy}(p,q) \end{bmatrix}$$
を点 (p,q) における f の**ヘッセ行列**という.また $\mathcal{H}(p,q)$ を係数行列とする二次形式
$$\mathrm{H}_{(p,q)}(x,y) = {}^t\!\begin{bmatrix} x \\ y \end{bmatrix} \mathcal{H}(p,q) \begin{bmatrix} x \\ y \end{bmatrix}$$
$$= f_{xx}(p,q)x^2 + 2f_{xy}(p,q)xy + f_{yy}(p,q)y^2$$
を点 (p,q) における f の**ヘッセ形式**という.

この記号を用いると,f は停留点 (a,b) のちかくで
$$f(x,y) \fallingdotseq f(a,b) + \frac{1}{2}\mathrm{H}_{(a,b)}(x-a, y-b)$$
と近似できる.ここで例えば二次形式 $\mathrm{H}_{(a,b)}$ が正の定符号であれば $(x,y) \neq (a,b)$ に対しては $\mathrm{H}_{(a,b)}(x-a, y-b) > 0$ であるから,f は点 (a,b) において極小であると推測できる.このようにして次が成り立つことが予想される(証明は後にまわす).

定理 5.28 平面領域 $D \subset \mathbb{R}^2$ 上の C^2 級関数 $f: D \to \mathbb{R}$ とその停留点 $(a,b) \in D$ および点 (a,b) におけるヘッセ形式 $\mathrm{H}_{(a,b)}$ について次が成り立つ.
(1) $\mathrm{H}_{(a,b)}$ が正の定符号 $\implies f$ は点 (a,b) において極小
(2) $\mathrm{H}_{(a,b)}$ が負の定符号 $\implies f$ は点 (a,b) において極大
(3) $\mathrm{H}_{(a,b)}$ が不定符号 $\implies f$ は点 (a,b) において極値をとらない

注意 5.3 上の三つの分類は全ての場合を尽くしてはいないことに注意せよ.

附録 B に述べたように,一般に実対称行列 A を係数行列とする二次形式 Ψ_A について
$$\Psi_A \text{ が正の定符号} \iff A \text{ の主座小行列式は全て正}$$
であった.二次行列の場合には主座小行列式は A の $(1,1)$ 成分および A の行列式 $|A|$ であるから,
$$\mathrm{H}_{(a,b)} \text{ が正の定符号} \iff f_{xx}(a,b) > 0, \ H(a,b) > 0$$
が成り立つ.同様に
$$\mathrm{H}_{(a,b)} \text{ が負の定符号} \iff f_{xx}(a,b) < 0, \ H(a,b) > 0$$
である.また Ψ_A が不定符号であるとは A が正の固有値も負の固有値も持つということであったが,二次行列の場合にはこれは A の固有値の積である $|A|$ が負ということと同じである(実対称行列の固有値は全て実数であることに注意せよ).よって
$$\mathrm{H}_{(a,b)} \text{ が不定符号} \iff H(a,b) < 0$$
が得られる.これで上の定理が定理 5.25 と同等であることが確認できた.

$\mathrm{H}_{(a,b)}$ が不定符号の場合を詳しくみておこう.ベクトル $\begin{bmatrix} u \\ v \end{bmatrix}$ に平行な直線に沿って

点 (a,b) のちかくでの f の値をみるために，一変数関数

$$g(t) = f(a+tu, b+tv)$$

を考える．5.4.2 と同様の計算により

$$g'(t) = f_x(a+tu, b+tv)u + f_y(a+tu, b+tv)v$$
$$g''(t) = {}^t\begin{bmatrix}u\\v\end{bmatrix} \mathcal{H}(a+tu, b+tv) \begin{bmatrix}u\\v\end{bmatrix}$$

となるが，(a,b) が停留点であることより $g'(0)=0$ である．$\begin{bmatrix}u\\v\end{bmatrix}$ として特にヘッセ行列 $\mathcal{H}(a,b)$ の固有値 α に属する固有ベクトルをとれば

$$g''(0) = {}^t\begin{bmatrix}u\\v\end{bmatrix} \mathcal{H}(a,b) \begin{bmatrix}u\\v\end{bmatrix} = {}^t\begin{bmatrix}u\\v\end{bmatrix} \alpha \begin{bmatrix}u\\v\end{bmatrix} = \alpha(u^2+v^2)$$

が成り立つ．したがって一変数関数の極値の判定法により，$\alpha > 0$ であれば g は $t=0$ において極小，$\alpha < 0$ であれば g は $t=0$ において極大である．仮定により $\mathcal{H}(a,b)$ は正の固有値も負の固有値も持つので，点 (a,b) が f の鞍点であることがわかる．

5.5.4　n 変数関数の極値

f を n 次元領域 $D \subset \mathbb{R}^n$ で定義された C^2 級関数とし，点 $\boldsymbol{u} \in D$ における f のヘッセ行列 $\mathcal{H}(\boldsymbol{u})$，ヘッセ形式 $\mathrm{H}_{\boldsymbol{u}}$ を

$$\mathcal{H}(\boldsymbol{u}) = \begin{bmatrix} f_{x_1 x_1}(\boldsymbol{u}) & f_{x_1 x_2}(\boldsymbol{u}) & \cdots & f_{x_1 x_n}(\boldsymbol{u}) \\ f_{x_2 x_1}(\boldsymbol{u}) & f_{x_2 x_2}(\boldsymbol{u}) & \cdots & f_{x_2 x_n}(\boldsymbol{u}) \\ \vdots & \vdots & \ddots & \vdots \\ f_{x_n x_1}(\boldsymbol{u}) & f_{x_n x_2}(\boldsymbol{u}) & \cdots & f_{x_n x_n}(\boldsymbol{u}) \end{bmatrix}, \quad \mathrm{H}_{\boldsymbol{u}}(\boldsymbol{v}) = {}^t\boldsymbol{v}\mathcal{H}(\boldsymbol{u})\boldsymbol{v}$$

と定義する．定理 5.28 と全く同様に次が成り立つ．

---- n 変数関数の極値判定 ----

定理 5.29　領域 $D \subset \mathbb{R}^n$ 上の C^2 級関数 $f: D \to \mathbb{R}$ とその停留点 $\boldsymbol{a} \in D$ および点 $\boldsymbol{a}$ におけるヘッセ形式 $\mathrm{H}_{\boldsymbol{a}}$ について次が成り立つ．
(1)　$\mathrm{H}_{\boldsymbol{a}}$ が正の定符号 $\Longrightarrow f$ は点 $\boldsymbol{a}$ において極小
(2)　$\mathrm{H}_{\boldsymbol{a}}$ が負の定符号 $\Longrightarrow f$ は点 $\boldsymbol{a}$ において極大
(3)　$\mathrm{H}_{\boldsymbol{a}}$ が不定符号 $\Longrightarrow f$ は点 $\boldsymbol{a}$ において極値をとらない（点 $\boldsymbol{a}$ は f の鞍点）

---- 例題 5.12 ----

関数 $f(x,y,z) = \sin x + \sin y + \sin z + \sin(x+y+z)$ の点 $\boldsymbol{a} = \left(\dfrac{\pi}{4}, \dfrac{\pi}{4}, \dfrac{\pi}{4}\right)$ における挙動を調べよ．

5.5 多変数関数の極値

【解答】 まず第一次偏導関数
$$f_x = \cos x + \cos(x+y+z), \quad f_y = \cos y + \cos(x+y+z)$$
$$f_z = \cos z + \cos(x+y+z)$$
であるから点 $\boldsymbol{a}$ は関数 f の停留点である．次に第二次偏導関数
$$f_{xx} = -\sin x - \sin(x+y+z), \quad f_{yy} = -\sin y - \sin(x+y+z)$$
$$f_{zz} = -\sin z - \sin(x+y+z)$$
$$f_{yz} = f_{zy} = f_{zx} = f_{xz} = f_{xy} = f_{yx} = -\sin(x+y+z)$$
であるから点 $\boldsymbol{a}$ におけるヘッセ行列は
$$\mathcal{H}(\boldsymbol{a}) = \begin{bmatrix} -\sqrt{2} & -\dfrac{1}{\sqrt{2}} & -\dfrac{1}{\sqrt{2}} \\ -\dfrac{1}{\sqrt{2}} & -\sqrt{2} & -\dfrac{1}{\sqrt{2}} \\ -\dfrac{1}{\sqrt{2}} & -\dfrac{1}{\sqrt{2}} & -\sqrt{2} \end{bmatrix}$$
となる．$A = -\mathcal{H}(\boldsymbol{a})$ とおき A の主座小行列式の符号を調べると
$$\sqrt{2} > 0, \quad \begin{vmatrix} \sqrt{2} & \dfrac{1}{\sqrt{2}} \\ \dfrac{1}{\sqrt{2}} & \sqrt{2} \end{vmatrix} = \dfrac{3}{2} > 0, \quad \begin{vmatrix} \sqrt{2} & \dfrac{1}{\sqrt{2}} & \dfrac{1}{\sqrt{2}} \\ \dfrac{1}{\sqrt{2}} & \sqrt{2} & \dfrac{1}{\sqrt{2}} \\ \dfrac{1}{\sqrt{2}} & \dfrac{1}{\sqrt{2}} & \sqrt{2} \end{vmatrix} = \sqrt{2} > 0$$

よって A を係数行列とする二次形式は正定値，したがって $\mathrm{H}_{\boldsymbol{a}}$ は負定値であり，関数 f は点 $\boldsymbol{a}$ において極大値 $f(\boldsymbol{a}) = 2\sqrt{2}$ をとる． ∎

[定理 5.28 の証明] テイラーの定理により
$$f(x,y) = f(a,b) + \frac{1}{2}\mathrm{H}_{(x_1,y_1)}(\boldsymbol{x}-\boldsymbol{a})$$
((x_1,y_1) は二点 (a,b), (x,y) を両端とする線分上のある点) である．ここで $\mathrm{H}_{(a,b)}$ が正の定符号としよう．これはヘッセ行列 $\mathcal{H}(a,b)$ の主座小行列式 $H_1(a,b)$, $H_2(a,b)$ がいずれも正であることと同値であった．主座小行列式は f の第二次偏導関数の多項式であるから，f が C^2 級であれば H_1, H_2 は D で連続となる．したがって (x,y) を (a,b) に充分ちかくとれば (このとき (x_1,y_1) も (a,b) に充分ちかくなり)
$$H_1(x_1,y_1) > 0, \quad H_2(x_1,y_1) > 0$$
すなわち $\mathrm{H}_{(x_1,y_1)}$ も正の定符号となるから，$(x,y) \neq (a,b)$ であれば
$$f(x,y) - f(a,b) = \frac{1}{2}\mathrm{H}_{(x_1,y_1)}(\boldsymbol{x}-\boldsymbol{a}) > 0$$
となる．よって $f(a,b)$ は極小値である．そのほかの場合も同様である． ∎

5.6 陰関数

二つの変数 x, y に関する方程式 $F(x, y) = 0$ は x と y の関係をあらわすものと考えられる．しかしながら x の値を決めたとき $F(x, y) = 0$ をみたす y の値は一つには決まらない（あるいは存在しない）こともあるので，厳密な意味では y は x の関数であるとはいえない．このような状況を取り扱うために次の概念を導入する．

> **陰関数**
>
> 点 (x_0, y_0) が方程式 $F(x_0, y_0) = 0$ をみたすとする．x_0 を含むある開区間 I で定義された関数 f が
>
> $f(x_0) = y_0$
>
> $F(x, f(x)) = 0 \quad x \in I$
>
> をみたすとき，関数 $y = f(x)$ を，点 (x_0, y_0) のちかくで方程式 $F(x, y) = 0$ を y について解いて得られる**陰関数**という．

方程式 $F(x, y) = 0$ は一般に平面における『曲線』（実際に曲線になるとは限らないのでしばらく『　』をつける）をあらわすと考えられるが，$y = f(x)$ のグラフがこの『曲線』に含まれるときに陰関数とよぶのである．

例 5.30 方程式

$$2x^2 - 2xy + y^2 - 1 = 0 \tag{5.5}$$

を考える．$-1 < x < 1$ をみたす x の値に対して方程式 (5.5) をみたす y の値は

$$y = x \pm \sqrt{1 - x^2}$$

と二つ定まる．この表示では厳密な意味での関数とはいえないが，関数

$$y = x + \sqrt{1 - x^2}$$

は点 $(0, 1)$ のちかくで方程式 (5.5) を y について解いて得られる陰関数であり，関数

$$y = x - \sqrt{1 - x^2}$$

は点 $(0, -1)$ のちかくで方程式 (5.5) を y について解いて得られる陰関数である．なお 171 頁の図 5.5 も参照せよ． □

例 5.31 方程式

$$x^2 + y^2 - 1 = 0$$

であらわされる図形（原点を中心とする単位円周）は，もちろん陰関数を具体的に求めることも容易であるが，パラメタ表示

$$\begin{cases} x = \cos\theta \\ y = \sin\theta \end{cases}$$

を持つ．このように，扱いやすいパラメタ表示が得られれば，パラメタ表示の微分法によってその性質を調べることもできる．　　　　　　　　　　　□

　これらの例では陰関数の具体的な表示や，扱いやすいパラメタ表示が得られたが，ここでは陰関数やパラメタ表示の具体的な形を求めて解析しようという話をする訳ではない．具体的な形が容易には得られなくても，もとの方程式から陰関数の性質をかなりの程度まで調べることができるのである．

5.6.1　陰関数定理

　例えば方程式 $F(x,y) = 0$ のあらわす『曲線』の接線はどうなるであろうか．この方程式を

$$\begin{cases} z = F(x,y) \\ z = 0 \end{cases}$$

と書いてみると，これは座標空間における『曲面』$z = F(x,y)$ を，xy 平面すなわち平面 $z = 0$ で切った切り口をあらわすものと解釈できる．このようにみると，xy 平面上の平面『曲線』$F(x,y) = 0$ の，その上にある点 (x_0, y_0) における接線は，座標空間における『曲面』$z = F(x,y)$ の，その上にある点 $(x_0, y_0, 0)$ における接平面

$$z = \frac{\partial F}{\partial x}(x_0, y_0)(x - x_0) + \frac{\partial F}{\partial y}(x_0, y_0)(y - y_0)$$

と平面 $z = 0$ の共通部分であると考えられる（関数 F は C^1 級であるとしておこう）．したがって求める接線の方程式は

$$\frac{\partial F}{\partial x}(x_0, y_0)(x - x_0) + \frac{\partial F}{\partial y}(x_0, y_0)(y - y_0) = 0 \tag{5.6}$$

である．これが点 (x_0, y_0) のちかくで方程式 $F(x,y) = 0$ を y について解いて得られる陰関数 $y = f(x)$ の接線

$$y - y_0 = f'(x_0)(x - x_0)$$

であるから，$f'(x_0) = -\dfrac{F_x(x_0, y_0)}{F_y(x_0, y_0)}$ であり，点 (x_0, y_0) を動かして，次の公式（陰関数の導関数の公式）を得る．

$$f'(x) = -\frac{F_x(x, y)}{F_y(x, y)} \quad \left(= -\frac{F_x(x, f(x))}{F_y(x, f(x))} \text{ の意味} \right)$$

ここまで点 (x_0, y_0) のちかくで方程式 $F(x, y) = 0$ を y について解いて得られる陰関数 $y = f(x)$ が存在し，微分可能であるとして話を進めてきたが，この議論が成り立つのは $F_y(x, y) \neq 0$ のところであることがわかる．実は $F_y(x, y) \neq 0$ をみたす点のちかくでは方程式 $F(x, y) = 0$ を y について解くことができ，得られる陰関数は微分可能で，したがって陰関数の導関数の公式が成り立つことが示されるのである．

陰関数定理

定理 5.32 二変数関数 F が C^1 級で，点 (x_0, y_0) において $F(x_0, y_0) = 0$ かつ $F_y(x_0, y_0) \neq 0$ であるとする．このとき点 (x_0, y_0) のちかくで方程式 $F(x, y) = 0$ を y について解いて得られる連続な陰関数 $y = f(x)$ がただ一つ存在する．この陰関数は C^1 級で，x_0 のちかくで x について恒等的に次が成り立つ．

$$f'(x) = -\frac{F_x(x, f(x))}{F_y(x, f(x))} \quad \left(= -\frac{F_x}{F_y} \text{ と略記する} \right)$$

注意 5.4 F が C^1 級であり $F_y(x_0, y_0) \neq 0$ であることから (x, y) が (x_0, y_0) にちかければ $F_y(x, y) \neq 0$ である．

注意 5.5 さらに関数 F が C^2 級，C^3 級，$\cdots$ ならば得られる陰関数 $y = f(x)$ も C^2 級，C^3 級，$\cdots$ であり，その高次導関数は以下のようにして計算できる．

陰関数の導関数の公式は，次のように考えて示すこともできる．y は x の関数であると考えれば $F(x, y)$ は x のみの関数である．そこで $F(x, y) = 0$ の両辺を x で微分すると（その際に連鎖律を用いる），

$$F_x(x, y) + F_y(x, y) y' = 0$$

を得る．移項して両辺を $F_y(\neq 0)$ で割れば

$$y' = -\frac{F_x}{F_y}$$

を得る．さらに F が C^2 級であれば $F_x + F_y y' = 0$ の両辺を x で微分して（その際に $F_{xy} = F_{yx}$, $\dfrac{d}{dx}F_x = F_{xx} + F_{xy}y'$ などに注意），

$$F_{xx} + 2F_{xy}y' + F_{yy}(y')^2 + F_y y'' = 0$$

を得るから，移項して両辺を $F_y(\neq 0)$ で割れば

$$y'' = -\frac{1}{F_y}\left(F_{xx} + 2F_{xy}y' + F_{yy}(y')^2\right) \tag{5.7}$$

を得る．より高次の導関数についても同様である．

具体的な問題で計算するときにもこの方法を用いるのが実用的である．

例題 5.13

例 5.30 の方程式

$$2x^2 - 2xy + y^2 - 1 = 0$$

を y について解いて得られる陰関数について，y' および y'' を計算せよ．

【解答】 y は x の関数であると考えて $2x^2 - 2xy + y^2 - 1 = 0$ の両辺を x で微分すれば

$$4x - 2y - 2xy' + 2yy' = 0 \tag{5.8}$$

であるから $y' = \dfrac{2x-y}{x-y}$ を得る．さらに (5.8) 式の両辺を x で微分すれば

$$4 - 2y' - 2y' - 2xy'' + 2(y')^2 + 2yy'' = 0 \tag{5.9}$$

を得る．ここに y' を代入し整理すると（$2x^2 - 2xy + y^2 - 1 = 0$ に注意して）

$$y'' = \frac{1}{(x-y)^3}$$

が得られる．計算の過程より $y - x \neq 0$ でなければならないこともわかる．■

公式を覚えていれば，陰関数定理にしたがって次のように計算することもできる．$F(x,y) = 2x^2 - 2xy + y^2 - 1$ とおくと

$$F_x(x,y) = 4x - 2y, \quad F_y(x,y) = -2x + 2y$$

であるから，曲線 $F(x,y) = 0$ 上の点で $y - x \neq 0$ をみたすもののちかくでは方程式 $F(x,y) = 0$ を y について解くことができ，得られる陰関数は微分可能

であって
$$y' = -\frac{F_x(x,y)}{F_y(x,y)} = \frac{2x-y}{x-y}$$
y'' についても (5.7) 式が利用できる．

陰関数 $y = y(x)$ の導関数の値は，x の値だけではなく，どの陰関数かという y の値から得られる情報にも依存するので，点 (a,b) を通る陰関数のこの点における導関数の値を $y'\big|_{(a,b)}$, $y''\big|_{(a,b)}$ のように書くことにする．例えば
$$y'\big|_{(a,b)} = -\frac{F_x(a,b)}{F_y(a,b)}$$
である．

― **例題 5.14** ―

陰関数の微分を利用して，双曲線 $\dfrac{x^2}{a^2} - \dfrac{y^2}{b^2} = -1$ の接点 (x_0, y_0) における接線の方程式を求めよ．ただし a,b は正の定数とする．

【解答】 $F(x,y) = \dfrac{x^2}{a^2} - \dfrac{y^2}{b^2} + 1$ として (5.6) 式を用いれば，接線の方程式は
$$\frac{2x_0}{a^2}(x-x_0) - \frac{2y_0}{b^2}(y-y_0) = 0$$
である．$\dfrac{x_0^2}{a^2} - \dfrac{y_0^2}{b^2} = -1$ に注意して次を得る．
$$\frac{x_0 x}{a^2} - \frac{y_0 y}{b^2} = -1$$

【別解】 y は x の関数であると考えて $\dfrac{x^2}{a^2} - \dfrac{y^2}{b^2} = -1$ の両辺を x で微分すれば
$$\frac{2x}{a^2} - \frac{2y}{b^2}y' = 0 \quad \text{したがって} \quad y' = \frac{b^2 x}{a^2 y}$$
よって点 (x_0, y_0) における接線の傾きは
$$y'\big|_{(x_0,y_0)} = \frac{b^2 x_0}{a^2 y_0}$$
であり，求める接線の方程式は
$$y - y_0 = \frac{b^2 x_0}{a^2 y_0}(x - x_0)$$
となる．以降の式変形は上の解答と同様である．

5.6 陰関数

別解のような計算法は既に高等学校で学んでいるが，これは陰関数の微分法を先取りしていたのである．

本章で扱っている陰関数は本質的に一変数関数であるから，導関数が計算できれば極値を求めることができる．点 (a, b) を通る陰関数 $y = y(x)$ については $y'(a) = 0$ のとき，すなわち $x = a$ が一変数関数 $y(x)$ の停留点であるとき，本書では点 (a, b) をこの陰関数の**停留点**とよぶことにしよう（二変数関数の停留点と混同しないように注意されたい）．

例題 5.15

例 5.30 の方程式

$$2x^2 - 2xy + y^2 - 1 = 0$$

を y について解いて得られる陰関数の極値を求めよ．

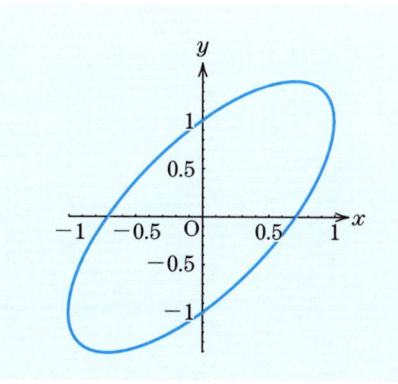

図 5.5　$2x^2 - 2xy + y^2 - 1 = 0$ のグラフ

【解答】　(a, b) を停留点とすれば $y'\big|_{(a,b)} = 0$ であり，例題 5.13 の y' の計算結果より $b = 2a$ である．また (a, b) は方程式 $2a^2 - 2ab + b^2 - 1 = 0$ をみたすから，$b = 2a$ を代入することにより $(a, b) = \left(\pm\dfrac{1}{\sqrt{2}}, \pm\sqrt{2}\right)$ （複号同順）を得る．例題 5.13 の y'' の計算結果より

$$y''\big|_{\left(\pm\frac{1}{\sqrt{2}}, \pm\sqrt{2}\right)} = \mp 2\sqrt{2} \quad \text{（複号同順）}$$

であるから，点 $\left(\dfrac{1}{\sqrt{2}}, \sqrt{2}\right)$ において極大値 $\sqrt{2}$ を，点 $\left(-\dfrac{1}{\sqrt{2}}, -\sqrt{2}\right)$ において極小値 $-\sqrt{2}$ をとる．

極値の考察だけが目的であれば y'' を一般に計算する必要はなく，(a,b) が停留点のときのみが問題である．このとき $y'\big|_{(a,b)} = 0$ であるから，(5.7) 式より

$$y''\big|_{(a,b)} = -\frac{F_{xx}(a,b)}{F_y(a,b)}$$

が成り立っている．あるいは具体的に，例えば上の例題であれば例題 5.13 の (5.9) 式より

$$y''\big|_{(a,b)} = \frac{2}{a-b}$$

と計算できる．

■ 特異点

関数 $F = F(x,y)$ が C^1 級の場合に，関係式 $F(x,y) = 0$ をみたす点がなす図形（この場合は『曲線』）についてもう少し検討してみよう．

ここまで方程式を $F(x,y) = 0$ を y について解き，y を独立変数 x の関数として考察することを説明してきたが，その際点 (x,y) が方程式 $F(x,y) = 0$ のみならず条件 $F_y(x,y) \neq 0$ をみたすことが重要であった．$F_y(x_0, y_0) = 0$ かつ $F_x(x_0, y_0) \neq 0$ の場合には，この点のちかくでは $F_x(x,y) \neq 0$ であるから，方程式 $F(x,y) = 0$ を x について解いて陰関数 $x = x(y)$ を考察すればよい．この場合，点 (x_0, y_0) は陰関数 $x = x(y)$ の停留点になっていて，方程式 $F(x,y) = 0$ によって定義される曲線の点 (x_0, y_0) における接線は y 軸に平行である（例えば上の図 5.5 の点 $(1,1)$, $(-1,-1)$ がこの場合である）．

残りの場合，すなわち $F(x_0, y_0) = F_x(x_0, y_0) = F_y(x_0, y_0) = 0$ の場合，点 (x_0, y_0) は方程式 $F(x,y) = 0$（によって定義される図形）の**特異点**であるという．特異点には様々なタイプのものがあり，その分類は応用上も重要である．

5.7 条件付き極値

5.5 節では多変数関数の極値について考察したが，応用上よく現れる問題では各変数は独立に動けるとは限らない場合も多い．そこで

(x, y) が条件 $g(x, y) = 0$ をみたすときの関数 $f(x, y)$ の極値

を求めるという問題を考察する．方程式 $g(x, y) = 0$ で定義される図形が扱いやすいパラメタ表示

$$\begin{cases} x = x(t) \\ y = y(t) \end{cases}$$

を持てば，それを $f(x, y)$ に代入して得られる（一変数）関数

$$F(t) = f(x(t), y(t))$$

を調べるという方法が考えられるが，具体的なパラメタ表示がない場合でも，陰関数を使って条件付き極値を調べることができることを説明しよう．

5.7.1 陰関数と条件付き極値

関数 f, g が平面領域 D 上 C^1 級であるとして，条件 $g(x, y) = 0$ の下での関数 f の極値を考えよう．$g(x, y) = 0$ をみたす点 (x, y) において f が極値をとるかどうかを，次の三つの場合に分けて考察する．

(1) $g_y(x, y) \neq 0$ 　　(2) $g_x(x, y) \neq 0$ 　　(3) $g_x(x, y) = g_y(x, y) = 0$

(1) の場合．$g(x, y) = 0$ かつ $g_y(x, y) \neq 0$ をみたす点のちかくでは方程式 $g(x, y) = 0$ を y について解けるので，得られる陰関数を $y = y(x)$ とすれば，$g(x, y) = 0$ で定義される図形の（理論的な）パラメタ表示

$$\begin{cases} x = x \\ y = y(x) \end{cases}$$

が得られる．これを $f(x, y)$ に代入して得られる関数 $F(x) = f(x, y(x))$ の極値を調べればよい．その際に必要となる $\dfrac{dF}{dx}$ および $\dfrac{d^2 F}{dx^2}$ の計算をしておこう（f が具体的に与えられている場合には以下の公式によらなくても計算できる）．連鎖律により

$$\frac{dF}{dx}(x) = \frac{\partial f}{\partial x}(x, y(x)) + \frac{\partial f}{\partial y}(x, y(x)) \cdot y'(x)$$

を得るが，これをしばしば

$$\frac{dF}{dx} = \frac{\partial f}{\partial x} + \frac{\partial f}{\partial y} \cdot y'$$

と書く．同様にして

$$\frac{d^2F}{dx^2} = \frac{\partial^2 f}{\partial x^2} + 2\frac{\partial^2 f}{\partial x \partial y} \cdot y' + \frac{\partial^2 f}{\partial y^2} \cdot (y')^2 + \frac{\partial f}{\partial y} \cdot y''$$

を得る．y' および y'' は前節の方法で計算すればよい．

(2) の場合には方程式 $g(x,y) = 0$ を x について解いて同様の考察をおこなう．

(3) の場合．$g(x,y) = g_x(x,y) = g_y(x,y) = 0$ をみたす点は，方程式 $g(x,y) = 0$ によって定義される図形の特異点とよばれる（172 頁参照）．ここではパラメタ表示はうまくいかないが，これらの点における f の値が条件 $g(x,y) = 0$ の下での f の極値という可能性はある．本書では詳しい考察はしない．

極値をとる点の候補を挙げるだけなら，次のようにまとめられる．

---**条件付き極値をとる点の候補**---

定理 5.33 領域 $D \subset \mathbb{R}^2$ 上の C^1 級関数 f, g について，条件 $g(x,y) = 0$ の下で $f(x,y)$ が点 (a,b) において極値をとるならば，点 (a,b) は次の連立方程式をみたす．

$$\begin{cases} g(x,y) = 0 \\ \begin{vmatrix} f_x(x,y) & f_y(x,y) \\ g_x(x,y) & g_y(x,y) \end{vmatrix} = 0 \end{cases}$$

[証明] $g(x,y) = 0$ をみたすのは当然であるから，最後の式を示せばよい．上の説明にある場合分けで (1) の場合，方程式 $g(x,y) = 0$ を y について解いて得られる陰関数 $y = y(x)$ について

$$y'(x) = -\frac{g_x(x,y)}{g_y(x,y)}$$

であったから，

$$\frac{dF}{dx}(x) = f_x(x, y(x)) - f_y(x, y(x))\frac{g_x(x, y(x))}{g_y(x, y(x))}$$

$$= \frac{1}{g_y(x, y(x))}\begin{vmatrix} f_x(x, y(x)) & f_y(x, y(x)) \\ g_x(x, y(x)) & g_y(x, y(x)) \end{vmatrix}$$

であり，$F(x) = f(x, y(x))$ の停留点を求める方程式 $F'(x) = 0$ より示すべき式が得られる．(2) の場合も同様．(3) の場合には明らかである． ∎

例題 5.16

方程式 $x^3 + y^3 - 3xy = 0$ によって定義される曲線上の点と原点との距離の極値を求めよ．

【解答】 $g(x, y) = x^3 + y^3 - 3xy$ とおく．(平方根の煩わしさを避けるために) 点 (x, y) と原点との距離の 2 乗を $f(x, y) = x^2 + y^2$ とおけば，$g(x, y) = 0$ の下での $f(x, y)$ の極値を求める問題にほかならない．まず方程式

$$g(x, y) = 0, \quad \begin{vmatrix} f_x(x, y) & f_y(x, y) \\ g_x(x, y) & g_y(x, y) \end{vmatrix} = 0$$

を解いて極値をとる点の候補を求める．第二式は

$$\begin{vmatrix} 2x & 2y \\ 3x^2 - 3y & 3y^2 - 3x \end{vmatrix} = 6(y - x)(xy + x + y) = 0$$

であるから，連立方程式は

$$\begin{cases} x^3 + y^3 - 3xy = 0 \\ y - x = 0 \end{cases}$$

$$\begin{cases} x^3 + y^3 - 3xy = 0 \\ xy + x + y = 0 \end{cases}$$

の二組に分かれ，これらを解いて二点 $(0, 0)$, $\left(\frac{3}{2}, \frac{3}{2}\right)$ を得る．

原点 $(0, 0)$ は曲線 $g(x, y) = 0$ の特異点であるが，$f(0, 0) = 0$ は最小値であるからもちろん極小値である．

$g_y\left(\frac{3}{2}, \frac{3}{2}\right) = \frac{9}{4} \neq 0$ であるから，点 $\left(\frac{3}{2}, \frac{3}{2}\right)$ のちかくで $g(x, y) = 0$ を y について解いて得られる陰関数 $y = y(x)$ を用いて，

$$F(x) = f(x, y(x)) = x^2 + y(x)^2$$

とおく．このとき
$$F'(x) = 2x + 2yy', \quad F''(x) = 2 + 2(y')^2 + 2yy''$$
に，前節の方法で計算して得られる
$$y'\Big|_{(\frac{3}{2},\frac{3}{2})} = -1, \quad y''\Big|_{(\frac{3}{2},\frac{3}{2})} = -\frac{32}{3}$$
を代入すると
$$F'\left(\frac{3}{2}\right) = 0, \quad F''\left(\frac{3}{2}\right) = -28 < 0$$
であるから，$F(x)$ は $x = \dfrac{3}{2}$ において極大値 $F\left(\dfrac{3}{2}\right) = f\left(\dfrac{3}{2}, \dfrac{3}{2}\right) = \dfrac{9}{2}$ をとる．

もとの設問では距離 $\sqrt{f(x,y)}$ が問題であったから，点 $(0,0)$ において極小値 0，点 $\left(\dfrac{3}{2}, \dfrac{3}{2}\right)$ において極大値 $\dfrac{3}{\sqrt{2}}$ をとる． ■

5.7.2 未定乗数法

条件付き極値をとる点の候補を求める方程式を速やかに立てる方法として，ラグランジュの未定乗数法を紹介しよう．平面領域 D 上の C^1 級関数 f, g について，条件 $g(x,y) = 0$ の下で関数 f が極値をとる点の候補は，連立方程式
$$g(x,y) = 0, \quad \begin{vmatrix} f_x(x,y) & f_y(x,y) \\ g_x(x,y) & g_y(x,y) \end{vmatrix} = 0$$
の解であった．いま『曲線』$g(x,y) = 0$ は特異点を持たない，すなわち $\begin{bmatrix} g_x(x,y) \\ g_y(x,y) \end{bmatrix} \neq \begin{bmatrix} 0 \\ 0 \end{bmatrix}$ と仮定すれば，第二式は
$$\begin{bmatrix} f_x(x,y) \\ f_y(x,y) \end{bmatrix} = \lambda \begin{bmatrix} g_x(x,y) \\ g_y(x,y) \end{bmatrix}$$
の形に書ける．第一式とあわせると連立方程式
$$\begin{cases} f_x(x,y) - \lambda g_x(x,y) = 0 \\ f_y(x,y) - \lambda g_y(x,y) = 0 \\ -g(x,y) = 0 \end{cases}$$
を得るが，これは新たな変数 λ を導入して定義される関数 $\Phi(x,y,\lambda) = f(x,y) - \lambda g(x,y)$ の (通常の極値をとるための必要条件である) 停留点の方程式である．

5.7 条件付き極値

─ ラグランジュの未定乗数法 ─

平面領域 D 上の C^1 級関数 f, g について,

$$g(x,y) = g_x(x,y) = g_y(x,y) = 0$$

となる点 $(x,y) \in D$ は存在しないとする. このとき, 条件 $g(x,y) = 0$ の下で関数 f が極値をとる点の候補を求めるには

$$\Phi(x, y, \lambda) = f(x,y) - \lambda g(x,y)$$

の停留点を求めてそれを xy 平面に射影すればよい. すなわち

$$\Phi_x = \Phi_y = \Phi_\lambda = 0$$

を解いて Φ の停留点 (x_1, y_1, λ_1) が求まったならば, 点 (x_1, y_1) が条件 $g(x,y) = 0$ の下で関数 f が極値をとる点の候補である.

ここに導入された変数 λ を**ラグランジュの未定乗数**という.

─ 例題 5.17 ─

xy 平面上の直線 $ax + by + c = 0$ と点 (x_0, y_0) との最短距離を, ラグランジュの未定乗数法を用いて求めよ. ただし $a^2 + b^2 \neq 0$ とする.

【解答】 $g(x,y) = ax + by + c,\ f(x,y) = (x - x_0)^2 + (y - y_0)^2$ とおき, $g(x,y) = 0$ の下での $f(x,y)$ の極値を考える. まず

$$g(x,y) = g_x(x,y) = g_y(x,y) = 0$$

をみたす (x,y) が存在しないことは容易に確かめられる. 次に

$$\Phi(x, y, \lambda) = (x - x_0)^2 + (y - y_0)^2 - \lambda(ax + by + c)$$

とおくと

$$\Phi_x = 2(x - x_0) - a\lambda, \quad \Phi_y = 2(y - y_0) - b\lambda, \quad \Phi_\lambda = -(ax + by + c)$$

なので, $\Phi_x = \Phi_y = 0$ とすれば

$$x - x_0 = \frac{a\lambda}{2}, \quad y - y_0 = \frac{b\lambda}{2}$$

これを $\Phi_\lambda = 0$ に代入して

$$\lambda = -\frac{2(ax_0 + by_0 + c)}{a^2 + b^2}$$

を得る．これで Φ の停留点 (x, y, λ) が定まり，問題の極値をとる点 (x, y) の候補が得られた．f がこの点において最小値をとるのは問題の設定より明らかで，その値は

$$f(x, y) = (x - x_0)^2 + (y - y_0)^2 = \frac{(a^2 + b^2)\lambda^2}{4} = \frac{(ax_0 + by_0 + c)^2}{a^2 + b^2}$$

であるから，求める最短距離は $\dfrac{|ax_0 + by_0 + c|}{\sqrt{a^2 + b^2}}$ である．

注意 5.6 ラグランジュの未定乗数法は有用な方法ではあるが，万能ではない．
(1) 特異点がある場合には，別途それらも候補として挙げておく必要がある．
(2) ラグランジュの未定乗数法で得られた点で実際に極値をとるかどうかの判定には 5.7.1 の手法による，または問題に固有の事情を利用するなど別の手段を用いる必要がある．

■ 勾配ベクトルによる説明

条件 $g(x, y) = 0$ の下で関数 f が点 (a, b) で極値をとるとき

$$\begin{bmatrix} f_x(a, b) \\ f_y(a, b) \end{bmatrix} = \lambda \begin{bmatrix} g_x(a, b) \\ g_y(a, b) \end{bmatrix} \quad \text{すなわち} \quad \nabla f(a, b) = \lambda \nabla g(a, b)$$

が成り立つことを，勾配ベクトルの性質から説明しておこう．

条件 $g(x, y) = 0$ の下で関数 f が点 (a, b) で極値をとるならば，曲線 $g(x, y) = 0$ に沿って関数 f の値を観測したとき，点 (x, y) を点 (a, b) からこの曲線に沿って少しだけ動かしても f の値の変化は微小であると考えられるから，点 (a, b) において曲線 $g(x, y) = 0$ と f の等位線は接している（同じ接線を持つ）．附録の定理 B.4 によれば $\nabla g(a, b)$ は曲線 $g(x, y) = 0$ の点 (a, b) における法線に平行であり，また $\nabla f(a, b)$ は (a, b) を通る f の等位線の点 (a, b) における法線に平行である．したがって $\nabla f(a, b) = \lambda \nabla g(a, b)$ が成り立つことがわかる．

$g(x, y) = x^3 + y^3 - 3xy$, $f(x, y) = x^2 + y^2$ の場合の図を示す（例題 5.16 参照）．

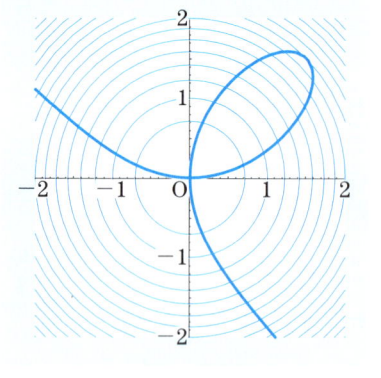

図 5.6

5 章の問題

1 次の二変数関数の等位線 $f(x,y)=c$ を，指定された c の値に対して描け．
(1) $f(x,y) = x^2 + 4y^2 \quad (c=0,1,2,3,4)$
(2) $f(x,y) = xy \quad (c=0, \pm 1, \pm 2, \pm 3)$
(3) $f(x,y) = \dfrac{y}{x^2+y^2} \quad (c=0, \pm 1, \pm 2, \pm 3)$

2 次の二変数関数の原点における連続性を調べよ．
(1) $f(x,y) = \sqrt{x^2+y^2}$
(2) $f(x,y) = \begin{cases} \dfrac{xy}{x^2+y^2} & ((x,y) \neq (0,0)) \\ 0 & ((x,y) = (0,0)) \end{cases}$
(3) $f(x,y) = \begin{cases} \dfrac{x}{\sqrt{x^2+y^2}} & ((x,y) \neq (0,0)) \\ 0 & ((x,y) = (0,0)) \end{cases}$
(4) $f(x,y) = \begin{cases} \dfrac{xy}{\sqrt{x^2+y^2}} & ((x,y) \neq (0,0)) \\ 0 & ((x,y) = (0,0)) \end{cases}$
(5) $f(x,y) = \begin{cases} \dfrac{xy^2}{\sqrt{x^2+y^2}} & ((x,y) \neq (0,0)) \\ 0 & ((x,y) = (0,0)) \end{cases}$

3 次の二変数関数の等位線 $f(x,y)=c \left(c=0, \pm\dfrac{1}{4}, \pm\dfrac{1}{2}\right)$ を描き，また f の原点での連続性を調べよ．
$$f(x,y) = \begin{cases} \dfrac{xy^2}{x^2+y^4} & ((x,y) \neq (0,0)) \\ 0 & ((x,y) = (0,0)) \end{cases}$$

4 次の二変数関数の第二次以下の偏導関数を求めよ．
(1) $f(x,y) = \tan^{-1}\dfrac{y}{x}$
(2) $f(x,y) = \dfrac{x+y}{x-y}$
(3) $f(x,y) = e^{x^2 y}$
(4) $f(x,y) = x\sin(xy)$
(5) $f(x,y) = \sin^{-1}(xy)$
(6) $f(x,y) = x^y$

5 次の三変数関数の第二次以下の偏導関数を求めよ．
(1) $f(x,y,z) = xy^2 z^3$
(2) $f(x,y,z) = xy + yz + zx$
(3) $f(x,y,z) = \log(x^2+y^2+z^2)$

(4)　$f(x,y,z) = \cos(x-y)\cos(y-z)\cos(z-x)$

6* 　零ベクトルでない $\boldsymbol{u}, \boldsymbol{v} \in \mathbb{R}^2$ が平行であるとき，二変数関数 f が点 (a,b) において $\boldsymbol{u}$ 方向に方向微分可能であることと，$\boldsymbol{v}$ 方向に方向微分可能であることとはどういう関係にあるか．またいずれの方向にも方向微分可能であるとき，それぞれの方向の方向微分係数の間にはどういう関係があるか．

7　次の曲面の，指定された点における接平面と法線の方程式を求めよ．
(1)　$z = x^2 + y^2$ 　$(3, 4, 25)$ 　　(2)　$z = x^2 + xy + y^2 - x - 2y$ 　$(1, -1, 2)$
(3)　$z = \log|x - y|$ 　$(2, 1, 0)$ 　　(4)　$z = \sin(xy)$ 　$(1, \pi, 0)$
(5)　$z = \dfrac{x}{\sqrt{x^2 + y^2}}$ 　$\left(3, -4, \dfrac{3}{5}\right)$

8　原点を中心とする半径 r の球面の方程式は $x^2 + y^2 + z^2 = r^2$ である．この球面の接点 (x_0, y_0, z_0) における接平面の方程式を求めよ．

9　$f = f(x, y)$ が微分可能であるとき，次を示せ．
(1)　$x = u + v$, $y = u - v$ のとき
$$\frac{\partial f}{\partial u}\frac{\partial f}{\partial v} = \left(\frac{\partial f}{\partial x}\right)^2 - \left(\frac{\partial f}{\partial y}\right)^2$$
(2)　α が定数で $x = u\cos\alpha - v\sin\alpha$, $y = u\sin\alpha + v\cos\alpha$ のとき
$$\left(\frac{\partial f}{\partial u}\right)^2 + \left(\frac{\partial f}{\partial v}\right)^2 = \left(\frac{\partial f}{\partial x}\right)^2 + \left(\frac{\partial f}{\partial y}\right)^2$$

10　$f = f(x, y)$ は微分可能であるとする．平面極座標により f を r, θ の関数とみたとき，次を示せ．
(1)　$f = g(r)$ と書きあらわされる必要充分条件は $yf_x = xf_y$．
(2)　$f = g(\theta)$ と書きあらわされる必要充分条件は $xf_x + yf_y = 0$．

11　次の関数 f に対し Δf を計算せよ．
(1)　$f(x, y) = \dfrac{1}{\sqrt{x^2 + y^2}}$ 　　(2)　$f(x, y) = \dfrac{x}{x^2 + y^2}$
(3)　$f(x, y) = x^3 + xy + y^3$ 　　(4)　$f(x, y) = \log(x^2 + y^2)$
(5)　$f(x, y) = \left\{\log(x^2 + y^2)\right\}^2$
(6)　$f(x, y) = e^{ax - by}\sin(bx + ay)$ 　$(a, b$ は定数$)$

12　$f(x, y)$ は C^2 級とし $z = f(x, y)$ とおく．以下の各場合について

$\dfrac{\partial z}{\partial x},\ \dfrac{\partial z}{\partial y},\ \dfrac{\partial^2 z}{\partial x^2},\ \dfrac{\partial^2 z}{\partial x \partial y},\ \dfrac{\partial^2 z}{\partial y^2}$

を s,t の関数としてあらわせ.

(1) $x = as + bt,\ y = ps + qt$ (a,b,p,q は $aq - bp \neq 0$ をみたす定数)

(2)* $x = e^s \cos t,\ y = e^s \sin t$

13 次の関数の停留点を求め，極大・極小の別を明らかにして極値を求めよ．

(1) $f(x,y) = x^2 + 4xy - y^2 - 8x - 6y$　　(2) $f(x,y) = x^3 + y^3 - x^2 + xy - y^2$

(3) $f(x,y) = x^2 + 3y^2 + y^3$　　(4) $f(x,y) = x^3 + y^2 - 3xy$

(5) $f(x,y) = x^2 y - xy^2 - xy$　　(6) $f(x,y) = x^4 + y^2 + 2x^2 - 4xy$

(7) $f(x,y) = x^3 y^2 (1-x-y)$　　$(x > 0,\ y > 0)$

(8) $f(x,y) = 4xy - \dfrac{1}{x+2y}$　　(9) $f(x,y) = x^2 + y^2 + xy - \dfrac{3}{x} - \dfrac{3}{y}$

(10) $f(x,y) = xy + x - 3\log x - \log y$　　(11) $f(x,y) = (x+y)e^{-xy}$

(12) $f(x,y) = (x^2 + 2y^2)e^{-x^2 - y^2}$　　(13) $f(x,y) = \sin^{-1}(xy)$

(14) $f(x,y) = x + y \sin x$　　(15) $f(x,y) = \cos x + \cos y - \cos(x-y)$

(16) $f(x,y) = \cos(x-y) + \cos(x+2y)$

14* 次の関数の原点における挙動を調べよ．

(1) $f(x,y) = \sin x + \sin y - \sin(x+y)$

(2) $f(x,y) = \dfrac{\cos x \cos y}{2 - x^2 - y^2}$

15 次の関数の与えられた点における挙動を調べよ．

(1) $f(x,y,z) = \cos(x+y+z) - \cos x - \cos y - \cos z$　　$\left(\dfrac{3\pi}{4}, \dfrac{3\pi}{4}, \dfrac{3\pi}{4}\right)$

(2) $f(x,y,z) = e^{2(x^2+y^2+z^2)} \cos(x+y+z)$　　$(0,0,0)$

16 以下の問題を，二変数関数の極値問題として解け．問われている最大値または最小値の存在を仮定してよい．

(1) 周長が一定である三角形のうちで面積が最大となるのはどんな場合か．

(2) 座標平面上に与えられた点 (a_i, b_i) ($i = 1, 2, \cdots, n$) からの距離の二乗の和が最小となる点 (x, y) を求めよ．

(3) 曲面 $z = x^2 + y^2$ と点 $\left(0, 2, \dfrac{1}{2}\right)$ との最短距離を求めよ．

(4) xy 平面上において三点 $(0,1), (1,2), (2,0)$ からの距離の二乗の和が最小となる直線の方程式を求めよ (**ヒント**: 直線の方程式の係数を変数と考える).

17 次の曲線の指定された接点における接線の方程式を求めよ．

(1) $x^3 - 3y^3 + 2xy = 0$　接点 $(1,1)$

(2) $x^2 - 2xy^3 + y^2 = 0$　接点 $(1,1)$

(3) $3x^2 - xy^3 + 2xy + y - x = 0$　接点 $(1,2)$

(4) $xe^{2y} - e^{xy} + \sin(\pi xy) + y = 0$　接点 $(0,1)$

18 次の方程式を y について解いて得られる陰関数について，y', y'' を計算せよ．

(1) $x^2 - xy + y^2 = 3$　　　　(2) $x^n + y^n = 4$　($n \neq 0$ は定数)

(3) $x + 2y + \sin(x+y) = 0$　　(4) $\log(x+y) + \tan^{-1}\dfrac{y}{x} = 2$

19 次の方程式を y について解いて得られる陰関数の極値を求めよ．

(1) $x^2 + xy - 2y^2 + 1 = 0$　　(2) $x^2 + 2xy + y^2 + y = 2$

(3) $x^3 + y^3 - 3xy - 3 = 0$　　(4) $2e^{x+y} - x + y = 0$

20 次の各場合について $g = 0$ の下での f の極値を求めよ．

(1) $g(x,y) = 3x^2 - y^2 - 1,\quad f(x,y) = 2x + y$

(2) $g(x,y) = x^2 + 2y^2 - 1,\quad f(x,y) = xy$

(3) $g(x,y) = x^2 + y^2 - 9,\quad f(x,y) = 3x^2 + 2\sqrt{2}xy + 4y^2$

(4) $g(x,y) = x^2 + 2xy + 2y^2 - 1,\quad f(x,y) = 2x^2 - 3y^2$

(5)* $g(x,y) = x^3 + y^3 - 6xy + 4,\quad f(x,y) = x^2 + y^2$

21 点 $(1,1)$ から曲線 $x^2 - 2xy + y^2 - x - y = 0$ までの最短距離を求めよ．

6 多変数関数の積分

　この章では多変数関数の積分法である多重積分について学ぶ．一変数の場合には，積分法は微分の逆演算としてとらえることができた (ので，高等学校以来そのように扱っている) が，多変数の場合には事情はそれほど簡単ではない．

　本来積分法は区分求積法などを精密化して得られた理論であり，定積分に基礎をおき，微分法とは独立に構成される体系である．本書は計算を重視し，この章は積分の計算法に習熟することを主眼とするが，上に述べた事情で，まず多変数の積分の定義を簡単に述べ，それから実践的な計算法 (累次積分) を解説する．広義積分については絶対収束する場合を扱うに留める．

　なお積分の定義にはリーマン式（リーマン積分）とルベーグ式（ルベーグ積分）があるが，本書では簡明であることを重くみてリーマン積分を採用する．しかしながら理論としてはルベーグ積分のほうが，やや難解ではあるものの，いろいろな点で優れていることは確かなので，余力のある読者は本書の程度に満足することなく，勇気を持ってルベーグ積分を学ばれることをお勧めする．

キーワード

重積分
累次積分
変数変換，ヤコビアン
広義積分
三重積分，多重積分

6.1 重積分の定義

6.1.1 区分求積法

まず一変数関数の定積分についてあらためて見直すことから始めよう．f を閉区間 $[a,b]$ で定義された関数とし，曲線 $y = f(x)$，直線 $x = a$, $x = b$ および x 軸で囲まれた図形の面積を求めることを考える．今までの定積分は一旦忘れることにすれば，図のように $[a,b]$ を分割してこの図形を長方形の集まりで近似すればよさそうである．

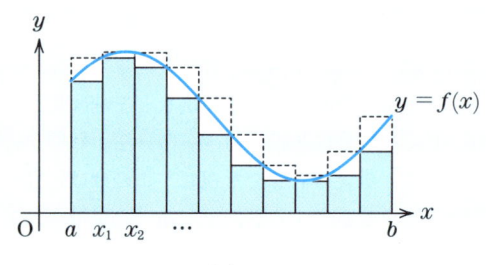

図 6.1

閉区間 $[a,b]$ を

$$a = x_0 < x_1 < \cdots < x_{n-1} < x_n = b$$

と分割するとき，$x_i - x_{i-1}$ $(i=1,2,\cdots,n)$ のうち最大のものをこの分割の**幅**とよぶことにしよう．上の考察から，次のように定積分を定義する．

定積分の定義（区分求積法）

定義 6.1 $a < b$ とし，f を閉区間 $[a,b]$ で定義された連続関数とする．閉区間 $[a,b]$ を

$$a = x_0 < x_1 < \cdots < x_{n-1} < x_n = b$$

と分割し，区間 $[x_{i-1}, x_i]$ における f の最大値と最小値をそれぞれ M_i, m_i とおくとき，f の $[a,b]$ 上での**定積分**を

$$\int_a^b f(x)dx = \lim \sum_{i=1}^n M_i(x_i - x_{i-1}) = \lim \sum_{i=1}^n m_i(x_i - x_{i-1})$$

（分割の幅 $\to 0$ における極限）と定義する（定義できる）．

6.1 重積分の定義

注意 6.1 さらに $\int_a^a f(x)dx = 0$, $\int_b^a f(x)dx = -\int_a^b f(x)dx$ と定義する．

上の定義を少し拡張しておく．

定理 6.2 上の設定で $c_i \in [x_{i-1}, x_i]$ を任意にとるとき $(1 \leq i \leq n)$
$$\lim \sum_{i=1}^n f(c_i)(x_i - x_{i-1}) = \int_a^b f(x)dx$$
（分割の幅 $\to 0$ における極限）となる．

[証明] $m_i \leq f(c_i) \leq M_i$ だから
$$\sum_{i=1}^n m_i(x_i - x_{i-1}) \leq \sum_{i=1}^n f(c_i)(x_i - x_{i-1}) \leq \sum_{i=1}^n M_i(x_i - x_{i-1})$$
である．分割の幅 $\to 0$ とするとき左辺，右辺共に $\int_a^b f(x)dx$ に収束するから，はさみうちの原理により結論が得られる． ∎

次は定義から明らかであろう．

命題 6.3 (1) $[a,b]$ における f の最大値を M，最小値を m とすれば
$$m(b-a) \leq \int_a^b f(x)dx \leq M(b-a)$$
(2) $c \in [a,b]$ のとき
$$\int_a^b f(x)dx = \int_a^c f(x)dx + \int_c^b f(x)dx$$

次の定理は，ここで定義した定積分と微分法とを結ぶものである．

― 微分積分学の基本定理 ―

定理 6.4 $\int_a^x f(t)dt$ を積分の上端 x の関数とみなす．f が連続関数ならばこれは微分可能であり，次が成り立つ．
$$\frac{d}{dx}\int_a^x f(t)dt = f(x)$$

この定理により，f の原始関数の一つを F とすれば

$$\frac{d}{dx}\left(\int_a^x f(t)dt - F(x)\right) = 0$$

したがって

$$\int_a^x f(t)dt - F(x) = C \tag{6.1}$$

(C：定数) である．$x = a$ を代入して $C = -F(a)$ とわかるから，(6.1) 式で $x = b$ とおいて

$$\int_a^b f(x)dx = F(b) - F(a)$$

が得られる．すなわち，ここで定義した定積分が今までの定積分と同じものであることがわかった．

> ### ▮ 不定積分と原始関数
>
> 高等学校では「(一変数) 関数 f に対して $f'(x) = F(x)$ となる関数 F を，f の不定積分または原始関数という」と習うのが一般的であり，不定積分の「不定」とは「積分定数を任意にとれること」という解釈がひろく行われているようである (本書においても第 4 章まではそのような解釈にしたがって記述している)．しかし「不定積分」と「原始関数」は本来別の概念であり，不定積分の「不定」というのも元々は上に挙げた意味とは異なるといったら驚くであろうか．
>
> 微分して f になる関数のことは「f の原始関数」というのが伝統的には正しい．これは微分法に由来する概念である．一方，「不定積分」というのは，固定された集合 $[a, b]$ の上の積分である「定積分」$\int_a^b f(x)dx$ に対する概念であり，
>
> $$\text{端点を固定しない積分} \quad \int_a^x f(t)dt$$
>
> の意味である．ここで積分というのは，この節で述べたように，区分求積法を一般の関数にも適用して精密化したものである．
>
> このように，原始関数と不定積分は本来異なった概念であるが，両者を強く結びつけるのが微分積分学の基本定理であり，この定理によって，不定積分は原始関数であるということができる．
>
> 不定積分の「不定」の本来の意味は上に述べたことであるが，F_1, F_2 が共に f の原始関数であれば，両者の差 $G = F_2 - F_1$ は
>
> $$G'(x) = F_2'(x) - F_1'(x) = f(x) - f(x) = 0$$
>
> をみたすので，F_1, F_2 が定義される各区間上で G は定数である．すなわち任意の

原始関数は，(各区間の上では)

　　不定積分＋定数

の形に書くことができる．

　他方，不定積分 $\int_a^x f(t)dt$ において，積分の下端 a を a_1 に換えれば

$$\int_a^x f(t)dt = \int_a^{a_1} f(t)dt + \int_{a_1}^x f(t)dt$$

であるから，二つの不定積分の差は定数である．

　これらのことから，高等学校では実践を重視して，微分積分学の基本定理を根拠に『原始関数と不定積分は同じもの』であるとして不定積分を導入し，f の不定積分（本来は「原始関数」というべきもの）F を一つとって，定積分を

$$\int_a^b f(x)dx = F(b) - F(a)$$

と定めていたのである．ところで，上で微分積分学の基本定理の要約として，「不定積分は原始関数である」とは述べたが，『原始関数は不定積分である』とはいっていないことに注意してほしい．例えば $F(x) = e^{-x^2} + 3$ は $f(x) = -2xe^{-x^2}$ の原始関数ではあるが，本来の意味では f の不定積分ではない．何故か？

6.1.2　閉区間上の重積分の定義

第5章でみたように，多変数関数 $f = f(x_1, x_2, \cdots, x_n)$ の導関数

$$f' = \begin{bmatrix} f_{x_1} & f_{x_2} & \cdots & f_{x_n} \end{bmatrix}$$

は $1 \times n$ 行列に値をとる行列値関数であり，多変数実数値関数の原始関数など存在しないので，積分を単純に『微分の逆』ととらえる訳にはいかない．そこで一度積分法の原点に戻って考え直すために，6.1.1では一変数関数の積分（定積分）の定義を述べたのである．この考え方は多変数の場合にも有効である．ここでは二変数関数について積分の定義を述べよう．

　一次元の閉区間 $[a,b]$ は数直線上の線分であったが，座標平面において四点 $(a,p), (b,p), (b,q), (a,q)$ を頂点とする長方形（境界および内部）を

$$[a,b] \times [p,q] = \{(x,y) \in \mathbb{R}^2 \mid x \in [a,b],\ y \in [p,q]\}$$

と記し，この形の集合を二次元の**有界閉区間**（あるいは単に**閉区間**）とよぶ．ただし a, b, p, q は $a \leq b,\ p \leq q$ をみたす実数とする．

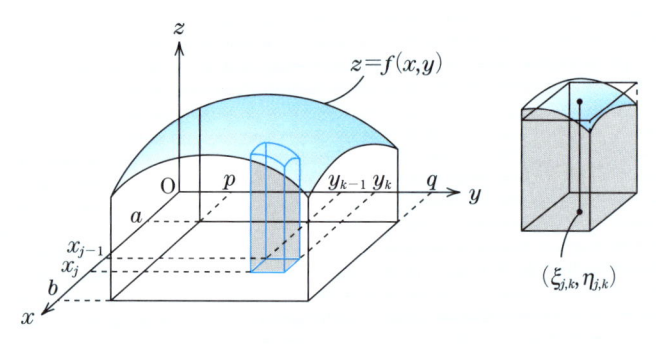

図 6.2

> **定義 6.5** f を閉区間
> $$I = [a,b] \times [p,q]$$
> で定義された関数とする．I を
> $$a = x_0 < x_1 < \cdots < x_{m-1} < x_m = b$$
> $$p = y_0 < y_1 < \cdots < y_{n-1} < y_n = q$$
> と分割し，各小区間から代表点 $(\xi_{j,k}, \eta_{j,k}) \in [x_{j-1}, x_j] \times [y_{k-1}, y_k]$ をとって，和
> $$\sum_{k=1}^{n} \sum_{j=1}^{m} f(\xi_{j,k}, \eta_{j,k})(x_j - x_{j-1})(y_k - y_{k-1})$$
> をつくる．f が I 上**リーマン積分可能**であるとは，分割の幅 $\to 0$ のとき，この和が代表点の取り方によらず一定の値に収束することである．またこの極限値を f の I 上での**重積分**の値といい，
> $$\iint_I f(x,y)\, dxdy$$
> と書く．ここで分割の幅とは $x_j - x_{j-1}$ $(j = 1, 2, \cdots, m)$ および $y_k - y_{k-1}$ $(k = 1, 2, \cdots, n)$ のうち最大のものをいう．

> **定理 6.6** 閉区間 I で定義された連続関数 f はリーマン積分可能である．

こうして重積分を定義したが，関数が具体的に与えられたとき，積分の値を定義にしたがって求めるのは実際的でない．重積分の計算が二回の定積分の計

6.1 重積分の定義

算に帰着することを説明しよう（重積分を立体の体積と考えれば高等学校で習ったように断面積を積分することにより計算でき，また断面積自体も定積分であらわされる，と考えれば納得できるであろう）．

f を閉区間 $I = [a, b] \times [p, q]$ で定義された連続関数とする．重積分は

$$\sum_{k=1}^{n}\sum_{j=1}^{m} f(\xi_{j,k}, \eta_{j,k})(x_j - x_{j-1})(y_k - y_{k-1})$$

の極限であったが，代表点 $(\xi_{j,k}, \eta_{j,k})$ の選び方によらないことが保証されている．そこで特に x 軸方向に並んでいる小区間の代表点の y 座標をそろえ，また y 軸方向に並んでいる小区間の代表点の x 座標をそろえて

$$\xi_{j,k} = \xi_j \quad (k = 1, 2, \cdots, n)$$
$$\eta_{j,k} = \eta_k \quad (j = 1, 2, \cdots, m)$$

となるように代表点をとると

$$\sum_{k=1}^{n}\sum_{j=1}^{m} f(\xi_{j,k}, \eta_{j,k})(x_j - x_{j-1})(y_k - y_{k-1})$$
$$= \sum_{k=1}^{n}\left\{\sum_{j=1}^{m} f(\xi_j, \eta_k)(x_j - x_{j-1})\right\}(y_k - y_{k-1})$$

となる．ここで $[a, b]$ を細分していくと，一変数関数の区分求積法より

$$\sum_{j=1}^{m} f(\xi_j, \eta_k)(x_j - x_{j-1}) \to \int_a^b f(x, \eta_k)\,dx$$

であり，さらに $[p, q]$ を細分することにより

$$\sum_{k=1}^{n}\sum_{j=1}^{m} f(\xi_{j,k}, \eta_{j,k})(x_j - x_{j-1})(y_k - y_{k-1}) \to \int_p^q \left\{\int_a^b f(x, y)\,dx\right\} dy$$

すなわち

$$\iint_I f(x, y)\,dxdy = \int_p^q \left\{\int_a^b f(x, y)\,dx\right\} dy$$

を得る．最後の式の右辺のように，一変数の積分を繰り返す形を**累次積分**という．x, y の役割を入れ替えても同様であり，次の定理を得る．

閉区間上の重積分と累次積分

定理 6.7 二次元閉区間 $I = [a,b] \times [p,q]$ 上の連続関数 f について次が成り立つ.

$$\iint_I f(x,y)\,dxdy = \int_p^q \left\{ \int_a^b f(x,y)\,dx \right\} dy$$
$$= \int_a^b \left\{ \int_p^q f(x,y)\,dy \right\} dx$$

☕ 区間の『向き』について

同様の記法を一次元に適用し,閉区間 $I = [a,b]$ で定義された連続関数 f に対し

$$\int_a^b f(x)\,dx = \int_I f(x)\,dx$$

と書くこともできる.ただし $b \geq a$ とする.高等学校ではさらに

$$\int_b^a f(x)\,dx = -\int_a^b f(x)\,dx$$

と定義しているが,これは区間に『向き』があると考えることによる.すなわち「関数 f を b から a まで積分する」とは「区間 $[a,b]$ の向きを反対にしたものの上で関数 f を積分する」ことであるから,「関数 f を a から b まで積分して符号を逆にしたもの」になると考えるのである.

二次元以上の場合についても図形の『向き』を考えることができ,区間 I の向きを逆にしたものを $-I$ と書いて,$-I$ 上の積分を

$$\iint_{-I} f(x,y)\,dxdy = -\iint_I f(x,y)\,dxdy$$

と定義することがあるが,本書ではこの立場は採らない.つまり本書では暗黙のうちに積分するときは『図形の向きは正』であるとして,向きを逆にした図形の上での積分は扱わない.

図形の向きをこめて積分を扱うことは非常に重要なことであるが,微分積分の入門書たる本書の範囲を超えている.一変数の場合の微分積分学の基本定理を一般化した「ストークス型の定理」(グリーンの定理,ストークスの定理,ガウスの発散定理など——これらは「ベクトル解析」において解説される——)は応用上も極めて重要であるが,向きをこめて積分を考察して初めて成立するものである.速やかに本書の内容を会得して,勇気を持ってベクトル解析を学ばれることを強く勧める.

注意 6.2 累次積分は次のように書かれることもある.

$$\int_p^q \left\{ \int_a^b f(x,y)\,dx \right\} dy = \int_p^q dy \int_a^b f(x,y)\,dx = \int_p^q dy \int_a^b dx\, f(x,y)$$

注意 6.3 上の定理は『重積分が累次積分に帰着する』ことを主張するものである.重積分が累次積分に帰着することを保証する定理はいくつかあり,**フビニ型の定理**とよばれている.

6.1.3 有界閉集合上の重積分

これまで二次元閉区間（各辺が座標軸に平行な長方形）の上の積分を考えてきたが,もっといろいろな集合の上での積分を扱う必要がある.本節では有界閉集合のみ考える.閉集合については定義 5.1 を参照のこと.

> **定義 6.8** $\mathbb{R}^2$ の部分集合 D が**有界**であるとは,$D \subset I$ をみたす二次元有界閉区間 I が存在すること.

例 6.9 (1) 集合 $\{(x,y) \in \mathbb{R}^2 \mid x^2 + y^2 \leq 9\}$ は有界閉集合である.
(2) 集合 $\{(x,y) \in \mathbb{R}^2 \mid x^2 + y^2 < 9\}$ は有界だが閉集合でない.
(3) 集合 $\{(x,y) \in \mathbb{R}^2 \mid x + y \geq 2\}$ は有界でない閉集合である. □

例えば $D = \{(x,y) \in \mathbb{R}^2 \mid x^2 + y^2 \leq 9\}$ の場合,f を D で定義された正の値をとる関数とすれば,f の D 上での重積分は曲面 $z = f(x,y)$ $((x,y) \in D)$,曲面 $x^2 + y^2 = 9$ および平面 $z = 0$ で囲まれた立体の体積をあらわすであろう.その定義を閉区間上の重積分に帰着させるために次の工夫をおこなう.

一般に集合 $D \subset \mathbb{R}^2$ に対して,

$$\chi_D(x,y) = \begin{cases} 1 & ((x,y) \in D) \\ 0 & ((x,y) \notin D) \end{cases}$$

によって定まる関数 χ_D を D の**定義関数**という.また $D \subset \mathbb{R}^2$ を含むある集合 D_1 で定義された関数 f に対して,f と χ_D の積 $f\chi_D$ は本来は D_1 上で定義された関数であるが,これを D に属さない点では 0 として $\mathbb{R}^2$ 上に拡張した関数も $f\chi_D$ と書くことにしよう.すなわち

$$(f\chi_D)(x,y) = \begin{cases} f(x,y) & ((x,y) \in D) \\ 0 & ((x,y) \notin D) \end{cases}$$

$D \subset \mathbb{R}^2$ を有界閉集合とすると,$D \subset I$ となる閉区間 I が存在する.次の定義は $D \subset I$ をみたす I の取り方に依らない.

> **定義 6.10** 有界閉集合 $D \subset \mathbb{R}^2$ で定義された関数 f が D で**リーマン積分可能**であるとは,関数 $f\chi_D$ が閉区間 I 上リーマン積分可能であること.このとき f の D 上の重積分を
> $$\int_D f(x,y)\,dxdy = \int_I (f\chi_D)(x,y)\,dxdy$$
> によって定義する.

f として定数関数 1 をとった場合,D 上での重積分は D を底面とする柱状の立体の体積をあらわすはずである.高さが 1 であるからそれは D の面積をあらわすと考えられる.そこで次の定義を導入する.

> **定義 6.11** 有界閉集合 $D \subset \mathbb{R}^2$ について,D が**面積確定**であるとは定数関数 1 が D 上リーマン積分可能であること.このとき D の**面積**を
> $$\iint_D 1\,dxdy \quad \left(=\iint_D dxdy \text{ と記す}\right)$$
> によって定義する.

ここで,重積分の計算において重要なタイプの有界閉集合を導入しておこう.

> **定義 6.12** 一次元の閉区間 $[a,b]$ と,$[a,b]$ で定義され $\varphi(x) \leq \psi(x)$ ($x \in [a,b]$) をみたす二つの連続関数 φ, ψ によって
> $$\{(x,y) \mid x \in [a,b],\ \varphi(x) \leq y \leq \psi(x)\}$$
> とあらわされる集合を**縦線集合**(図 6.3 参照)といい,同様に
> $$\{(x,y) \mid y \in [a,b],\ \varphi(y) \leq x \leq \psi(y)\}$$
> とあらわされる集合を**横線集合**(図 6.4 参照)という.

次の公式は高等学校で学んだものである.

> **命題 6.13** 縦線集合 $\{(x,y) \mid x \in [a,b],\ \varphi(x) \leq y \leq \psi(x)\}$ は面積確定であり,その面積は

6.1 重積分の定義

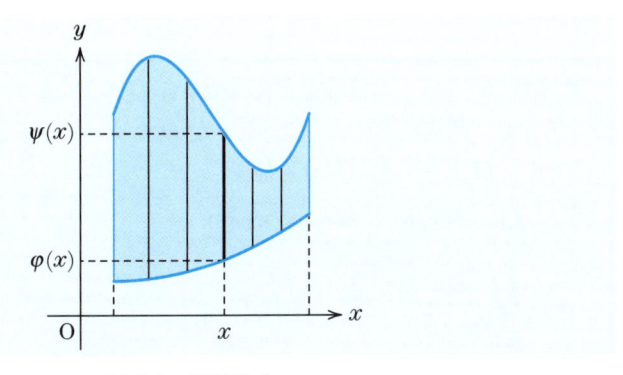

図 6.3 縦線集合

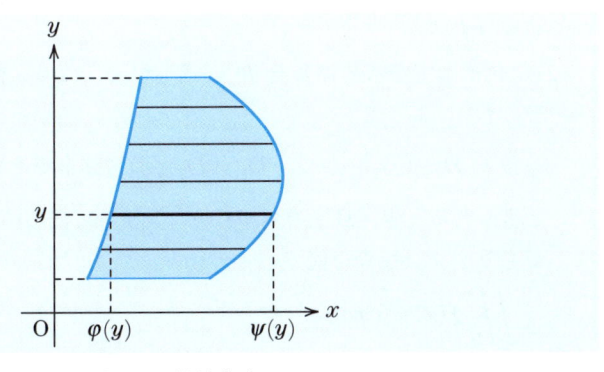

図 6.4 横線集合

$$\int_a^b \left(\psi(x) - \varphi(x)\right) dx$$
横線集合についても同様である．

一般の場合のリーマン積分可能性について，次が成り立つ．

定理 6.14 有界閉集合 $D \subset \mathbb{R}^2$ が面積確定であって，関数 $f: D \to \mathbb{R}$ が連続ならば f は D 上リーマン積分可能である．

以下で登場する有界閉集合 D はいずれも縦線集合あるいは横線集合の有限個の合併としてあらわすことができるので面積確定である．したがって上の定理により D 上の連続関数はリーマン積分可能であることが保証される．

具体的な計算の説明に入る前に，次の定理が成り立つことに注意しておこう．

> **定理 6.15** (1) 面積確定な有界閉集合 $D \subset \mathbb{R}^2$ と D で定義された関数 f, g および定数 k について，f, g が D 上リーマン積分可能ならば $f+g$, kf も D 上リーマン積分可能で
>
> $$\iint_D (f(x,y) + g(x,y))\, dxdy$$
> $$= \iint_D f(x,y)\, dxdy + \iint_D g(x,y)\, dxdy$$
> $$\iint_D kf(x,y)\, dxdy$$
> $$= k \iint_D f(x,y)\, dxdy$$
>
> (2) 面積確定な有界閉集合 $D \subset \mathbb{R}^2$ が，二つの面積確定な有界閉集合 D_1, D_2 によって
>
> $$D = D_1 \cup D_2 \quad \text{かつ} \quad D_1 \cap D_2 \text{は面積確定でその面積は } 0$$
>
> と書かれるとき，D 上有界でリーマン積分可能な関数 f は D_1, D_2 の上でもリーマン積分可能で
>
> $$\iint_D f(x,y)\, dxdy$$
> $$= \iint_{D_1} f(x,y)\, dxdy + \iint_{D_2} f(x,y)\, dxdy$$

この定理の (2) により，一般の重積分を扱いやすい集合の上での重積分に帰着させることができる．

6.2 重積分の計算

重積分の定義は前節に述べたとおりであるが，計算に際しては既に前節でみたように累次積分によることが多い．すなわち一変数の積分に帰着させるのである．この節ではいくつかの具体的な場合について計算法を述べる．一般的な説明においてはリーマン積分可能であることを仮定するが，その都度断らない．

6.2.1 有界閉区間上の重積分

前節で述べたように，有界閉区間上の重積分は累次積分に帰着される．

例題 6.1

次の重積分を計算せよ．

(1) $\iint_{[1,2]\times[3,4]} \dfrac{dxdy}{x+y}$ (2) $\iint_{[0,1]\times[1,3]} \dfrac{dxdy}{(x^2+y)^2}$

【解答】 (1) $\iint_{[1,2]\times[3,4]} \dfrac{dxdy}{x+y} = \int_3^4 \left(\int_1^2 \dfrac{dx}{x+y} \right) dy$

$= \int_3^4 \left\{ \Big[\log(x+y) \Big]_{x=1}^{x=2} \right\} dy = \int_3^4 \Big\{ \log(2+y) - \log(1+y) \Big\} dy$

$= \Big[(2+y)\log(2+y) - (2+y) - (1+y)\log(1+y) + (1+y) \Big]_3^4$

$= 6\log 6 - 10\log 5 + 4\log 4 \quad \left(= \log \dfrac{2^{14}\cdot 3^6}{5^{10}} \right)$

積分の順序をかえて $\int_1^2 \left(\int_3^4 \dfrac{dy}{x+y} \right) dx$ としてもほぼ同様に計算できる．

(2) この場合 $\int_1^3 \left\{ \int_0^1 \dfrac{dx}{(x^2+y)^2} \right\} dy$ として計算すると（有理関数の積分なので不可能ではないが）かなり面倒である．積分の順序をかえると

$\iint_{[0,1]\times[1,3]} \dfrac{dxdy}{(x^2+y)^2} = \int_0^1 \left\{ \int_1^3 \dfrac{dy}{(x^2+y)^2} \right\} dx$

$= \int_0^1 \left[-\dfrac{1}{x^2+y} \right]_{y=1}^{y=3} dx = \int_0^1 \left(\dfrac{1}{x^2+1} - \dfrac{1}{x^2+3} \right) dx$

$= \left[\tan^{-1} x - \dfrac{1}{\sqrt{3}} \tan^{-1} \dfrac{x}{\sqrt{3}} \right]_0^1 = \dfrac{\pi}{4} - \dfrac{\pi}{6\sqrt{3}} = \dfrac{3\sqrt{3}-2}{12\sqrt{3}} \pi$ ∎

上の例題では一変数関数の積分を繰り返したが，f が特別な形をしている場合には次のように一変数関数の積分の積として計算できる．

有界閉区間上での $f(x,y) = g(x)h(y)$ の重積分

命題 6.16 有界閉区間 $[a,b] \times [p,q]$ 上の関数 f が，
$$f(x,y) = g(x)h(y) \quad ((x,y) \in I)$$
の形であれば
$$\iint_{[a,b] \times [p,q]} f(x,y)\,dxdy = \int_a^b g(x)\,dx \times \int_p^q h(y)\,dy$$

[証明]
$$\iint_{[a,b] \times [p,q]} f(x,y)\,dxdy = \int_p^q \left(\int_a^b f(x,y)\,dx \right) dy$$
$$= \int_p^q \left(\int_a^b g(x)h(y)\,dx \right) dy$$
$$= \int_p^q h(y) \left(\int_a^b g(x)\,dx \right) dy$$
$$= \int_a^b g(x)\,dx \times \int_p^q h(y)\,dy \qquad \blacksquare$$

例題 6.2

$\displaystyle\iint_{[0,1]\times[0,\pi]} e^{-x} \sin y\,dxdy$ を計算せよ．

【解答】
$$\iint_{[0,1]\times[0,\pi]} e^{-x} \sin y\,dxdy = \int_0^1 e^{-x}\,dx \int_0^\pi \sin y\,dy$$
$$= \Big[-e^{-x}\Big]_0^1 \Big[-\cos y\Big]_0^\pi$$
$$= 2(1-e^{-1}) \qquad \blacksquare$$

6.2.2 縦線集合・横線集合上の積分

φ, ψ は閉区間 $[a,b]$ で定義された連続関数で $\varphi(x) \leq \psi(x)$ $(x \in [a,b])$ をみたすものとする．

6.2 重積分の計算

縦線集合上・横線集合上の重積分と累次積分

定理 6.17 縦線集合
$$D = \{(x,y) \mid x \in [a,b],\ \varphi(x) \leq y \leq \psi(x)\}$$
上の連続関数 f について
$$\iint_D f(x,y)\,dxdy = \int_a^b \left(\int_{\varphi(x)}^{\psi(x)} f(x,y)\,dy\right) dx$$
横線集合についても同様である．

注意 6.4 この場合にも，右辺の累次積分を次のように書くことがある．
$$\int_a^b dx \int_{\varphi(x)}^{\psi(x)} f(x,y)\,dy \quad \text{あるいは} \quad \int_a^b dx \int_{\varphi(x)}^{\psi(x)} dy f(x,y)$$

[証明] 閉区間 $[p,q]$ を $D \subset [a,b] \times [p,q]$ となるようにとると
$$\iint_D f(x,y)\,dxdy = \iint_{[a,b]\times[p,q]} (f\chi_D)(x,y)\,dxdy$$
$$= \int_a^b \left\{\int_p^q (f\chi_D)(x,y)\,dy\right\} dx$$

$x \in [a,b]$ を固定して考えるとき
$$(f\chi_D)(x,y) = \begin{cases} f(x,y) & (\varphi(x) \leq y \leq \psi(x)) \\ 0 & (\text{それ以外の場合}) \end{cases}$$

であるから
$$\int_p^q (f\chi_D)(x,y)\,dy = \int_p^{\varphi(x)} 0\,dy + \int_{\varphi(x)}^{\psi(x)} f(x,y)\,dy + \int_{\psi(x)}^q 0\,dy$$
$$= \int_{\varphi(x)}^{\psi(x)} f(x,y)\,dy$$

以上により求める公式が得られる． ■

例題 6.3

$D = \left\{(x,y) \,\middle|\, 0 \leq x \leq \dfrac{\pi}{2},\ 0 \leq y \leq x\right\}$ のとき $\displaystyle\iint_D \sin(x+y)\,dxdy$ を計算せよ．

【解答】 $\displaystyle\iint_D \sin(x+y)\,dxdy = \int_0^{\frac{\pi}{2}} \left\{\int_0^x \sin(x+y)\,dy\right\} dx$

$$= \int_0^{\frac{\pi}{2}} \left[-\cos(x+y)\right]_{y=0}^{y=x} dx = \int_0^{\frac{\pi}{2}} (\cos x - \cos 2x)\, dx$$

$$= \left[\sin x - \frac{1}{2}\sin 2x\right]_0^{\frac{\pi}{2}} = 1$$

また $D = \left\{(x,y)\,\middle|\, 0 \leq y \leq \frac{\pi}{2},\, y \leq x \leq \frac{\pi}{2}\right\}$ とみれば横線集合でもあるから $\int_0^{\frac{\pi}{2}} \left\{\int_x^{\frac{\pi}{2}} \sin(x+y)\, dx\right\} dy$ としても計算できる. ■

積分領域が縦線集合でも横線集合でもある場合には，有界閉区間の場合と同様に，積分の順序によって計算の難易度が変わることがある．またたいていの有界閉集合はいくつかの縦線集合，横線集合の（交わりの面積が 0 の）合併としてあらわされるから，その上の積分は縦線集合，横線集合上の積分に帰着させて計算すればよい．しかし合併としてあらわすときにどのように分けるか，縦横どちらとみるかによって計算の難易度が大いに変わることがある．

例題 6.4

$D = \left\{(x,y)\,|\, 0 \leq x \leq \frac{\pi}{2},\, 0 \leq y \leq \sin x,\, 0 \leq y \leq \cos x\right\}$

のとき $\iint_D x\, dxdy$ を計算せよ．

【解答】 D を二つの縦線集合

$$D_1 = \left\{(x,y)\,\middle|\, 0 \leq x \leq \frac{\pi}{4},\, 0 \leq y \leq \sin x\right\}$$
$$D_2 = \left\{(x,y)\,\middle|\, \frac{\pi}{4} \leq x \leq \frac{\pi}{2},\, 0 \leq y \leq \cos x\right\}$$

の合併とみて

$$\iint_D x\, dxdy = \iint_{D_1} x\, dxdy + \iint_{D_2} x\, dxdy$$
$$= \int_0^{\frac{\pi}{4}} \left(\int_0^{\sin x} x\, dy\right) dx + \int_{\frac{\pi}{4}}^{\frac{\pi}{2}} \left(\int_0^{\cos x} x\, dy\right) dx$$
$$= \int_0^{\frac{\pi}{4}} x \sin x\, dx + \int_{\frac{\pi}{4}}^{\frac{\pi}{2}} x \cos x\, dx$$

6.2 重積分の計算

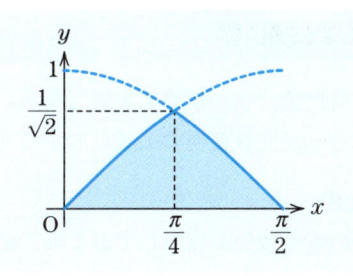

図 6.5

$$= \left[-x\cos x + \sin x\right]_0^{\frac{\pi}{4}} + \left[x\sin x + \cos x\right]_{\frac{\pi}{4}}^{\frac{\pi}{2}} = \frac{2-\sqrt{2}}{4}\pi$$

D を横線集合 $D = \left\{(x,y) \,\middle|\, 0 \leq y \leq \frac{1}{\sqrt{2}},\ \sin^{-1} y \leq x \leq \cos^{-1} y\right\}$ とみれば

$$\iint_D x\,dxdy = \int_0^{\frac{1}{\sqrt{2}}} \left(\int_{\sin^{-1} y}^{\cos^{-1} y} x\,dx\right) dy$$

と一つの累次積分であらわせるが，この計算はかなり厄介である． ∎

　上に述べたことの応用として，計算しにくい累次積分を一度重積分として考え，積分範囲を解釈しなおすことによって，計算しやすくなることがある．

── 例題 6.5 ──

$\displaystyle\int_0^1 dy \int_y^1 e^{-x^2} dx$ の値を求めよ．

【解答】 e^{-x^2} の不定積分は初等関数であらわせないから，このままでは計算できない．この累次積分は横線集合 $D = \{(x,y)|\, 0 \leq y \leq 1,\, y \leq x \leq 1\}$ 上の重積分 $\iint_D e^{-x^2} dxdy$ に等しいが，$D = \{(x,y)|\, 0 \leq x \leq 1,\, 0 \leq y \leq x\}$ とみれば縦線集合でもあるので

$$\int_0^1 dy \int_y^1 e^{-x^2} dx = \iint_D e^{-x^2} dxdy = \int_0^1 dx \int_0^x e^{-x^2} dy$$
$$= \int_0^1 xe^{-x^2}\,dx = \left[-\frac{1}{2}e^{-x^2}\right]_0^1$$
$$= \frac{1-e^{-1}}{2}$$

∎

6.3 重積分の変数変換

一変数の積分法では置換積分法が極めて重要であったが,この節では多変数の場合の置換積分法である,変数変換の公式について述べる.

6.3.1 変数変換の公式

一変数関数の定積分の置換積分を復習しておこう.変数 x に関する定積分に置換 $x = \varphi(t)$ を適用する場合,
(1) 被積分関数に現れる変数 x を $\varphi(t)$ に
(2) 積分区間を x の範囲から t の範囲に
(3) dx を $\dfrac{dx}{dt} dt$ に
という三種類の置き換えが必要であった.

そこで重積分
$$\iint_D f(x,y)dxdy$$
に変数変換
$$\begin{cases} x = x(s,t) \\ y = y(s,t) \end{cases}$$
を適用する場合を考えてみよう.まず $f(x,y)$ を $f(x(s,t), y(s,t))$ に置き換えるのは当然であろう.次に積分領域 D は xy 平面内の集合であるが,この変数変換により D に対応する st 平面内の集合を E とすれば,D を E に置き換えなければならないことも見当がつくであろう.では最後に $dxdy$ を何に置き換えたらよいのであろうか.

そもそも重積分は

$$\sum (\text{代表点における関数の値}) \times (\text{小区間の面積})$$

の形の和の極限であった($dxdy$ は『小区間の面積』の極限をあらわす記号である).変数変換によって対応する図形の面積がどのように変わるかをつかむことが,二変数の積分の変数変換の公式を理解するポイントである.つまり対応する図形の面積比を知る必要がある.

まず一次変換

6.3 重積分の変数変換

$$\begin{cases} x = as + bt \\ y = ps + qt \end{cases}$$

の場合から考えてみよう．実行列 $A = \begin{bmatrix} a & b \\ p & q \end{bmatrix}$ を用いて

$$\begin{bmatrix} x \\ y \end{bmatrix} = \begin{bmatrix} a & b \\ p & q \end{bmatrix} \begin{bmatrix} s \\ t \end{bmatrix}$$

とあらわすこともできる（これを A の定める一次変換という）．st 平面内の平行四辺形については，この変換で写った先の図形も（つぶれなければ）平行四辺形であり，その面積はもとの図形の面積の $|\det A|$ 倍である（詳しくは線形代数の教科書を参照されたい）．ここで行列式に絶対値がついていることに注意してほしい．図形の面積は正または 0 であるが，実行列の行列式はどのような実数値をも（もちろん負の値も）とり得ることによる．$\det A > 0$ であればこの一次変換は図形の向きをかえず，$\det A < 0$ であればこの一次変換は図形の向きを反対にする（$\det A = 0$ なら写して得られる図形はつぶれる）．

この事実と重積分の定義により，重積分にこの一次変換を適用する際には

$$dxdy \quad \text{を} \quad |\det A| \, dsdt \quad \text{に}$$

置き換えればよいと考えられる．

次に一般の変数変換

$$\Phi : \begin{cases} x = x(s,t) \\ y = y(s,t) \end{cases}$$

を考えよう．$x(s,t), y(s,t)$ が C^1 級と仮定すれば，Φ は点 (s_0, t_0) のちかくで

$$\begin{bmatrix} x - x(s_0,t_0) \\ y - y(s_0,t_0) \end{bmatrix} \fallingdotseq \begin{bmatrix} x(s_0,t_0) & x(s_0,t_0) \\ y_s(s_0,t_0) & y_t(s_0,t_0) \end{bmatrix} \begin{bmatrix} s - s_0 \\ t - t_0 \end{bmatrix}$$

と一次近似できる（全微分の説明およびテイラー展開を参照）．したがって点 (s_0, t_0) のちかくでは Φ によって対応する図形の面積の比はほぼ

$$\left| \det \begin{bmatrix} x_s(s_0,t_0) & x_t(s_0,t_0) \\ y_s(s_0,t_0) & y_t(s_0,t_0) \end{bmatrix} \right|$$

である．各点 (s,t) についてこのように考えられるから，変換 Φ をおこなうと

$dxdy$ が $\left|\det\begin{bmatrix} x_s(s,t) & x_t(s,t) \\ y_s(s,t) & y_t(s,t) \end{bmatrix}\right| dsdt$ に
変換されると考えられる．ここに現れる行列
$$\begin{bmatrix} x_s(s,t) & x_t(s,t) \\ y_s(s,t) & y_t(s,t) \end{bmatrix}$$
はヤコビ行列とよばれ，$\Phi'(s,t)$ と記されるので（148頁参照），次の用語と記号を定義しておく．

定義 6.18　変数変換

$$\Phi : \begin{cases} x = x(s,t) \\ y = y(s,t) \end{cases}$$

の**ヤコビ行列式**（あるいは**ヤコビアン**）を次で定義する．

$$\frac{\partial(x,y)}{\partial(s,t)} = \det \Phi'(s,t) = \det \begin{bmatrix} x_s(s,t) & x_t(s,t) \\ y_s(s,t) & y_t(s,t) \end{bmatrix}$$

例題 6.6

次の変数変換のヤコビアンを計算せよ．

(1) 二次正方行列 A の定める一次変換

$$\Phi : \begin{bmatrix} x \\ y \end{bmatrix} = A \begin{bmatrix} s \\ t \end{bmatrix}$$

(2) 極座標変換

$$\Phi : \begin{cases} x = r\cos\theta \\ y = r\sin\theta \end{cases}$$

【解答】　(1)　$A = \begin{bmatrix} a & b \\ c & d \end{bmatrix}$ とおけば $x = as + bt$, $y = cs + dt$ であるから

$$\frac{\partial(x,y)}{\partial(s,t)} = \det \begin{bmatrix} a & b \\ c & d \end{bmatrix} = \det A$$

(2)　$\dfrac{\partial(x,y)}{\partial(r,\theta)} = \det \begin{bmatrix} \cos\theta & -r\sin\theta \\ \sin\theta & r\cos\theta \end{bmatrix} = r$

6.3 重積分の変数変換

以上の考察により変数変換の公式が得られる．厳密には次のとおりである．

重積分の変数変換公式

定理 6.19 面積確定の有界閉集合 $D, E \subset \mathbb{R}^2$ と，E を含むある領域上で定義された C^1 級の変数変換

$$\Phi : \begin{cases} x = x(s,t) \\ y = y(s,t) \end{cases}$$

が次の条件をみたしているとする．

(1) $\Phi(E) = D$
(2) 面積 0 の集合 $E_0 \subset E$ で，次が成り立つものがある．
- E_0 を除いたところでは Φ のヤコビアンは 0 でない．
- Φ は E から E_0 を除いた部分と D から $\Phi(E_0)$ を除いた部分の間の，上への一対一写像である．

このとき，$f(x,y)$ が D 上リーマン積分可能であることと

$$f(x(s,t), y(s,t)) \left| \frac{\partial(x,y)}{\partial(s,t)} \right|$$

が E 上リーマン積分可能であることとは同値であって，次が成り立つ．

$$\iint_D f(x,y) dxdy = \iint_E f(x(s,t), y(s,t)) \left| \frac{\partial(x,y)}{\partial(s,t)} \right| dsdt$$

定理における条件 (2) は一見面倒であるが極めて重要である．次の例題 6.7 (2) をよくみてほしい．

例題 6.7

次の重積分を計算せよ．

(1) $D = \{(x,y) \mid 0 \leq x - y \leq 1, 0 \leq x + y \leq 1\}$ のとき

$$\iint_D \frac{dxdy}{(3 + (x-y)^2)\sqrt{4 - (x+y)^2}}$$

(2) $D = \{(x,y) \mid x^2 + y^2 \leq 4, x \geq 0, y \geq 0\}$ のとき

$$\iint_D \frac{xy}{\sqrt{1 + (x^2 + y^2)^2}} dxdy$$

【解答】 (1) $x - y = s, x + y = t$ とおく．これを逆に解くと

$$\begin{bmatrix} x \\ y \end{bmatrix} = \frac{1}{2} \begin{bmatrix} 1 & 1 \\ -1 & 1 \end{bmatrix} \begin{bmatrix} s \\ t \end{bmatrix} \quad (\text{これが上の記号の } \Phi)$$

であるから

$$\begin{aligned} dxdy &= \left| \det \left(\frac{1}{2} \begin{bmatrix} 1 & 1 \\ -1 & 1 \end{bmatrix} \right) \right| dsdt \\ &= \frac{1}{2} dsdt \end{aligned}$$

またこの変換によって $E = \{(s,t) \,|\, 0 \leq s \leq 1, 0 \leq t \leq 1\}$ が D の上に一対一に写る．よって

$$\begin{aligned} &\iint_D \frac{dxdy}{(3+(x-y)^2)\sqrt{4-(x+y)^2}} \\ &= \iint_E \frac{1}{(3+s^2)\sqrt{4-t^2}} \frac{1}{2} dsdt \\ &= \frac{1}{2} \int_0^1 \frac{ds}{3+s^2} \int_0^1 \frac{dt}{\sqrt{4-t^2}} \\ &= \frac{1}{2} \left[\frac{1}{\sqrt{3}} \tan^{-1} \frac{s}{\sqrt{3}} \right]_0^1 \left[\sin^{-1} \frac{t}{2} \right]_0^1 \\ &= \frac{\pi^2}{72\sqrt{3}} \end{aligned}$$

(2) 極座標変換をおこなう．ヤコビアンは r であるから $dxdy = rdrd\theta$ である．またこの変換によって

$$E = \left\{ (r,\theta) \,\middle|\, 0 \leq r \leq 2, 0 \leq \theta \leq \frac{\pi}{2} \right\}$$

が D の上に写り，この対応は $r=0$ のところを除いて一対一である．よって

$$E_0 = \left\{ (0,\theta) \,\middle|\, 0 \leq \theta \leq \frac{\pi}{2} \right\}$$

が定理の条件をみたすから

$$\begin{aligned} &\iint_D \frac{xy}{\sqrt{1+(x^2+y^2)^2}} \, dxdy \\ &= \iint_E \frac{r^2 \cos\theta \sin\theta}{\sqrt{1+r^4}} rdrd\theta \\ &= \int_0^2 \frac{r^3}{\sqrt{1+r^4}} \, dr \int_0^{\frac{\pi}{2}} \cos\theta \sin\theta d\theta \end{aligned}$$

6.3 重積分の変数変換

$$= \left[\frac{\sqrt{1+r^4}}{2}\right]_0^2 \left[\frac{(\sin\theta)^2}{2}\right]_0^{\frac{\pi}{2}}$$

$$= \frac{\sqrt{17}-1}{4} \qquad \blacksquare$$

重積分の変数変換を応用して，極座標で表示された図形の面積の公式（4.4.2 の定理 4.31）を証明しよう．

[定理 4.31 の証明] この図形を xy 平面上で考えたものを D とすれば，その面積は $\iint_D dxdy$ である．極座標変換を考えると

$$E = \{(r,\theta) \mid \alpha \leq \theta \leq \beta, 0 \leq r \leq f(\theta)\}$$

が D の上に写る．よって D の面積は

$$\iint_D dxdy = \iint_E r\,dr\,d\theta$$

$$= \int_\alpha^\beta d\theta \int_0^{f(\theta)} r\,dr$$

$$= \int_\alpha^\beta \left[\frac{r^2}{2}\right]_{r=0}^{r=f(\theta)} d\theta$$

$$= \frac{1}{2}\int_\alpha^\beta f(\theta)^2\,d\theta \qquad \blacksquare$$

6.4 広義積分

ここまでは有界閉集合上の連続関数の場合に限って考察してきたが，この制限はいささか窮屈である．二変数関数の広義積分について考察しよう．

基本的な考え方は一変数の場合と同様で，今までの重積分（有界閉集合上の連続関数の重積分）の極限として定義すればよい．すなわち，有界閉集合とは限らない集合 $D \subset \mathbb{R}^2$ で定義された関数 f に対し，D を近似する有界閉集合の列 $\{D_n\}$ をとり

$$\iint_D f(x,y)\,dxdy = \lim_{n\to\infty} \iint_{D_n} f(x,y)\,dxdy$$

と定義するのである．ここで右辺が有界閉集合の列 $\{D_n\}$ の選び方によらなければ問題ないのであるが，一般にはそれは保証されない．つまり $\{D_n\}$ の選び方によって異なる値に収束する例が実際に知られているのである．

広義積分が問題なく定義される場合について，実用上充分と思われる範囲で述べておこう．

定義 6.20 集合 $D \subset \mathbb{R}^2$ の**コンパクト近似列** $\{D_n\}$ とは次の三条件をみたす集合の列である．

(1) 各 n について $D_n \subset D$ であり，D_n は面積確定の有界閉集合．

(2) 列 $\{D_n\}$ は単調増加．すなわち
$$D_0 \subset D_1 \subset D_2 \subset \cdots \subset D_n \subset \cdots$$

(3) 任意の有界閉集合 $K \subset D$ に対して，$K \subset D_n$ をみたす n が存在する．

注意 6.5 定義より $D = \bigcup_{n=0}^{\infty} D_n$ がしたがう．実際，各点 $x \in D$ に対して集合 $\{x\}$ は有界閉集合であるから，充分大きな n について $x \in D_n$ となる．

例 6.21 集合 $D = \{(x,y)\,|\,x \geq 0, y \geq 0\} \subset \mathbb{R}^2$ のコンパクト近似列のうち，特に扱いやすそうなものとして

$$D_n = \{(x,y)\,|\,0 \leq x \leq n, 0 \leq y \leq n\} \qquad (n=0,1,2,\cdots)$$
$$D'_n = \{(x,y)\,|\,x \geq 0, y \geq 0, x+y \leq n\} \qquad (n=0,1,2,\cdots)$$
$$D''_n = \{(x,y)\,|\,x \geq 0, y \geq 0, x^2+y^2 \leq n^2\} \qquad (n=0,1,2,\cdots)$$

などが挙げられる.

二変数関数の広義積分

定義 6.22 集合 $D \subset \mathbb{R}^2$ 上の関数 f に対し,
$$\lim_{n \to \infty} \iint_{D_n} f(x, y)\, dxdy$$
が D のコンパクト近似列 $\{D_n\}$ の選び方によらずに一定の値に収束するとき, 広義積分
$$\iint_D f(x, y)\, dxdy$$
は**収束**するという. またその極限値を**広義積分の値**という.

しかしながら, 全てのコンパクト近似列について実際に調べることはほとんど不可能であるから, 定義に基づいて広義積分を計算するのは全く実用的でない.

ここで 例 6.21 のコンパクト近似列について
$$D'_n \subset D_n \subset D'_{2n}$$
が成り立っていることに注目しよう. D 上で $f \geq 0$ であると仮定すれば
$$\iint_{D'_n} f(x, y)\, dxdy \leq \iint_{D_n} f(x, y)\, dxdy \leq \iint_{D'_{2n}} f(x, y)\, dxdy$$
が成り立つから
$$\lim_{n \to \infty} \iint_{D'_n} f(x, y)\, dxdy$$
が収束するならば
$$\lim_{n \to \infty} \iint_{D_n} f(x, y)\, dxdy$$
も同じ値に収束することがわかる.

このように, はさみうちの原理により次の定理が得られる.

定理 6.23 集合 $D \subset \mathbb{R}^2$ で定義された連続関数 f が常に $f \geq 0$ であれば,
$$\lim_{n \to \infty} \iint_{D_n} f(x, y)\, dxdy$$
の収束・発散は D のコンパクト近似列 $\{D_n\}$ の選び方によらない. また収束する場合にはその極限値もコンパクト近似列の取り方によらない.

$f \geq 0$ とは限らない場合についても，次に述べる絶対収束をする場合には，$f \geq 0$ の場合と同様に扱うことができる．

定義 6.24 集合 $D \subset \mathbb{R}^2$ で定義された関数 f について
$$\iint_D |f(x,y)|\,dxdy$$
が収束するとき，広義積分
$$\iint_D f(x,y)\,dxdy$$
は**絶対収束**するという．

定理 6.25 絶対収束する広義積分は収束する．特にその値はコンパクト近似列の取り方によらず一定である．

例題 6.8

次の広義積分の値を求めよ．
(1) $D = \{(x,y)\,|\,x \geq 0, y \geq 0\}$ のとき
$$\iint_D \frac{2y}{(1+x^2+y^2)^2}\,dxdy$$
(2) $D = \{(x,y)\,|\,0 \leq y \leq \sqrt{3}x, 0 < x^2+y^2 \leq 9\}$ のとき
$$\iint_D \frac{x^2}{\sqrt[3]{(x^2+y^2)^5}}\,dxdy$$

【解答】 まず被積分関数は D 上で常に ≥ 0 であることに注意しよう．
(1) D のコンパクト近似列 $\{D_n\}$ として，
$$D_n = \{(x,y)\,|\,0 \leq x \leq n, 0 \leq y \leq n\} \quad (n=0,1,2,\cdots)$$
をとれば
$$\iint_{D_n} \frac{2y}{(1+x^2+y^2)^2}\,dxdy = \int_0^n dx \int_0^n \frac{2y}{(1+x^2+y^2)^2}\,dy$$
$$= \int_0^n \left[-\frac{1}{1+x^2+y^2}\right]_{y=0}^{y=n} dx = \int_0^n \left(\frac{1}{1+x^2} - \frac{1}{1+n^2+x^2}\right) dx$$
$$= \left[\tan^{-1}x - \frac{\tan^{-1}\dfrac{x}{\sqrt{1+n^2}}}{\sqrt{1+n^2}}\right]_0^n = \tan^{-1}n - \frac{\tan^{-1}\dfrac{n}{\sqrt{1+n^2}}}{\sqrt{1+n^2}}$$

6.4 広義積分

したがって $n \to \infty$ として

$$\iint_D \frac{2y}{(1+x^2+y^2)^2}\,dxdy = \frac{\pi}{2}$$

なお，この計算は次のように書かれることが多い[1]．

$$\begin{aligned}
\iint_D \frac{2y}{(1+x^2+y^2)^2}\,dxdy &= \int_0^{+\infty} dx \int_0^{+\infty} \frac{2y}{(1+x^2+y^2)^2}\,dy \\
&= \int_0^{+\infty} \left[-\frac{1}{1+x^2+y^2}\right]_{y=0}^{y=+\infty} dx \\
&= \int_0^{+\infty} \frac{dx}{1+x^2} \\
&= \Bigl[\tan^{-1} x\Bigr]_0^{+\infty} = \frac{\pi}{2}
\end{aligned}$$

また (2) のように極座標を用いることもできる．

(2) 被積分関数は原点において連続でないので，これも広義積分である．D のコンパクト近似列として，

$$D_n = \left\{(x,y)\,\Big|\, 0 \le y \le \sqrt{3}x,\ \frac{1}{n^2} \le x^2+y^2 \le 9\right\} \quad (n=1,2,3,\cdots)$$

をとることができる．極座標変換により

$$E_n = \left\{(r,\theta)\,\Big|\, \frac{1}{n} \le r \le 3,\ 0 \le \theta \le \frac{\pi}{3}\right\}$$

が D_n の上に一対一に写り，$dxdy = rdrd\theta$ であるから，

$$\begin{aligned}
\iint_{D_n} \frac{x^2}{\sqrt[3]{(x^2+y^2)^5}}\,dxdy &= \iint_{E_n} \frac{(r\cos\theta)^2}{\sqrt[3]{r^{10}}}\,rdrd\theta \\
&= \int_{\frac{1}{n}}^{3} r^{3-\frac{10}{3}}\,dr \int_0^{\frac{\pi}{3}} (\cos\theta)^2\,d\theta \\
&= \int_{\frac{1}{n}}^{3} r^{-\frac{1}{3}}\,dr \int_0^{\frac{\pi}{3}} \frac{1+\cos 2\theta}{2}\,d\theta \\
&= \left[\frac{3}{2}r^{\frac{2}{3}}\right]_{\frac{1}{n}}^{3} \left[\frac{\theta}{2} + \frac{\sin 2\theta}{4}\right]_0^{\frac{\pi}{3}}
\end{aligned}$$

---

[1] このような計算法はルベーグ積分によって正当化される．リーマン積分の範囲で計算するには，上のような方法による必要がある．

$$= \frac{3}{2}\left(3^{\frac{2}{3}} - \frac{1}{n^{\frac{2}{3}}}\right)\left(\frac{\pi}{6} + \frac{\sqrt{3}}{8}\right)$$

したがって $n \to \infty$ として

$$\iint_D \frac{x^2}{\sqrt[3]{(x^2+y^2)^5}} dxdy = \frac{3^{\frac{2}{3}}}{16}\left(4\pi + 3\sqrt{3}\right)$$

なお，この計算も次のように書かれることが多い．極座標への変換により

$$E = \left\{(r,\theta) \,\middle|\, 0 < r \le 3,\, 0 \le \theta \le \frac{\pi}{3}\right\}$$

が D の上に一対一に写り，$dxdy = rdrd\theta$ であるから，

$$\iint_D \frac{x^2}{\sqrt[3]{(x^2+y^2)^5}} dxdy = \iint_E \frac{(r\cos\theta)^2}{\sqrt[3]{r^{10}}} rdrd\theta$$

$$= \int_0^3 r^{3-\frac{10}{3}} dr \int_0^{\frac{\pi}{3}} (\cos\theta)^2 d\theta = \int_0^3 r^{-\frac{1}{3}} dr \int_0^{\frac{\pi}{3}} \frac{1+\cos 2\theta}{2} d\theta$$

$$= \left[\frac{3}{2}r^{\frac{2}{3}}\right]_0^3 \left[\frac{\theta}{2} + \frac{\sin 2\theta}{4}\right]_0^{\frac{\pi}{3}} = \frac{3}{2} \cdot 3^{\frac{2}{3}}\left(\frac{\pi}{6} + \frac{\sqrt{3}}{8}\right) = \frac{3^{\frac{2}{3}}}{16}\left(4\pi + 3\sqrt{3}\right) \quad \blacksquare$$

一つの広義積分を二通りのコンパクト近似列を用いて計算することにより，重要な等式が得られる場合がある．以前予告した次の二つはその典型である．

例 6.26 (補題 4.22) $\displaystyle\int_0^{+\infty} e^{-x^2} dx = \frac{\sqrt{\pi}}{2}$

[証明] $D = \{(x,y)\,|\, x \ge 0,\, y \ge 0\}$ 上の広義積分 $\displaystyle\iint_D e^{-(x^2+y^2)} dxdy$ を二つのコンパクト近似列

$$D_n = \{(x,y) \,|\, 0 \le x \le n,\, 0 \le y \le n\} \quad (n = 0, 1, 2, \cdots)$$
$$D'_n = \{(x,y)\,|\, x \ge 0,\, y \ge 0,\, x^2+y^2 \le n^2\} \quad (n = 0, 1, 2, \cdots)$$

に関する極限として考える．$\{D_n\}$ に関する極限とみて

$$\iint_D e^{-(x^2+y^2)} dxdy = \int_0^{+\infty} e^{-x^2} dx \int_0^{+\infty} e^{-y^2} dy$$
$$= \left(\int_0^{+\infty} e^{-x^2} dx\right)^2$$

である．$\{D'_n\}$ に関する極限とみて極座標に変換して計算すると

$$E = \left\{(r,\theta)\,\middle|\, r \ge 0,\, 0 \le \theta \le \frac{\pi}{2}\right\}$$

の上の広義積分になり
$$\iint_D e^{-(x^2+y^2)}dxdy = \iint_E e^{-r^2}rdrd\theta = \int_0^{+\infty} e^{-r^2}rdr \int_0^{\frac{\pi}{2}} d\theta = \frac{\pi}{4}$$
両者が等しいのであるから, $\int_0^{+\infty} e^{-x^2}dx \geq 0$ に注意して両辺の平方根をとればよい. ■

例 6.27 (定理 **4.25**) $B(p,q) = \dfrac{\Gamma(p)\Gamma(q)}{\Gamma(p+q)}$ $(p>0,\ q>0)$

[証明] $D = \{(x,y)|\, x>0,\ y>0\}$ 上の広義積分 $\iint_D x^{p-1}e^{-x}y^{q-1}e^{-y}dxdy$
を考える. D のコンパクト近似列として,
$$D_n = \left\{(x,y)\,\middle|\,\frac{1}{n} \leq x \leq n,\ \frac{1}{n} \leq y \leq n\right\} \quad (n=1,2,3,\cdots)$$
をとれば
$$\iint_D x^{p-1}e^{-x}y^{q-1}e^{-y}dxdy = \int_0^{+\infty} x^{p-1}e^{-x}dx \int_0^{+\infty} y^{q-1}e^{-y}dy$$
$$= \Gamma(p)\Gamma(q)$$
である. 一方, コンパクト近似列として
$$D_n' = \left\{(x,y)\,\middle|\,x \geq \frac{1}{n},\ y \geq \frac{1}{n},\ \frac{2}{n} \leq x+y \leq n\right\} \quad (n=1,2,3,\cdots)$$
をとり, 変数変換 $x=st,\ y=(1-s)t$ をおこなえば
$$E = \{(s,t)|\, 0<s<1,\ t>0\}$$
が D の上に一対一に写り, $dxdy = t\,dsdt$ である. また
$$x^{p-1}e^{-x}y^{q-1}e^{-y} = (st)^{p-1}e^{-st}\{(1-s)t\}^{q-1}e^{-(1-s)t}$$
$$= s^{p-1}(1-s)^{q-1}t^{p+q-2}e^{-t}$$
であるから
$$\iint_D x^{p-1}e^{-x}y^{q-1}e^{-y}dxdy = \iint_E s^{p-1}(1-s)^{q-1}t^{p+q-2}e^{-t}\,t\,dsdt$$
$$= \int_0^1 s^{p-1}(1-s)^{q-1}ds \int_0^{+\infty} t^{p+q-1}e^{-t}dt$$
$$= B(p,q)\Gamma(p+q)$$
両者を $\Gamma(p+q)>0$ で割れば示すべき等式が得られる. ■

6.5 三重積分

三変数以上の関数の重積分についても二変数の場合とほぼ同様である．本節では三変数関数の場合について述べるが，読者は一般の n 変数の場合も，本文の記述に相当することを自ら書き下してみるとよいだろう．

6.5.1 三重積分とその計算

空間内の有界閉集合 $D \subset \mathbb{R}^3$ で定義された連続関数 $f = f(x,y,z)$ に対し，重積分（**多重積分**ともいう）

$$\iiint_D f(x,y,z)\,dxdydz$$

が，二変数関数の場合と同じように定義される．三変数であることを強調して**三重積分**ともいう．同様に n 変数関数に対して n 重積分が定義されるが，四重積分以上については，ベクトルの記法を用いて

$$\int_D f(\boldsymbol{x})\,d\boldsymbol{x}$$

のように積分記号は一つで済ますことも多い．

三重積分の計算も累次積分によっておこなう．例えば三次元の有界閉区間

$$I = [a,a'] \times [b,b'] \times [c,c']$$
$$= \{(x,y,z) \mid a \leq x \leq a', b \leq y \leq b', c \leq z \leq c'\}$$

の場合には

$$\iiint_I f(x,y,z)\,dxdydz = \int_c^{c'} \left\{ \int_b^{b'} \left(\int_a^{a'} f(x,y,z)\,dx \right) dy \right\} dz$$
$$= \int_c^{c'} dz \int_b^{b'} dy \int_a^{a'} f(x,y,z)\,dx$$

である．積分の順序を変えた場合も同様である．

例題 6.9

$\iiint_{[0,\alpha]\times[0,\beta]\times[0,\gamma]} \sin(x+y+z)\,dxdydz$ を計算せよ．

【解答】 $\iiint_{[0,\alpha]\times[0,\beta]\times[0,\gamma]} \sin(x+y+z)\,dxdydz$

$$= \int_0^\gamma dz \int_0^\beta dy \int_0^\alpha \sin(x+y+z)\,dx$$

$$= \int_0^\gamma dz \int_0^\beta \Big[-\cos(x+y+z)\Big]_{x=0}^{x=\alpha} dy$$

$$= 2\sin\frac{\alpha}{2} \int_0^\gamma dz \int_0^\beta \sin\left(\frac{\alpha}{2}+y+z\right) dy$$

$$= 2\sin\frac{\alpha}{2} \int_0^\gamma \Big[-\cos\left(\frac{\alpha}{2}+y+z\right)\Big]_{y=0}^{y=\beta} dz$$

$$= 4\sin\frac{\alpha}{2}\sin\frac{\beta}{2} \int_0^\gamma \sin\left(\frac{\alpha}{2}+\frac{\beta}{2}+z\right) dz$$

$$= 4\sin\frac{\alpha}{2}\sin\frac{\beta}{2} \Big[-\cos\left(\frac{\alpha}{2}+\frac{\beta}{2}+z\right)\Big]_0^\gamma$$

$$= 8\sin\frac{\alpha}{2}\sin\frac{\beta}{2}\sin\frac{\gamma}{2}\sin\frac{\alpha+\beta+\gamma}{2}$$

なお途中で 1 章の問題 4 (6) を使った. ∎

縦線集合・横線集合に相当する場合として，例えば

$$D = \{(x,y,z)\,|\,a \le z \le b, \varphi(z) \le y \le \psi(z), g(y,z) \le x \le h(y,z)\}$$

とあらわされる場合を取り上げよう．このとき

$$\iiint_D f(x,y,z)dxdydz = \int_a^b \left\{\int_{\varphi(z)}^{\psi(z)} \left(\int_{g(y,z)}^{h(y,z)} f(x,y,z)dx\right) dy\right\} dz$$

$$= \int_a^b dz \int_{\varphi(z)}^{\psi(z)} dy \int_{g(y,z)}^{h(y,z)} f(x,y,z)dx$$

である．ここで変数 z をとめて，xy 平面内の横線集合

$$D_z = \{(x,y)\,|\,\varphi(z) \le y \le \psi(z), g(y,z) \le x \le h(y,z)\}$$

を考える．これは集合 D の断面（詳しくいうと，z 座標がこの値の点からなる平面による D の断面を，xy 平面に射影して $\mathbb{R}^2$ の部分集合と考えたもの）にほかならない（図 6.6 参照）．このとき

$$\int_{\varphi(z)}^{\psi(z)} dy \int_{g(y,z)}^{h(y,z)} f(x,y,z)dx = \iint_{D_z} f(x,y,z)dxdy$$

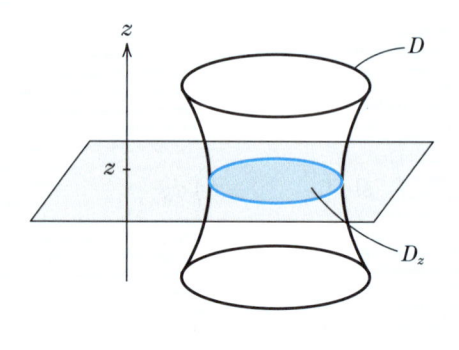

図 6.6

であるから，次が成り立つ．

$$\iiint_D f(x,y,z)dxdydz = \int_a^b \left(\iint_{D_z} f(x,y,z)dxdy\right) dz$$
$$= \int_a^b dz \iint_{D_z} f(x,y,z)dxdy$$

---- 例題 6.10 ----

$D = \{(x,y,z) \mid x \geq 0, y \geq 0, z \geq 0, x+3y+6z \leq 6\}$ のとき $\iiint xyz\,dxdydz$ を計算せよ．

【解答】 集合 D に属する点の z 座標の範囲は $0 \leq z \leq 1$ である．変数 z をとめたときの集合 D の断面を D_z とおけば

$D_z = \{(x,y) \mid x \geq 0, y \geq 0, x+3y \leq 6-6z\}$

であるが，これを横線集合とみれば

$D_z = \{(x,y) \mid 0 \leq y \leq 2-2z, 0 \leq x \leq 6-3y-6z\}$

とあらわせる（図 6.7 参照）．したがって

$$\iiint_D xyz\,dxdydz = \int_0^1 dz \iint_{D_z} xyz\,dxdy$$
$$= \int_0^1 dz \int_0^{2-2z} dy \int_0^{6-3y-6z} xyz\,dx$$

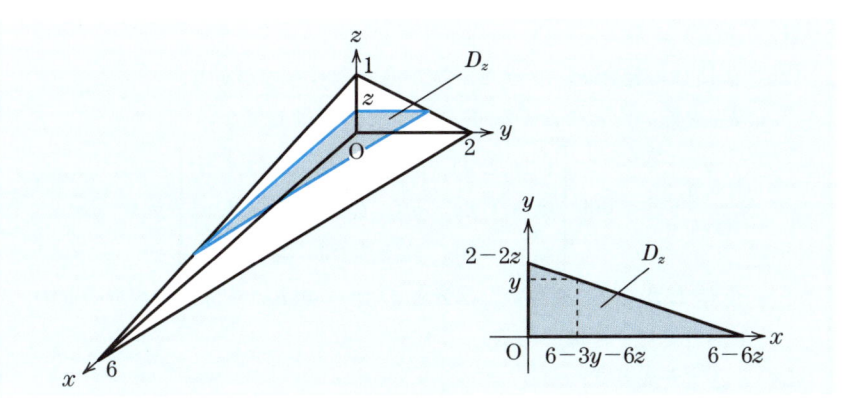

図 6.7

$$= \int_0^1 dz \int_0^{2-2z} \left[\frac{x^2}{2}\right]_{x=0}^{x=6-3y-6z} yz\,dy$$
$$= \frac{9}{2} \int_0^1 dz \int_0^{2-2z} (y+2z-2)^2 yz\,dy$$
$$= \frac{9}{2} \int_0^1 \left\{\left[\frac{(y+2z-2)^3 y}{3}\right]_{y=0}^{y=2-2z} - \int_0^{2-2z} \frac{(y+2z-2)^3}{3}dy\right\} z\,dz$$
$$= -\frac{3}{8}\int_0^1 \left[(y+2z-2)^4\right]_{y=0}^{y=2-2z} z\,dz = 6\int_0^1 (z-1)^4 z\,dz$$
$$= 6\left\{\left[\frac{(z-1)^5 z}{5}\right]_0^1 - \int_0^1 \frac{(z-1)^5}{5}dz\right\} = -\frac{1}{5}\left[(z-1)^6\right]_0^1 = \frac{1}{5} \qquad ∎$$

6.5.2 変数変換

三次正方行列 A があらわす空間の一次変換は対応する図形の体積を $|\det A|$ 倍にするから，三変数の場合についても 6.3 節の議論はほぼ同様に成り立つ．

定理 6.28 体積確定の有界閉集合 $D, E \subset \mathbb{R}^3$ と，E を含むある領域上で定義された C^1 級の変数変換

$$\Phi : \begin{cases} x = x(s,t,u) \\ y = y(s,t,u) \\ z = z(s,t,u) \end{cases}$$

が次の条件をみたしているとする．

(1) $\Phi(E) = D$
(2) 体積 0 の集合 $E_0 \subset E$ で,次が成り立つものがある.
- E_0 を除いたところでは Φ のヤコビアンは 0 でない.
$$\frac{\partial(x,y,z)}{\partial(s,t,u)} = \det \begin{bmatrix} x_s(s,t,u) & x_t(s,t,u) & x_u(s,t,u) \\ y_s(s,t,u) & y_t(s,t,u) & y_u(s,t,u) \\ z_s(s,t,u) & z_t(s,t,u) & z_u(s,t,u) \end{bmatrix} \neq 0$$
- Φ は E から E_0 を除いた部分と D から $\Phi(E_0)$ を除いた部分の間の,上への一対一写像である.

このとき次が成り立つ.
$$\iiint_D f(x,y,z)dxdydz$$
$$= \iiint_E f(x(s,t,u), y(s,t,u), z(s,t,u)) \left| \frac{\partial(x,y,z)}{\partial(s,t,u)} \right| dsdtdu$$

三変数の場合に特に重要なのは**空間極座標**への変換

$$\begin{cases} x = r\sin\theta\cos\varphi \\ y = r\sin\theta\sin\varphi \\ z = r\cos\theta \end{cases}$$

である (図 6.8 参照).これによって

$$dxdydz = r^2 \sin\theta dr d\theta d\varphi$$

となる.この場合も $r\sin\theta = 0$ となるところや,r, θ の値は等しいが φ の値の

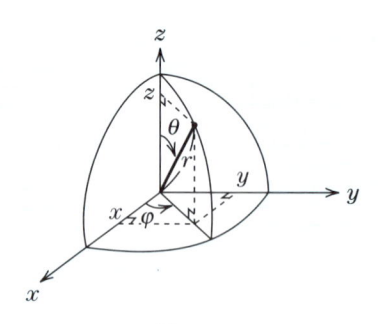

図 6.8

差が 2π の整数倍となる二つ以上の点を含む場合にはそのような点からなる集合が，定理における E_0 として登場する．

--- **例題 6.11** ---

$D = \{(x, y, z) \mid x \geq 0, y \geq 0, z \geq 0, x^2 + y^2 + z^2 \leq 4\}$ のとき
$\iiint_D xyz e^{-(x^2+y^2+z^2)} dxdydz$ を計算せよ．

【解答】 空間極座標変換により $E = \left\{(r, \theta, \varphi) \,\middle|\, 0 \leq r \leq 2, 0 \leq \theta \leq \dfrac{\pi}{2}, 0 \leq \varphi \leq \dfrac{\pi}{2}\right\}$ が D の上に写り，この対応は $r \sin \theta = 0$ のところ以外では一対一である．$dxdydz = r^2 \sin \theta dr d\theta d\varphi$ であるから

$$\iiint_D xyz e^{-(x^2+y^2+z^2)} dxdydz$$
$$= \iiint_E (r \sin\theta \cos\varphi)(r \sin\theta \sin\varphi)(r \cos\theta) e^{-r^2} r^2 \sin\theta dr d\theta d\varphi$$
$$= \int_0^2 r^5 e^{-r^2} dr \int_0^{\frac{\pi}{2}} (\sin\theta)^3 \cos\theta d\theta \int_0^{\frac{\pi}{2}} \sin\varphi \cos\varphi d\varphi$$

置換 $r^2 = s$ により

$$\begin{aligned}\int_0^2 r^5 e^{-r^2} dr &= \frac{1}{2} \int_0^4 s^2 e^{-s} ds \\ &= \frac{1}{2} \Big[-(s^2 + 2s + 2)e^{-s}\Big]_0^4 \\ &= 1 - 13 e^{-4}\end{aligned}$$

また

$$\int_0^{\frac{\pi}{2}} (\sin\theta)^3 \cos\theta d\theta = \left[\frac{1}{4}(\sin\theta)^4\right]_0^{\frac{\pi}{2}} = \frac{1}{4}$$
$$\int_0^{\frac{\pi}{2}} \sin\varphi \cos\varphi d\varphi = \left[\frac{1}{2}(\sin\varphi)^2\right]_0^{\frac{\pi}{2}} = \frac{1}{2}$$

であるから求める積分の値は $\dfrac{1}{8}(1 - 13e^{-4})$ である． ∎

6章の問題

1 次の重積分を計算せよ．

(1) $\iint_{[0,1]\times[1,2]} (x+y)^2\,dxdy$ (2) $\iint_{[1,2]\times[3,4]} \log(x+y)\,dxdy$

(3) $\iint_D \dfrac{dxdy}{\sqrt{x}}$ ただし $D=\{(x,y)\,|\,1\leq x\leq y\leq 2\}$

(4) $\iint_D \dfrac{dxdy}{(1+y)^2}$ ただし $D=\{(x,y)\,|-1\leq x\leq 1,\,x^2\leq y\leq 1\}$

(5) $\iint_D xy\,dxdy$ ただし $D=\{(x,y)\,|\,0\leq x\leq \pi,\,0\leq y\leq \sin x\}$

(6) $\iint_D \sqrt{a^2-y^2}\,dxdy$ ただし $D=\{(x,y)\,|\,x^2+y^2\leq a^2\}$ （$a>0$ は定数）

(7) $\iint_D e^{-xy^2}y^2\,dxdy$ ただし $D=\{(x,y)\,|\,xy\leq 1,\,x\geq 0,\,1\leq y\leq 2\}$

(8) $\iint_D (2x-y)\,dxdy$ ただし $D=\{(x,y)\,|\,x\leq y\leq 2x,\,x+y\leq 3\}$

(9) $\iint_D e^{x+y}\,dxdy$ ただし $D=\{(x,y)\,|\,|x|+|y|\leq 1\}$

(10) $\iint_D y\,dxdy$ ただし $D=\{(x,y)\,|\,x^2+y^2\leq 1,\,0\leq y\leq x\}$

2 次の累次積分の順序を交換せよ．

(1) $\displaystyle\int_{-1}^{1} dx \int_{0}^{2\sqrt{1-x^2}} f(x,y)\,dy$ (2) $\displaystyle\int_{0}^{4} dy \int_{y}^{2\sqrt{y}} f(x,y)\,dx$

(3) $\displaystyle\int_{-2}^{1} dx \int_{x^2}^{2-x} f(x,y)\,dy$ (4) $\displaystyle\int_{0}^{4} dy \int_{y-2}^{\sqrt{y}} f(x,y)\,dx$

3 次の累次積分の値を求めよ．

(1) $\displaystyle\int_{0}^{4} dy \int_{\sqrt{y}}^{2} \dfrac{dx}{\sqrt{9-x^3}}$ (2) $\displaystyle\int_{0}^{1} dy \int_{1}^{2} e^{\frac{y}{x}}\,dx + \int_{1}^{2} dy \int_{y}^{2} e^{\frac{y}{x}}\,dx$

4 次の変数変換のヤコビアンを計算せよ．

(1) $\Phi: \begin{cases} x=s^2-t^2 \\ y=st \end{cases}$ (2) $\Phi: \begin{cases} x=a\,r\cos\theta \\ y=b\,r\sin\theta \end{cases}$ （a,b は定数）

5 極座標変換を利用して次の重積分を計算せよ．

(1) $\iint_D e^{-x^2-y^2}\,dxdy$ ただし $D=\{(x,y)\,|\,x^2+y^2\leq 1\}$

(2) $\iint_D x^2\,dxdy$ ただし $D = \{(x,y)\,|\,y \geq 0,\ 1 \leq x^2+y^2 \leq 2\}$

(3) $\iint_D (x^2+y^2)e^{x^2+y^2}\,dxdy$ ただし $D = \{(x,y)\,|\,x^2+y^2 \leq 1\}$

(4) $\iint_D \dfrac{dxdy}{\sqrt{(x^2+y^2+1)^3}}$ ただし $D = \{(x,y)\,|\,x^2+y^2 \leq 8\}$

(5) $\iint_D \dfrac{dxdy}{\sqrt[4]{x^2+y^2}}$ ただし $D = \{(x,y)\,|\,1 \leq x^2+y^2 \leq 4\}$

(6) $\iint_D y\,dxdy$ ただし $D = \{(x,y)\,|\,x^2+y^2 \leq 1,\ 0 \leq y \leq x\}$

(7) $\iint_D \sqrt{x^2+y^2}\,dxdy$ ただし $D = \{(x,y)\,|\,x^2+y^2 \leq x\}$

(8)* $\iint_D y\,dxdy$ ただし $D = \{(x,y)\,|\,x^2+y^2 \leq x+\sqrt{x^2+y^2},\,y \geq 0\}$

(9)* $\iint_D x\,dxdy$ ただし $D = \{(x,y)\,|\,(x^2+y^2)^3 \leq (x^2-y^2)^2,\,x \geq |y|\}$

6 適当な変数変換を利用して次の重積分を計算せよ.

(1) $\iint_D (x-y)e^{x+y}\,dxdy$
ただし $D = \{(x,y)\,|\,0 \leq x+y \leq 2,\ 0 \leq x-y \leq 2\}$

(2) $\iint_D e^{x+y}\,dxdy$ ただし $D = \{(x,y)\,|\,|x|+|y| \leq 1\}$

(3) $\iint_D x^2\,dxdy$ ただし $D = \{(x,y)\,|\,9x^2+4y^2 \leq 36\}$

(4) $\iint_D dxdy$ ただし $D = \{(x,y)\,|\,|-3x+2y| \leq 1,\ |-x+4y| \leq 1\}$

(5) $\iint_D (x+y)^4\,dxdy$ ただし $D = \{(x,y)\,|\,x^2+2xy+2y^2 \leq 1\}$

7 次の広義積分の値を求めよ.

(1) $\iint_D e^{-x-y}\,dxdy$ ただし $D = \{(x,y)\,|\,0 \leq y \leq 2x\}$

(2) $\iint_D \dfrac{dxdy}{\sqrt[3]{x+2y}}$ ただし $D = \{(x,y)\,|\,x \geq 0,\,y \geq 0,\,0 < x+y \leq 1\}$

(3) $\iint_D \dfrac{dxdy}{\sqrt{(x^2+y^2+2)^3}}$ ただし $D = \mathbb{R}^2$

(4) $\iint_D \dfrac{x\cos xy}{(1+x^2)\sqrt{\sin xy}}\,dxdy$ ただし $D = \left\{(x,y)\,\Big|\,0 < xy < \dfrac{\pi}{2},\,x > 0\right\}$

8 次の広義積分が収束するような定数 a の範囲およびそのときの広義積分の値を求めよ．

(1) $\displaystyle\iint_D \frac{dxdy}{(x+y+1)^a}$　ただし　$D = \{(x,y)\,|\,x \geq 0,\ y \geq 0\}$

(2) $\displaystyle\iint_D \frac{dxdy}{(x^2+y^2)^a}$　ただし　$D = \{(x,y)\,|\,0 < x^2+y^2 \leq 1\}$

9 $D = \mathbb{R}^2$ のとき次の広義積分の値を求めよ．

(1) $\displaystyle\iint_D e^{-x^2-y^2}\,dxdy$　　(2) $\displaystyle\iint_D e^{-4x^2-3y^2}\,dxdy$

(3) $\displaystyle\iint_D e^{-4x^2+4xy-4y^2}\,dxdy$

10*　(1) 変数変換
$$x = \frac{\sin u}{\cos v},\ y = \frac{\sin v}{\cos u}\quad \left(0 < u < \frac{\pi}{2},\ 0 < v < \frac{\pi}{2}\right)$$
を用いて，広義積分 $\displaystyle\iint_D \frac{dxdy}{1-x^2y^2}$ を計算せよ．ただし $D = \{(x,y)\,|\,0 < x < 1,\ 0 < y < 1\}$ とする．

(2) (1) の結果を利用して，広義積分 $\displaystyle\int_0^1 \frac{1}{x}\log\frac{1+x}{1-x}\,dx$ の値を求めよ．

11 次の三重積分を計算せよ．

(1) $D = \{(x,y,z)\,|\,x \geq 0,\ y \geq 0,\ z \geq 0,\ 12x + 20y + 15z \leq 60\}$ のとき
$$\iiint_D x^2\,dxdydz$$

(2) D は (1) と同じとして　$\displaystyle\iiint_D y\,dxdydz$

(3) $D = \{(x,y,z)\,|\,x^2+y^2 \leq 2,\ 0 \leq z \leq 5\}$ のとき　$\displaystyle\iiint_D x^2\,dxdydz$

12 空間極座標への変換のヤコビアンが $r^2 \sin\theta$ であることを確かめよ．

13 極座標変換を利用して次の重積分を計算せよ．a は正の定数とする．

(1) $D = \{(x,y,z)\,|\,x^2+y^2+z^2 \leq a^2,\ x \geq 0,\ y \geq 0,\ z \geq 0\}$ のとき
$$\iiint_D x\,dxdydz$$

(2) $D = \{(x,y,z)\,|\,x^2+y^2+z^2 \leq a^2\}$ のとき
$$\iiint_D (x^2+y^2+z^2)\,dxdydz$$

14* a, b, c, p, q, r, s を正の定数とし，
$$D = \left\{ (x,y,z) \,\middle|\, x \geq 0, y \geq 0, z \geq 0, \frac{x}{a} + \frac{y}{b} + \frac{z}{c} \leq 1 \right\}$$
とするとき，次の等式を示せ．
$$\iiint_D x^{p-1} y^{q-1} z^{r-1} \left(1 - \frac{x}{a} - \frac{y}{b} - \frac{z}{c}\right)^{s-1} dxdydz$$
$$= \frac{\Gamma(p)\Gamma(q)\Gamma(r)\Gamma(s)}{\Gamma(p+q+r+s)} a^p b^q c^r$$

15* r を正の定数とする．

(1) $D = \{(x_1, x_2, x_3, x_4) \,|\, x_1^2 + x_2^2 + x_3^2 + x_4^2 \leq r^2\} \subset \mathbb{R}^4$
とするとき，四重積分 $\iiiint_D dx_1 dx_2 dx_3 dx_4$ を計算せよ．これは半径 r の四次元球体の（四次元的）体積と考えられる．

(2) $D = \{(x_1, x_2, x_3, x_4, x_5) \,|\, x_1^2 + x_2^2 + x_3^2 + x_4^2 + x_5^2 \leq r^2\} \subset \mathbb{R}^5$
とするとき，五重積分 $\idotsint_D dx_1 dx_2 dx_3 dx_4 dx_5$ を計算せよ．これは半径 r の五次元球体の (五次元的) 体積と考えられる．
同様に n 次元球体 $D = \{\boldsymbol{x} \in \mathbb{R}^n \,\big|\, |\boldsymbol{x}| \leq r\}$ の「n 次元的体積」は
$$\int_D d\boldsymbol{x} = \frac{(\sqrt{\pi}r)^n}{\Gamma\left(\dfrac{n}{2} + 1\right)}$$
である．

附　録　A

A.1　微分方程式とは

物理などで現象を数学的に記述するには，微分方程式とよばれる考え方が不可欠である．

例 A.1　(1)　放射性元素は放射線を出しながらほかの物質に変わっていくが，その変化の速さはそのときの原子の総数に比例するという．時刻 t におけるこの物質の原子の総数を $x = x(t)$ としてこのことを式にあらわすと，

$$\frac{dx}{dt} = -kx \tag{A.1}$$

となる．ここで $k > 0$ は崩壊定数とよばれる定数である．

(2)　水平で滑らかな床の上で，弾性定数 $k > 0$ の軽いバネの一端を固定し，他端に質量 $m(> 0)$ の小さい錘をつける．バネを自然な状態にして，それから錘を少し引っ張って，そっと手を離すと錘は振動を始める（単振動）が，時刻 t における錘の釣り合いの位置からの変位を $x = x(t)$ とすれば次を得る．

$$m\frac{d^2x}{dt^2} = -kx \tag{A.2}$$

これらは t を独立変数とする関数 $x = x(t)$ と，その導関数（高次導関数も含めて）の関係をあらわしている．このような式を，t を独立変数とする，未知関数関数 $x = x(t)$ についての**常微分方程式**という．また，独立変数が二つ以上ある関数とその偏導関数（高次も含む）についての関係式を**偏微分方程式**という．本節では常微分方程式を単に**微分方程式**ということにする．

微分方程式をみたす関数を，その微分方程式の**解**という．今後誤解のおそれがなければ微分方程式を単に方程式ということがある．これまで学んだ方程式については，解は数やベクトルなどであったが，微分方程式の解は関数であることに注意してほしい．例えば関数 $x = e^{-kt}$ は微分方程式 (A.1) をみたすので，この方程式の解である．この方程式の解はほかにもあり，次の小節で述べるように，それらは全て

$$x = Ce^{-kt} \quad (C：定数)$$

の形である．このように，任意にとれる定数を含み，解の一般的な形をあらわすもの

を**一般解**という．ここで，時刻 t_0 におけるこの放射性元素の原子の総数が x_0 であったとすれば，上の式で $t = t_0$ とすることにより，定数 C が $C = x_0 e^{kt_0}$ であると定まり，この条件をみたす解

$$x = x_0 e^{-k(t-t_0)}$$

を得る．これを**初期条件** $x(t_0) = x_0$ をみたす**特殊解**という．応用上はこのように然るべき条件をみたす特殊解を求めることが重要であるが，本節では数学的訓練に重きをおき，いくつかの方程式について一般解を求める方法を解説する．

微分方程式に含まれる導関数の次数の最大値をその方程式の**階数**という．例えば (A.1) は一階の方程式，(A.2) は二階の方程式である．(A.2) について，$\omega = \sqrt{\dfrac{k}{m}}$ とおけば，この方程式の一般解は，後の小節で述べるように

$$x = a\cos\omega t + b\sin\omega t \quad (a, b：任意定数)$$

である．(A.1) は一階の方程式であるから任意定数は一つで済んだが，(A.2) は二階の方程式であるので任意定数は二つ要るのである．一般に，n 階の方程式の一般解には任意定数が n 個含まれ，これらを決定して特殊解を得るには n 個の条件が必要である．例えば，例A.1 (2) の状況で，時刻 $t = 0$ において x_0 引っ張った状態でそっと手を離したのであれば，初期条件

$$\begin{cases} x(0) = x_0 \\ \dfrac{dx}{dt}(0) = 0 \end{cases}$$

が課されるので，特殊解

$$x = x_0 \cos\omega t$$

が得られ，これが錘の運動をあらわす．

ここまで物理を意識して独立変数として t を，未知関数として $x = x(t)$ をとってきたが，以後数学の慣習にしたがって x を独立変数とし，未知関数 $y = y(x)$ についての微分方程式を扱う．この記法によれば方程式 (A.1), (A.2) はそれぞれ次のようになる：

$$\frac{dy}{dx} = -ky, \quad m\frac{d^2 y}{dx^2} = -ky$$

A.2 一階線形方程式

次の形の微分方程式を**一階線形方程式**という：

$$y' + p(x)y = q(x) \tag{A.3}$$

ただし, $p(x), q(x)$ は既知の関数とする.関数 $q(x)$ を**非斉次項**あるいは**非同次項**という. 特に $q(x)$ が恒等的に 0 に等しい方程式

$$y' + p(x)y = 0 \tag{A.4}$$

を**斉次**あるいは**同次**であるといい, $q(x)$ が一般の場合を**非斉次**あるいは**非同次**であるという. まず斉次方程式 (A.4) の解法を述べよう.

一階線形斉次方程式の解法 $P(x)$ を関数 $p(x)$ の (一つの) 原始関数とすれば, 方程式 (A.4) の一般解は

$$y = Ce^{-P(x)} \quad (C:任意定数)$$

特に, 条件 $y(a) = b$ をみたす特殊解は

$$y = be^{-\int_a^x p(t)dt}$$

[証明] 合成関数の微分法により,

$$\left(e^{-P(x)}\right)' = e^{-P(x)}(-P(x))' = -p(x)e^{-P(x)}$$

であるから $e^{-P(x)}$ は方程式 (A.4) の一つの解である. ほかの解を求めるために $y = we^{-P(x)}$ とおけば,

$$\begin{aligned} y' &= w'e^{-P(x)} + w\left(e^{-P(x)}\right)' \\ &= w'e^{-P(x)} - p(x)we^{-P(x)} = w'e^{-P(x)} - p(x)y \end{aligned}$$

であるから, w がみたすべき方程式は $w' = 0$ となり, w は定数である. 後半の確認は読者に委ねる. ∎

非斉次方程式の解法を述べよう. 非斉次方程式 (A.3) と, $q(x)$ を定数関数 0 に置き換えて得られる斉次方程式 (A.4) には密接な関係がある. すなわち

一階線形非斉次方程式の解法 (その 1) 方程式 (A.3) の (一つの) 特殊解 $y_0(x)$ が得られれば, 方程式 (A.3) の一般解は, これと $z = z(x)$ についての斉次方程式

$$z' + p(x)z = 0 \tag{A.5}$$

の一般解の和である. すなわち, $P(x)$ を $p(x)$ の (一つの) 原始関数とすれば, 方程式 (A.3) の一般解は

$$y = y_0(x) + Ce^{-P(x)} \quad (C:任意定数)$$

[証明の粗筋] $y_0(x)$ を方程式 (A.3) の特殊解とする. $y = y_0 + z$ とおくと, 関数 $y = y(x)$ が方程式 (A.3) をみたすことと, 関数 $z = z(x)$ が方程式 (A.5) をみたすこ

ととが同等であることは容易に確かめられる．方程式 (A.5) の一般解は $z = Ce^{-P(x)}$ (C：任意定数) であったから，上の結論を得る．　∎

方程式 (A.3) の特殊解が容易にはみつからない場合には，これから述べる**定数変化法**による．上に述べた斉次方程式の解法の証明のように $y = we^{-P(x)}$ とおく．ここで関数 $w = w(x)$ をうまくとって方程式 (A.3) をみたすようにしようというのである．斉次方程式の一般解の任意定数を変化させて非斉次方程式の解を作ろうとするので，定数変化法という．$y' = w'e^{-P(x)} - p(x)y$ であるから，w がみたすべき方程式は $w'e^{-P(x)} = q(x)$ すなわち

$$w' = q(x)e^{P(x)}$$

であるから，これを積分して次を得る．

一階線形非斉次方程式の解法（その 2） $P(x)$ を $p(x)$ の（一つの）原始関数とすれば，方程式 (A.3) の一般解は

$$y = e^{-P(x)} \int q(x) e^{P(x)} dx$$

(任意定数は積分定数として積分に含まれていることに注意)

例 A.2 (1) 前の小節で取り上げた微分方程式 (A.1) の変数を書き換えた方程式

$$y' = -ky \quad \text{すなわち} \quad y' + ky = 0$$

は一階線形斉次方程式である．その一般解は

$$y = Ce^{-kx} \quad (C：任意定数)$$

(2) 微分方程式

$$y' + 2xy = 0$$

は一階線形斉次方程式である．その一般解は

$$y = Ce^{-x^2} \quad (C：任意定数)$$

条件 $y(2) = 3$ をみたす特殊解は

$$y = 3e^{-x^2+4}$$

(3) 微分方程式

$$y' + 2xy = 2x^2 + 1$$

は一階線形非斉次方程式である．$y_0 = x$ はこの方程式の特殊解であるから，一般解は

$$y = x + Ce^{-x^2} \quad (C：任意定数)$$

　□

注意 A.1 定数変化法による計算は困難なことが少なくない．上の**例 A.2** (3) もそのようなものの一つであろう．特殊解をみつけられればそれに越したことはない．なお，微分方程式には「一つみつければ云々」という話が多い．

A.3 変数分離形

次の形の微分方程式を**変数分離形**という:

$$y' = p(x)q(y) \tag{A.6}$$

ただし, $p(x), q(y)$ は既知の関数とする.

定数関数の導関数は定数関数 0 であるから, $q(k) = 0$ となる値 k があれば, 定数関数 $y = k$ は微分方程式 (A.6) の解であることに注意しよう.

それ以外の解を求めるため, $q(y)$ は恒等的には 0 でないとして両辺を $q(y)$ で割る.

$$\frac{1}{q(y)}\frac{dy}{dx} = p(x)$$

この両辺を x について積分する. 左辺の積分は, 置換積分法によって

$$\int \frac{1}{q(y(x))}\frac{dy}{dx}dx = \int \frac{dy}{q(y)}$$

となることに注意しよう. これにより方程式 (A.6) の一般解が得られるが, この計算を, $y' = \dfrac{dy}{dx}$ という記法に積極的な意味を持たせて, 次のように書くことも多い.

(A.6) より
$$\frac{dy}{q(y)} = p(x)dx$$

両辺を積分して
$$\int \frac{dy}{q(y)} = \int p(x)dx$$

この第一式の形から変数分離形とよぶのである. 第二式が一般解をあらわす. 任意定数は積分定数の形で積分に含まれてはいるものの, みにくいので注意を要する. この式から解の $y = \varphi(x)$ の形の表示を得るのは容易でないこともある.

変数分離形の方程式の解法 変数分離形の方程式 (A.6) の一般解は, $P(x), \Psi(y)$ をそれぞれ $p(x), \dfrac{1}{q(y)}$ の原始関数とすれば,

$$\Psi(y) = P(x) + C \quad (C: 任意定数)$$

あるいは移項して次のように書いてもよい (C は上の式のものとは一致しない).

$$\int p(x)dx - \int \frac{dy}{q(y)} = C \quad (C: 任意定数)$$

注意 A.2 (1) 一般に, 微分方程式から x と y の関係式が得られれば, それを y について解いて得られる陰関数が微分方程式の解であるが, 簡単に $y = \varphi(x)$ の形に書けるとは限らない. その場合には x と y のみやすい関係式を求めることを以って「方程式を解いた」としてよい.

(2) この小節の最初に注意した定数関数の解は，一般解の任意定数の値をうまく（多くは $0, \infty$ など）とれば得られることも少なくない．
(3) 前の小節で述べた一階線形斉次方程式も変数分離形の例ではあるが，これは変数分離形とは考えず，線形方程式として扱った方がよい．
(4) いくつかの方程式が変数分離形に帰着するが，それについては問題を参照のこと．

例 A.3 微分方程式
$$y' = 4x^3 y^2$$
は変数分離形である．定数関数 $y = 0$ はこの方程式の解である．これ以外の解を求めるため，y は恒等的には 0 でないとして，
$$4x^3 - \frac{y'}{y^2} = 0$$
$$4x^3 dx - y^{-2} dy = 0$$
両辺を積分して
$$x^4 + y^{-1} = C \quad (C : 任意定数)$$
これを整理して
$$y = \frac{1}{C - x^4} \quad (C : 任意定数)$$
これが一般解である．ここで $C \to \infty$ とすれば定数関数 $y = 0$ を得る． □

A.4 二階線形方程式

次の形の微分方程式を**二階線形方程式**という：
$$y'' + p(x)y' + q(x)y = r(x) \tag{A.7}$$

ただし，$p(x), q(x), r(x)$ は既知の関数とする．一階線形方程式の場合と同様に，関数 $r(x)$ を**非斉次項**あるいは**非同次項**といい，$r(x)$ が恒等的に 0 に等しい方程式
$$y'' + p(x)y' + q(x)y = 0 \tag{A.8}$$
を**斉次**あるいは**同次**であるといい，$r(x)$ が一般の場合を**非斉次**あるいは**非同次**であるという．非斉次方程式と斉次方程式の関係は一階線形方程式の場合と同様である．すなわち，

定理 A.4 非斉次方程式 (A.7) の（一つの）特殊解 $y_0(x)$ が得られれば，方程式 (A.7) の一般解は，y_0 と斉次方程式 (A.8) の一般解の和である．

特殊解が容易にみつかるものの例については問題を参照されたい．斉次方程式の一般解が得られたときに，非斉次方程式を解く方法として定数変化法があることも一階の場合と同様であるが，計算が面倒なことが多いのであまりお勧めできない．

一階の場合と異なるのは,「斉次方程式 (A.8) は一般には求積法（積分を主体とする方法）では解けない」ということである．ここでは**定数係数**の場合，すなわち関数 $p(x), q(x)$ が定数の場合：

$$y'' + py' + qy = 0 \quad (p, q：実定数) \tag{A.9}$$

についてその解法を述べる．なお，非斉次方程式 (A.7) については $p(x), q(x)$ が定数であれば（$r(x)$ が定数でなくても）定数係数という．

未知数 t に関する二次方程式

$$t^2 + pt + q = 0 \tag{A.10}$$

を微分方程式 (A.9) の**特性方程式**という．

定数係数の二階線形斉次方程式の解法　方程式 (A.9) の一般解は次のとおり．
(1) 特性方程式 (A.10) が相異なる二つの実数解 α, β を持つとき

$$y = C_1 e^{\alpha x} + C_2 e^{\beta x} \quad (C_1, C_2：任意定数) \tag{A.11}$$

(2) 特性方程式 (A.10) が実数の二重解 α を持つとき

$$y = (c_0 + c_1 x) e^{\alpha x} \quad (c_0, c_1：任意定数) \tag{A.12}$$

(3) 特性方程式 (A.10) が互いに共役な二つの虚数解 $-\gamma \pm i\omega$（γ, ω は実数で $\omega > 0$）を持つとき

$$y = e^{-\gamma x}(a \cos \omega x + b \sin \omega x) \quad (a, b：任意定数) \tag{A.13}$$

[証明の粗筋]　特性方程式 (A.10) の（重複する場合も含めて）二つの解が α, β ならば (A.10) の左辺は

$$t^2 + pt + q = (t - \alpha)(t - \beta)$$

と因数分解される．
(i) α, β が実数の場合

$$y'' + py' + qy = (y' - \beta y)' - \alpha(y' - \beta y)$$

である（これを確かめよ）．ここで

$$z = y' - \beta y \tag{A.14}$$

とおけば方程式 (A.9) は $z' - \alpha z = 0$ となる．これは一階線形斉次方程式であるから容易に解けて，その一般解は

$$z = C e^{\alpha x} \quad (C：任意定数)$$

これを式 (A.14) に代入すれば，これは y についての一階線形非斉次方程式である．
・α, β が特性方程式の相異なる二つの実数解のとき
式 (A.14) は一階線形方程式

$$y' - \beta y = C e^{\alpha x} \tag{A.15}$$

A.4 二階線形方程式

であり，C の値を決めると，これは $y = C_1 e^{\alpha x}$（C_1：定数）の形の特殊解を持つ．(A.15) に代入すれば $C_1 = \dfrac{C}{\alpha - \beta}$ を得る．C は任意であったから C_1 が任意にとれることになる．(A.15) に対応する斉次方程式の一般解 $C_2 e^{\beta x}$ と合わせて，方程式 (A.9) の一般解 (A.11) を得る．

- $\alpha = \beta$ が特性方程式の実数の二重解のとき

式 (A.14) は一階線形方程式
$$y' - \alpha y = Ce^{\alpha x} \tag{A.16}$$
であり，C の値を決めると，これは $y = c_1 x e^{\alpha x}$（c_1：定数）の形の特殊解を持つ．(A.16) に代入すれば $c_1 = C$ を得る．(A.16) に対応する斉次方程式の一般解 $c_0 e^{\alpha x}$ と合わせて，方程式 (A.9) の一般解 (A.12) を得る．

(ii) α, β が（互いに共役な）虚数の場合

実一変数複素数値関数 $w = w(x)$ を考えれば，第 1 章で述べたように，上と同様の議論が展開でき，実一変数複素数値関数 $w = w(x)$ を未知関数とする方程式
$$w'' + pw' + qw = 0 \tag{A.17}$$
の一般解が
$$w = C_1 e^{\alpha x} + C_2 e^{\beta x} \quad (C_1, C_2：任意の複素定数) \tag{A.18}$$
であることがわかる．複素数値関数 $w = w(x)$ の実部を $u = u(x)$，虚部を $v = v(x)$ とすれば
$$w = u + iv, \quad w' = u' + iv', \quad w'' = u'' + iv''$$
である（変数 x は実数であることに注意）から，係数 p, q が実数であることにより，

w が方程式 (A.17) の解 $\iff u, v$ が共に方程式 (A.9) の解

が成り立つ．$\alpha = -\gamma + i\omega$，$\beta = -\gamma - i\omega$ （γ, ω：実数，$\omega > 0$）とすれば，オイラーの公式により
$$e^{(-\gamma \pm i\omega)x} = e^{-\gamma x}(\cos \omega x \pm i \sin \omega x)$$
であるから，(A.18) より方程式 (A.9) の一般解は (A.13) であることがわかる． ∎

例 A.5 (1) 方程式 $y'' - 8y' + 15y = 0$ の一般解は
$$y = C_1 e^{3x} + C_2 e^{5x} \quad (C_1, C_2：任意定数)$$
(2) 方程式 $y'' + 6y' + 9y = 0$ の一般解は
$$y = (c_0 + c_1 x)e^{-3x} \quad (c_0, c_1：任意定数)$$
(3) 方程式 $y'' + 6y' + 13y = 0$ の一般解は
$$y = e^{-3x}(a \cos 2x + b \sin 2x) \quad (a, b：任意定数)$$
□

附録 A の問題

1 次の一階線形方程式の一般解を求めよ（α：定数）．
(1) $y' - \alpha y = 0$ (2) $xy' - \alpha y = 0$ (3) $y' + y \sin x = 0$
(4) $y' + 2xy = 2x^3$ (5) $y' \cos x + y \sin x = 1$

2 次の変数分離形の微分方程式の一般解を求めよ．
(1) $y' = 6x^2 y^3$ (2) $y' = \sin x \tan y$
(3) $(x^2 + 1)y' + 3xy^2 = 0$ (4) $y' = \dfrac{y^2 + 5}{\sqrt{x^2 + 3}}$

3 次の定数係数の二階線形斉次方程式の一般解を求めよ．
(1) $y'' + 4y' + 3y = 0$ (2) $y'' + 4y' + 4y = 0$ (3) $y'' + 4y + 9y = 0$

4 定数係数の線形非斉次方程式は，非斉次項に似た形の特殊解を持つことが少なくない．次の方程式について，後に示した形の特殊解を見出すことによって，その一般解を求めよ．
(1) $y'' - 5y' + 6y = 6x^2 + 8x - 7$, $y = ax^2 + bx + c$ （a, b, c：定数）
(2) $y'' - 5y' + 6y = e^{5x}$, $y = ke^{5x}$ （k：定数）
(3) $y'' - 5y' + 6y = e^{2x}$, $y = kxe^{2x}$ （k：定数）
(4) $y'' + 4y' + 7y = 2\sin 3x$, $y = A\cos 3x + B\sin 3x$ （A, B：定数）
(5) $y'' + 9y = 2\sin 3x$, $y = x(A\cos 3x + B\sin 3x)$ （A, B：定数）

5 定数係数ではない二階線形方程式が一般には求積法では解けないことは本文に述べたが，斉次方程式 (A.8) の 0 でない解 $y = y_1(x)$ が得られれば，変換 $y = zy_1(x)$ によって方程式 (A.7) は z' に関する一階線形方程式に帰着する（これを**階数低下法**という）．このことを確かめ，この方法によって方程式

$$x(x-3)y'' - (x^2 - 6)y' + 3(x-2)y = 0$$

の一般解を求めよ．

6 $y' = f\left(\dfrac{y}{x}\right)$ の形の方程式を**同次形**という．同次形の方程式は，変換 $y = zx$ によって z を未知関数とする変数分離形の方程式に帰着する．このことを確かめ，この方法によって方程式 $y' = \dfrac{3x^2 - y^2}{x^2 + y^2}$ の一般解を求めよ．

7 連立一次方程式 $\begin{cases} a_1 x + b_1 y + c_1 = 0 \\ a_2 x + b_2 y + c_2 = 0 \end{cases}$ （$a_1 b_2 - a_2 b_1 \neq 0$）の解を $x = x_0$,

$y = y_0$ とする．微分方程式 $y' = f\left(\dfrac{a_1 x + b_1 y + c_1}{a_2 x + b_2 y + c_2}\right)$ は変換 $X = x - x_0$, $Y = y - y_0$ によって，X を独立変数，$Y = Y(X)$ を未知関数とする同次形の方程式に帰着する．このことを確かめ，この方法によって方程式 $y' = \dfrac{6x + y - 10}{2x + y + 2}$ の一般解を求めよ．

8 $y' + p(x)y + q(x)y^n = 0$ $(n \neq 0, 1)$ の形の方程式を**ベルヌーイの方程式**という．これは変換 $z = y^{1-n}$ によって，z を未知関数とする一階線形方程式に帰着する（両辺に $(1-n)y^{-n}$ を掛けてみよ）．このことを確かめ，この方法によって方程式 $y' + x^2 y - x^2 y^4 = 0$ の一般解を求めよ．

9 $y' + a(x)y^2 + b(x)y + c(x) = 0$ の形の方程式を**リッカティの方程式**という．これは一般には求積法では解けないことが知られているが，一つの特殊解 $y = y_0(x)$ が得られれば，変換 $z = y - y_0(x)$ によって z に関するベルヌーイの方程式に帰着する．このことを確かめ，この方法によって方程式

$$y' - (2x^2 - 1)y^2 + (4x^2 + 2x - 2)y - (2x^2 + 2x - 1) = 0$$

の一般解を求めよ．

10 二階線形方程式とリッカティの方程式は密接な関係がある．$w = \dfrac{y'}{y}$ とおけば y が斉次方程式 $y'' + p(x)y' + q(x)y = 0$ をみたすことと，w がリッカティの方程式 $w' + w^2 + p(x)w + q(x) = 0$ をみたすこととは同等である．このことを確かめ，これを利用して方程式

$$x(x-1)y'' - (x^4 - x^2 + 2x - 1)y' + x^2(x^3 - x^2 + 1)y = 0$$

の一般解を求めよ．

附　録　B

B.1　空間図形

この節では空間図形に関する事項をまとめておく．前半で扱う空間内の直線と平面に関する基本事項は第 5 章以降を読む際に必要となるが，線形代数でこれらになじんでいる読者は読みとばしてよい．後半では曲線と曲面に関する基本事項を，ベクトル値関数の微分の立場から簡単に解説する．

点の座標やベクトルの成分の表記については，第 5 章冒頭で述べたように，点とその位置ベクトルを同一視する．

B.1.1　直線の方程式

座標平面上の直線については $y = ax + b$ の形が一般的であったが，次のようにベクトルを用いて表示すれば，座標平面上の場合も座標空間内の場合も同じ形で述べることができる．

---**直線のベクトル表示**---

(1)　点 p を通りベクトル $a\ (\neq \mathbf{0})$ に平行な直線上の点の位置ベクトル x は
$$x = p + ta \quad (t \in \mathbb{R})$$
とあらわせる（a をこの直線の**方向ベクトル**という）．

(2)　相異なる二点 p, q を通る直線上の点の位置ベクトル x は
$$x = (1-t)p + tq \quad (t \in \mathbb{R})$$
とあらわせる．

$\mathbb{R}^n$ においても，上の (1) や (2) の x の形であらわされるベクトルの終点の全体を直線とよぶ．また (2) において t の範囲を $[0, 1]$ に制限すれば二点 p, q を結ぶ線分となるが，この用語も $\mathbb{R}^n$ に拡張して用いる．

座標平面上の場合，ベクトル表示において $x = (x, y)$ とすれば x, y は t の一次式としてパラメタ表示され，そこから t を消去すればおなじみの $y = ax + b$（あるいは $x = c$）の形の表示が得られる．

座標空間内の場合にもパラメタ表示は同様であるが，そこからパラメタ t を消去すると次の形となる．

座標空間内の直線の方程式

点 (x_0, y_0, z_0) を通り，ベクトル $(\alpha, \beta, \gamma) \neq \mathbf{0}$ に平行な直線の方程式は
(1) $\alpha\beta\gamma \neq 0$ のとき
$$\frac{x-x_0}{\alpha} = \frac{y-y_0}{\beta} = \frac{z-z_0}{\gamma} \ (=t)$$
(2) α, β, γ の一つのみが 0 のとき，例えば $\alpha\beta \neq 0, \ \gamma = 0$ のとき
$$\frac{x-x_0}{\alpha} = \frac{y-y_0}{\beta} \ (=t), \ z = z_0$$
(3) α, β, γ の二つが 0 のとき，例えば $\alpha \neq 0, \ \beta = \gamma = 0$ のとき
$$y = y_0, \ z = z_0$$

注意 B.1 分母が 0 の場合には分子も 0 であるものと解釈すれば，(2),(3) も (1) に含めることができる．

例 B.1 (1) 二点 $(1,0,3), (2,1,1)$ を通る直線を考える．方向ベクトルとして $(2,1,1) - (1,0,3) = (1,1,-2)$ がとれるから，方程式は
$$x - 1 = y = \frac{z-3}{-2}$$
(2) 二点 $(1,0,3), (2,1,3)$ を通る直線を考える．方向ベクトルとして $(2,1,3) - (1,0,3) = (1,1,0)$ がとれるから，方程式は
$$x - 1 = y, \quad z = 3$$

B.1.2 座標空間内の平面

座標空間内で点 p を通りベクトル $n \ (\neq \mathbf{0})$ に垂直な平面を考える（n をこの平面の**法線ベクトル**という）．この平面上の点の位置ベクトルを x とすれば $x - p$ は n に垂直であるから，内積 $\langle x - p, n \rangle = 0$ である．成分であらわせば次の公式を得る．

座標空間内の平面の方程式

点 (x_0, y_0, z_0) を通り，ベクトル $(\alpha, \beta, \gamma) \neq \mathbf{0}$ に垂直な平面の方程式は
$$\alpha(x-x_0) + \beta(y-y_0) + \gamma(z-z_0) = 0$$

ここでベクトル積（外積）について復習しておこう．二つの空間ベクトル a, b に対し次の性質を持つベクトル c がただ一つ存在する．
(1) c は a および b に直交する．すなわち $\langle c, a \rangle = \langle c, b \rangle = 0$
(2) $|c|$ は a, b の張る平行四辺形の面積に等しい．
(3) a, b, c はこの順に右手系をなす．
ただし a, b のいずれかが $\mathbf{0}$ の場合や，a, b が平行である場合は条件 (2) から $c = \mathbf{0}$ と考える．この c を $a \times b$ と書き，a, b の**ベクトル積**（または**外積**）という．成分表示は

$$\boldsymbol{a} = \begin{bmatrix} a_1 \\ a_2 \\ a_3 \end{bmatrix}, \quad \boldsymbol{b} = \begin{bmatrix} b_1 \\ b_2 \\ b_3 \end{bmatrix}$$

のとき

$$\boldsymbol{a} \times \boldsymbol{b} = \begin{bmatrix} a_2 b_3 - a_3 b_2 \\ a_3 b_1 - a_1 b_3 \\ a_1 b_2 - a_2 b_1 \end{bmatrix} = \begin{bmatrix} \begin{vmatrix} a_2 & b_2 \\ a_3 & b_3 \end{vmatrix} \\ -\begin{vmatrix} a_1 & b_1 \\ a_3 & b_3 \end{vmatrix} \\ \begin{vmatrix} a_1 & b_1 \\ a_2 & b_2 \end{vmatrix} \end{bmatrix}$$

である.

例 B.2 三点 $P(1, 1, 0), Q(0, -2, 4), R(3, -1, 1)$ を通る平面を考える.法線ベクトルとして

$$\overrightarrow{PQ} \times \overrightarrow{PR} = \begin{bmatrix} -1 \\ -3 \\ 4 \end{bmatrix} \times \begin{bmatrix} 2 \\ -2 \\ 1 \end{bmatrix} = \begin{bmatrix} 5 \\ 9 \\ 8 \end{bmatrix}$$

がとれるから,方程式は

$$5(x-1) + 9(y-1) + 8z = 0 \quad \text{すなわち} \quad 5x + 9y + 8z = 14 \qquad \square$$

B.1.3 曲線と接線ベクトル

座標平面上の曲線 C のパラメタ表示

$$x = x(t), \quad y = y(t)$$

をベクトル値関数

$$\boldsymbol{x}(t) = \begin{bmatrix} x(t) \\ y(t) \end{bmatrix}$$

と同一視し,

$$\boldsymbol{x}'(t_0) = \begin{bmatrix} x'(t_0) \\ y'(t_0) \end{bmatrix}$$

を曲線 C の $\boldsymbol{x}(t_0)$ における**接線ベクトル**という.パラメタ表示された曲線の接線の傾きは

$$\frac{dy}{dx} = \frac{\dfrac{dy}{dt}}{\dfrac{dx}{dt}}$$

で計算されるのであったから,$\boldsymbol{x}'(t_0)$ は確かに接線に平行である.ベクトル $\boldsymbol{x}'(t_0)$ の向きが曲線 C の($\boldsymbol{x}(t_0)$ の充分ちかくにおける)方向を示しているわけであるが,一

方, ベクトル $\bm{x}'(t_0)$ の大きさ (ノルム) $|\bm{x}'(t_0)|$ は t の変化に対する $\bm{x}(t)$ の変化の割合をはかるスカラー量である. 例えば座標平面上を運動する質点の時刻 t における座標が $\bm{x}(t)$ で与えられるとき, $\bm{x}'(t_0)$ は $t = t_0$ における速度 (速度ベクトル) をあらわす. つまり $\bm{x}'(t_0)$ の向きが運動の向きを, 大きさ $|\bm{x}'(t_0)|$ が運動の速さをあらわしている. パラメタ表示された曲線の長さの公式 (4.4.1 の定理 4.29) は

$$\int_\alpha^\beta |\bm{x}'(t)|\, dt$$

とあらわされるから,「速さを積分すれば道のりが得られる」ことがわかる.

$\mathbb{R}^3$ に値をとるベクトル値関数についても同様であり, この場合はパラメタ表示された座標空間内の曲線を考えることになる.

例 B.3 (円運動) R, ω を正の定数とするとき

$$\bm{x}(t) = \begin{bmatrix} R\cos\omega t \\ R\sin\omega t \end{bmatrix}$$

は原点を中心とする半径 R の円上の運動をあらわす.

$$\bm{x}'(t) = \begin{bmatrix} -R\omega \sin t \\ R\omega \cos t \end{bmatrix}$$

であるから, 接線ベクトル $\bm{x}'(t_0)$ は接点の位置ベクトル $\bm{x}(t_0)$ に垂直であること, また $|\bm{x}'(t_0)| = R\omega$ (t によらず一定) であることがわかる (等速円運動).

速さが一定とは限らない場合でも, $|\bm{x}(t)| = R$ であれば

$$x(t)^2 + y(t)^2 = R^2$$

の両辺を t で微分することにより

$$2x(t)x'(t) + 2y(t)y'(t) = 0 \quad \text{すなわち} \quad \langle \bm{x}(t), \bm{x}'(t) \rangle = 0$$

であるから, 接線ベクトルが接点の位置ベクトルに垂直であることがわかる. □

二変数関数 $f = f(x, y)$ の等位線について考察しよう. 等位線 $f(x, y) = c$ (c:定数) が曲線をあらわしているとし, (x_0, y_0) はこの曲線上の点で特異点ではない (すなわち $(f_x(x_0, y_0), f_y(x_0, y_0)) \neq (0, 0)$ をみたしている) とする.

$$\bm{x}(t) = \begin{bmatrix} x(t) \\ y(t) \end{bmatrix}$$

をこの曲線のパラメタ表示で

$$\bm{x}(t_0) = \begin{bmatrix} x_0 \\ y_0 \end{bmatrix}$$

かつ $t = t_0$ において微分可能であるものとする.

$$f(x(t), y(t)) = c$$

であるから, f が全微分可能と仮定すれば連鎖律により

$$f_x(x_0, y_0)x'(t_0) + f_y(x_0, y_0)y'(t_0) = 0$$

すなわち

$$\langle (\nabla f)(x_0, y_0), \boldsymbol{x}'(t_0) \rangle = 0$$

である.ただし $(\nabla f)(x_0, y_0)$ は f の点 (x_0, y_0) における勾配ベクトル(140 頁参照)である.こうして勾配ベクトルが等位線の接線ベクトルに垂直であることがわかり,次の定理が得られた.

定理 B.4 勾配ベクトル $(\nabla f)(x_0, y_0)$ は等位線 $f(x, y) = c$ の点 (x_0, y_0) における法線に平行である.

B.1.4 曲面

座標空間内の曲面 S は一般に二つのパラメタによって

$$x = x(u, v), \quad y = y(u, v), \quad z = z(u, v)$$

と表示される.これを二変数のベクトル値関数

$$\boldsymbol{x}(u, v) = \begin{bmatrix} x(u, v) \\ y(u, v) \\ z(u, v) \end{bmatrix}$$

と同一視することにしよう.

$x(u_0, v_0)$ を S 上の点とする.$v = v_0$ と固定し u のみをパラメタとみなせば S 上の曲線

$$\boldsymbol{x}(u, v_0)$$

が得られ,この曲線の点 $x(u_0, v_0)$ における接線ベクトルは

$$\frac{\partial \boldsymbol{x}}{\partial u}(u_0, v_0) = \begin{bmatrix} \dfrac{\partial x}{\partial u}(u_0, v_0) \\ \dfrac{\partial y}{\partial u}(u_0, v_0) \\ \dfrac{\partial z}{\partial u}(u_0, v_0) \end{bmatrix}$$

である.同様に $u = u_0$ と固定した場合には曲線

$$\boldsymbol{x}(u_0, v)$$

が得られ,この曲線の点 $x(u_0, v_0)$ における接線ベクトルは

$$\frac{\partial \boldsymbol{x}}{\partial v}(u_0, v_0) = \begin{bmatrix} \dfrac{\partial x}{\partial v}(u_0, v_0) \\ \dfrac{\partial y}{\partial v}(u_0, v_0) \\ \dfrac{\partial z}{\partial v}(u_0, v_0) \end{bmatrix}$$

である.これらの接線ベクトルのベクトル積として,曲面 S の $x(u_0, v_0)$ における**法**

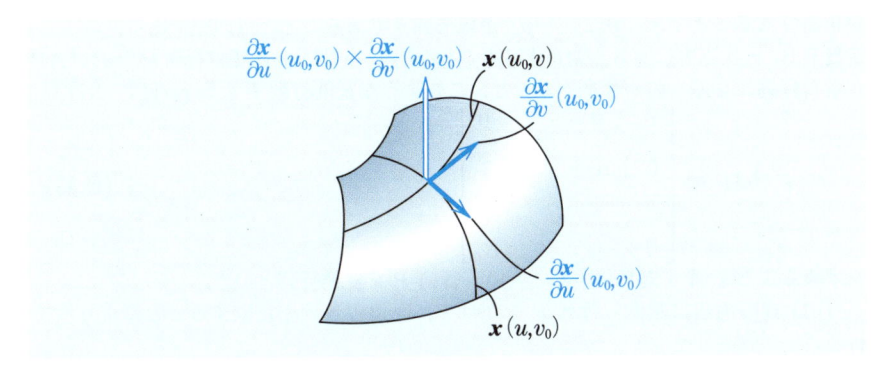

図 B.1

線ベクトルが次のように計算できることがわかる.

$$\frac{\partial \boldsymbol{x}}{\partial u}(u_0, v_0) \times \frac{\partial \boldsymbol{x}}{\partial v}(u_0, v_0)$$

特に二変数関数 $f(x,y)$ が与えられたとき,パラメタとして x,y をとれば曲面 $z = f(x,y)$ のパラメタ表示 $\begin{bmatrix} x \\ y \\ f(x,y) \end{bmatrix}$ を得るが,5.3.3 ではこれに上述のことをおこなって法線ベクトルを得たのである.

三変数関数 $f = f(x,y,z)$ に対し,

$$(\nabla f)(x_0, y_0, z_0) = \begin{bmatrix} f_x(x_0, y_0, z_0) \\ f_y(x_0, y_0, z_0) \\ f_z(x_0, y_0, z_0) \end{bmatrix}$$

を点 (x_0, y_0, z_0) における f の勾配ベクトルという.また $f(x,y,z) = c$ をみたす $(x,y,z) \in \mathbb{R}^3$ の全体は一般に曲面をあらわし,これを f の等位面という.二変数関数の場合と同様に次が成り立つ.

定理 B.5 勾配ベクトル $(\nabla f)(x_0, y_0, z_0)$ は等位面 $f(x,y,z) = c$ の点 (x_0, y_0, z_0) における法線に平行である.

B.2 行列の対角化と二次形式

この節では,行列の対角化と二次形式について,本書で用いることを述べる.詳細は線形代数の教科書を参照されたい.

B.2.1 行列の対角化と固有値・固有ベクトル

n 次正方行列 P が**正則**であるとは P が逆行列 P^{-1} を持つことである.行列 P を n 個の n 次元数ベクトル (縦ベクトル) $\boldsymbol{p}_1, \boldsymbol{p}_2, \cdots, \boldsymbol{p}_n$ が並んだものとみなせば,P

が正則であることと $\boldsymbol{p}_1, \boldsymbol{p}_2, \cdots, \boldsymbol{p}_n$ が線形独立であることとは同等である.

定義 B.6 n 次正方行列 A が**対角化可能**であるとは,正則な n 次正方行列 P で $P^{-1}AP$ が対角行列になるものが存在すること.このような正則行列 P と対角行列

$$P^{-1}AP = \begin{bmatrix} \alpha_1 & 0 & \cdots & 0 \\ 0 & \alpha_2 & \ddots & \vdots \\ \vdots & \ddots & \ddots & 0 \\ 0 & \cdots & 0 & \alpha_n \end{bmatrix} \tag{B.1}$$

を求めることを A を**対角化**するといい,行列 P を**変換行列**という.

(B.1) 式の両辺に左から行列 P をかけて,両辺の各列を比較することにより次を得る.

命題 B.7 n 次正方行列 A が対角化可能であるための必要充分条件は,n 個の数 $\alpha_1, \alpha_2, \cdots, \alpha_n$ と,線形独立な n 個のベクトル $\boldsymbol{p}_1, \boldsymbol{p}_2, \cdots, \boldsymbol{p}_n$ で

$$A\boldsymbol{p}_j = \alpha_j \boldsymbol{p}_j \quad (j = 1, 2, \cdots, n)$$

をみたすものが存在すること.

上の条件で,n 個のベクトル $\boldsymbol{p}_1, \boldsymbol{p}_2, \cdots, \boldsymbol{p}_n$ が線形独立であることから,特に各 $\boldsymbol{p}_j$ が $\boldsymbol{p}_j \neq \boldsymbol{0}$ であることに注意しよう.

定義 B.8 n 次正方行列 A と数 λ について,λ が A の**固有値**であるとは

$$A\boldsymbol{x} = \lambda \boldsymbol{x}, \quad \boldsymbol{x} \neq \boldsymbol{0}$$

をみたす n 次元数ベクトル $\boldsymbol{x}$ が存在すること.この条件をみたす $\boldsymbol{x}(\neq \boldsymbol{0})$ を固有値 λ に属する A の**固有ベクトル**という.

この用語によれば,A が対角化可能であるとは A の固有ベクトルからなる $\mathbb{R}^n$ の基底が存在することであり,このとき得られる対角行列は A の固有値を主対角線 (右下がりの対角線) 上に並べたものである.

単位行列を E と書く.方程式 $A\boldsymbol{x} = \lambda \boldsymbol{x}$ を移項して次のように書こう.

$$(\lambda E - A)\boldsymbol{x} = \boldsymbol{0}$$

数 λ が A の固有値であるとはこれが自明でない解 $\boldsymbol{x}$ を持つことである.

命題−定義 B.9 数 λ が A の固有値であるための必要充分条件は $\det(\lambda E - A) = 0$ であること,すなわち数 λ が t についての次の方程式をみたすこと.

$$\det(tE - A) = 0$$

この方程式を A の**固有方程式**といい,左辺の多項式を A の**固有多項式**という.

B.2.2 対称行列と直交行列

n 次正方行列 A が**対称行列**であるとは ${}^t A = A$ をみたすことである (${}^t A$ は A の転置行列をあらわす).また n 次正方行列 P が**直交行列**であるとは ${}^t PP = P {}^t P = E$ をみたすことである.これは P が正則で $P^{-1} = {}^t P$ となることであるが,${}^t PP = E$ が成り立てば $P {}^t P = E$ も成り立つことに注意しよう.本書では主として実行列を扱うが,以下実行列の場合にはそのことを明示して実対称行列,実直交行列ということ

にする.

実行列 P を n 個のベクトル $\boldsymbol{p}_1, \boldsymbol{p}_2, \cdots, \boldsymbol{p}_n$ が並んだもの
$$P = \begin{bmatrix} \boldsymbol{p}_1 & \boldsymbol{p}_2 & \cdots & \boldsymbol{p}_n \end{bmatrix}$$
とみなすと, ${}^t PP$ の (i,j) 成分は内積 $\langle \boldsymbol{p}_i, \boldsymbol{p}_j \rangle$ であるから, 次の命題を得る.

命題 B.10 n 次正方行列 P が実直交行列であるための必要充分条件は P の列ベクトル $\boldsymbol{p}_1, \boldsymbol{p}_2, \cdots, \boldsymbol{p}_n$ が $\mathbb{R}^n$ の正規直交基底をなすこと, すなわち $\boldsymbol{p}_1, \boldsymbol{p}_2, \cdots, \boldsymbol{p}_n$ が互いに垂直で, 各々の長さが 1 であること.

n 次正方行列 P が直交行列ならば, ${}^t PP = E$ の両辺の行列式を考えることにより $|P|^2 = 1$ すなわち $|P| = \pm 1$ がわかる. したがって直交行列は行列式の値が 1 のものと, 行列式の値が -1 のものとに分類される.

$n = 2$ の場合, 実直交行列 P によって
$$\mathbb{R}^2 \to \mathbb{R}^2; \quad \boldsymbol{x} \mapsto P\boldsymbol{x}$$
と定義される $\mathbb{R}^2$ の線形変換 (これを行列 P があらわす線形変換という) は $|P| = 1$, $|P| = -1$ にしたがってそれぞれ原点を中心とする回転, 原点を通る直線に関する対称移動であることが知られている.

また $n = 3$ の場合, 実直交行列 P があらわす $\mathbb{R}^3$ の線形変換は $|P| = 1, |P| = -1$ にしたがってそれぞれ原点を通る直線を軸とする回転, 原点を通る平面に関する対称移動と回転の合成であることが知られている.

実直交行列は, 特に実対称行列と相性がよい.

定理 B.11 実対称行列は実数の範囲で対角化可能で, 変換行列として特に実直交行列をとることができる.

すなわち, 実対称行列 A の固有値 $\alpha_1, \alpha_2, \cdots, \alpha_n$ は実数であり, 実直交行列 P を変換行列として対角化でき, $(P^{-1} = {}^t P$ であるから) 次が成り立つ.

$$ {}^t PAP = \begin{bmatrix} \alpha_1 & 0 & \cdots & 0 \\ 0 & \alpha_2 & \ddots & \vdots \\ \vdots & \ddots & \ddots & 0 \\ 0 & \cdots & 0 & \alpha_n \end{bmatrix} $$

B.2.3 二次形式

実 n 変数 $x_1, x_2, \cdots, x_n$ の二次同次式で与えられる関数を**二次形式**という. 例えば二変数 x, y の二次形式は

$$\begin{aligned} \mathbb{R}^2 &\longrightarrow \mathbb{R} \\ (x,y) &\mapsto ax^2 + 2bxy + cy^2 \end{aligned} \quad (a, b, c \text{ は (実) 定数})$$

の形の関数であり, 三変数 x, y, z の二次形式は

$$\mathbb{R}^3 \longrightarrow \mathbb{R}$$

$$(x, y, z) \mapsto ax^2 + by^2 + cz^2 + 2pxy + 2qyz + 2rxz$$
$$(a, b, c; p, q, r \text{ は (実) 定数})$$

の形の関数である．変数をまとめて縦ベクトルの形に書き，1×1 行列をその唯一の成分と同一視すれば

$$ax^2 + 2bxy + cy^2 = {}^t\begin{bmatrix} x \\ y \end{bmatrix} \begin{bmatrix} a & b \\ b & c \end{bmatrix} \begin{bmatrix} x \\ y \end{bmatrix}$$

$$ax^2 + by^2 + cz^2 + 2pxy + 2qyz + 2rxz = {}^t\begin{bmatrix} x \\ y \\ z \end{bmatrix} \begin{bmatrix} a & p & r \\ p & b & q \\ r & q & c \end{bmatrix} \begin{bmatrix} x \\ y \\ z \end{bmatrix}$$

と書けることに注意しよう．このように二次形式とは，実対称行列 A によって

$$\mathbb{R}^n \longrightarrow \mathbb{R}$$
$$\boldsymbol{x} \mapsto {}^t\boldsymbol{x}A\boldsymbol{x}$$

の形に書かれる関数である．これを行列 A があらわす**二次形式**といい，また行列 A をこの二次形式の**係数行列**という．

二次形式 $\Phi : \mathbb{R}^n \longrightarrow \mathbb{R}$ のとる値の符号について考察しよう．まず $\Phi(\boldsymbol{0}) = 0$ に注意しておく．

定義 B.12 二次形式 $\Phi : \mathbb{R}^n \longrightarrow \mathbb{R}$ について，次のように定義する．
(1)　Φ が**正定値**（正の定符号）であるとは，任意の $\boldsymbol{x} \in \mathbb{R}^n$ に対して

$$\boldsymbol{x} \neq \boldsymbol{0} \quad \text{ならば} \quad \Phi(\boldsymbol{x}) > 0$$

であること．このことを $\Phi > 0$ と書くこともある．
(2)　Φ が**負定値**（負の定符号）であるとは，任意の $\boldsymbol{x} \in \mathbb{R}^n$ に対して

$$\boldsymbol{x} \neq \boldsymbol{0} \quad \text{ならば} \quad \Phi(\boldsymbol{x}) < 0$$

であること．このことを $\Phi < 0$ と書くこともある．
(3)　Φ が**不定符号**であるとは，$\boldsymbol{x}_1, \boldsymbol{x}_2 \in \mathbb{R}^n$ で
　　　$\Phi(\boldsymbol{x}_1) < 0 < \Phi(\boldsymbol{x}_2)$
をみたすものが存在すること．
(4)　Φ が**退化**しているとは Φ の係数行列が正則でないこと．
(5)　Φ が**非退化**であるとは Φ の係数行列が正則であること．

$\Phi : \mathbb{R}^n \longrightarrow \mathbb{R}$ を二次形式，P を正則行列とする．$\boldsymbol{v} = P^{-1}\boldsymbol{x}$ とおくと $\boldsymbol{x} = P\boldsymbol{v}$ であるから，Φ の係数行列を A とすれば

$$\Phi(\boldsymbol{x}) = {}^t\boldsymbol{x}A\boldsymbol{x} = {}^t(P\boldsymbol{v})A(P\boldsymbol{v}) = {}^t\boldsymbol{v}\,{}^tPAP\boldsymbol{v}$$

である．これを $\boldsymbol{v}$ についての二次形式とみたものを $\Psi(\boldsymbol{v})$ とおけば，Ψ の係数行列は ${}^tPAP$ である．P が正則であることにより $\boldsymbol{x}$ と $\boldsymbol{v}$ の対応は一対一であるから，二次形式 Φ と Ψ は符号に関して同じ性質を持つ．すなわち，

B.2 行列の対角化と二次形式

補題 B.13 上の記号で,行列 P が正則ならば
(1) Φ が正定値 $\iff \Psi$ が正定値
(2) Φ が負定値 $\iff \Psi$ が負定値
(3) Φ が不定符号 $\iff \Psi$ が不定符号
(4) Φ が退化 $\iff \Psi$ が退化

二次形式 Φ の性質を調べるには,${}^t PAP$ が簡単になるように正則行列 P をうまくとって二次形式 Ψ を調べればよい.B.2.2 で述べたように実対称行列は実直交行列を変換行列として対角化できるから,次の定理を得る.

定理 B.14 二次形式 $\Phi : \mathbb{R}^n \to \mathbb{R}$ に対して実直交行列 P で,$\boldsymbol{x} = P\boldsymbol{v}$ により
$$\Phi(\boldsymbol{x}) = \Psi(\boldsymbol{v}) = \alpha_1 v_1^2 + \alpha_2 v_2^2 + \cdots + \alpha_n v_n^2$$
となるものが存在する.ここに $\alpha_1, \alpha_2, \cdots, \alpha_n$ は Φ の係数行列 A の固有値.

系 B.15 二次形式 Φ の係数行列を A とするとき,
(1) Φ が正定値 $\iff A$ の固有値は全て正.
(2) Φ が負定値 $\iff A$ の固有値は全て負.
(3) Φ が不定符号 $\iff A$ の固有値には正のものも負のものもある.

固有値は固有方程式の解であるが,n 次方程式の解を全て実際に求めることは一般には容易ではない.ここでは一つの判定法を述べておく.n 次正方行列 A に対して,A の左上の m 次正方行列の行列式を A の m 次**主座小行列式**という ($1 \leq m \leq n$).

$$A = \begin{bmatrix} a_{11} & a_{12} & \cdots & a_{1n} \\ a_{21} & a_{22} & \cdots & a_{2n} \\ \cdots & \cdots & \cdots & \cdots \\ a_{n1} & a_{n2} & \cdots & a_{nn} \end{bmatrix}$$

の主座小行列式は次の n 個である.

$$A_1 = a_{11}, \quad A_2 = \begin{vmatrix} a_{11} & a_{12} \\ a_{21} & a_{22} \end{vmatrix}, \quad A_3 = \begin{vmatrix} a_{11} & a_{12} & a_{13} \\ a_{21} & a_{22} & a_{23} \\ a_{31} & a_{32} & a_{33} \end{vmatrix}, \cdots, \quad A_n = |A|$$

定理 B.16 n 次実対称行列 A を係数行列とする二次形式 $\Phi : \mathbb{R}^n \longrightarrow \mathbb{R}$ が正定値であるための必要充分条件は A の全ての主座小行列式が正であること.

二次形式 Φ が負定値であることは,$-\Phi$ が正定値であることと同等であるから,行列式の性質により次の系を得る.

系 B.17 二次形式 $\Phi : \mathbb{R}^n \longrightarrow \mathbb{R}$ が負定値であるための必要充分条件は係数行列 A の m 次主座小行列式 A_m が次をみたすこと.
$$(-1)^m A_m > 0 \quad (m = 1, 2, \cdots, n)$$

参 考 文 献

　本書は随所で「線形代数」の書物の参照や「複素解析」などを学ぶことを推奨している．これらに関する講義を受講する（予定がある）人はそれに則って研鑽を積まれればよい．この「工科のための数理」シリーズでも本書のほか

- 吉村善一　工科のための線形代数　数理工学社
- 大鑄史男　工科のための確率・統計　数理工学社

が既に出版されており，今後微分方程式，ベクトル解析などに関する本も順次刊行される予定であるので，期待してほしい．ここでは，「線形代数」，「複素解析」などのほか，重要ではあるが講義されることはあまり多くないと思われる事柄に関する書物で，永く座右において参照するに足り，比較的読みやすいものや，自学自習のため本書に続けて読むことができる入門書などを，一，二冊ずつ挙げておこう．なお，このほかにも良書は多数あること，（大学の図書館などには所蔵されているが）現在絶版・品切れなどで入手し難いものも含まれることをお断りする．

- 線形代数
  1. 斎藤正彦　線型代数入門　東京大学出版会
  2. 佐武一郎　線型代数学　裳華房

     1 は線型代数の入門書として定評がある．本書の附録 B に述べた空間における直線・平面や二次形式についても手際よく解説してある．

     2 は線型代数学の解説書として定評がある．線型代数を一通り学ばれたのち，手許に置いて必要に応じて参照するとよい．

- ベクトル解析，複素解析，微分方程式
  1. 深谷賢治　電磁場とベクトル解析　岩波書店
  2. スピーゲル（石原宗一訳）　マグロウヒル大学演習シリーズ　複素解析　オーム社
  3. 木村俊房　常微分方程式の解法　培風館
  4. 吉田耕作　微分方程式の解法　第 2 版　岩波書店

1について．ベクトル解析は，どのような目的・意識で学ぶかによって大きくその様相がかわる．ここでは数学・物理寄りのものを挙げた．

2は入手困難であるが，内容は豊富で，流体力学などへの応用も含む．

3について．著者の一人はこれによって常微分方程式の初歩を学んだ．その影響は本書の附録Aにも現れている．

4を小冊子と侮るなかれ．常微分方程式の初歩から偏微分方程式まで，多くのことが丹念に説明されている．入手困難なのが残念．

● 位相空間論，ルベーグ積分
 1. 松坂和夫　集合・位相入門　岩波書店
 2. 伊藤清三　ルベーグ積分入門　裳華房

1について．開集合，閉集合，近傍，連続関数，コンパクト集合などの用語をわかりやすく解説してある．辞書代わりに手許に置くとよい．

2は読みやすいとはいえないかも知れないが，定評がある本である．

● 楕円積分・楕円関数，特殊関数，公式集，本書の背景そのほか
 1. 安藤四郎　楕円積分・楕円関数入門　日新出版
 2. 犬井鉄郎　特殊函数　岩波書店
 3. 森口・宇田川・一松　岩波数学公式 I, II, III　岩波書店
 4. 杉浦光夫　解析入門 I, II　東京大学出版会
 5. 高木貞治　解析概論　軽装版　岩波書店
 6. 吉村善一・足立俊明　初歩からの入門数学　数理工学社

1について．楕円積分・楕円関数はそれ自体も応用上も重要である．この本は，本書の5.3節までを読み終えた程度の予備知識で，無理なく読み進められるように書かれている．複素解析への足掛かりにもなろう．

2はガンマ関数，直交多項式，ベッセル関数などの特殊関数に関する定評ある本．複素解析を学んだ後に読むべきであるが，その内容の豊富さと，入手の困難さの故にここで紹介する．見掛けたら直ちに買うべし．

3は小冊子に豊かな内容を盛り込んである．手許に置いておくとよい．

4について．筆者の微分積分に関する知識の根幹はこの本による．読みやすいとはいいにくいが，自分の理解度を確かめるのにはよい本．

5は古典というべき本．敷居は高いが，汲めども尽きぬ味わいがある．

6について．本書では，高等学校で学んだ内容の記述は必要最小限に留めた．高校生・受験生を対象とする良書は多数あるからであるが，高等学校との接続に不安がある人はこの本をみてほしい．

索　引

ア 行

アステロイド　127
アルキメデス螺旋　127
鞍点　159
一対一　10
一変数関数　11
一階線形方程式　223
一般解　223
一般化された二項係数　66
陰関数　166
陰関数定理　168
因数　35
上に有界　52
上への写像　10
オイラーの公式　42
凹　90
凹関数　90

カ 行

カージオイド　123
解　222
開区間　11
外サイクロイド　127
開集合　131
階数　223
階数低下法　230
外積　233

解析関数　64, 68
解析的　68
ガウス平面　40
カテナリー　26, 127
関数　11
ガンマ関数　116
逆関数　12
逆関数の微分法　13
逆三角関数　16
逆写像　11
逆正弦関数　16
逆正接関数　16
逆像　10
逆双曲正弦関数　27
逆双曲正接関数　48
逆双曲線関数　26
逆双曲余弦関数　27
逆変換の微分公式　149
逆余弦関数　16
級数　53
狭義凹　91
狭義単調　12
狭義単調減少　12
狭義単調増加　12
狭義凸　91
狭義の単調減少列　53
狭義の単調増大列　53
共役複素数　40

極形式　41, 43
極形式表示　41, 43
極座標　41
極小　89, 157
極小値　89, 157
極大　89, 157
極大値　89, 157
極値　89, 157
虚軸　40
虚数単位　40
虚部　40
空間極座標　216
空集合　8
区間　11
区分求積法　184
グラフ　132
係数行列　240
元　8
原始関数　5, 186
懸垂線　26, 127
高位の無限小　80
高位の無限大　80
広義積分　108, 206
広義積分の値　108, 207
広義の極小　89, 157
広義の極大　89, 157
交項級数　56
高次導関数　30
高次偏導関数　150
合成写像　10

索　引

恒等写像　10
恒等変換　10
勾配　140
勾配ベクトル　140
項別積分　64
項別微分　64
コーシーの定理　62
コーシーの平均値の定理
　78
固有多項式　238
固有値　238
固有ベクトル　238
固有方程式　238
コンパクト近似列
　206

サ　行

サイクロイド　122
三重積分　212
指数関数　2, 45
自然対数　2
自然対数の底　2
下に有界　52
実軸　40
実部　40
写像　9
集合　8
重積分　188
収束　52, 53, 108, 207
収束半径　61
収束べき級数　61
主座小行列式　241
主値　16
純虚数　40
条件収束　56
条件付き極値　173
常微分方程式　222
剰余項　77

初期条件　223
心臓形　123
数ベクトル　130
数ベクトル空間　130
数列　52
正項級数　55
斉次　224, 227
正則　237
正定値　240
正の定符号　240
星芒形　127
積級数　60
積分定数　5
接線ベクトル　234
絶対収束　56, 113, 208
絶対値　40
接平面　145
線形　5
全射　10
全単射　10
全微分　143
全微分可能　141, 144
像　9
双曲正弦関数　24
双曲正接関数　24
双曲線関数　24
双曲余弦関数　24

タ　行

第 n 部分和　53
退化　240
対角化　238
対角化可能　238
対称行列　238
対数関数　2
対数螺旋　127
多項式関数　2

多重積分　212
縦線集合　192
多変数関数　11, 131
ダランベールの定理
　63
単射　10
（広義の）単調減少列
　53
（広義の）単調増大列
　53
値域　9
調和級数　55
直交行列　238
定義域　9
定数係数　228
定数変化法　225
定積分　7, 184
テイラー級数　68
テイラー展開　68
テイラー展開可能　68
テイラーの定理　77, 156
停留点　157, 171
等位線　132
導関数　4
峠点　159
同次　224, 227
同次形　230
等比級数　54
特異点　172
特殊解　223
特性方程式　228
凸　90
凸関数　90
ド・モアブルの定理　49

ナ　行

内サイクロイド　128

ナ行

二階線形方程式　227
二項級数　66
二項係数　32
二項定理　33
二次形式　239, 240
ネピアの定数　2
ノルム　130

ハ行

パスカルの三角形　33
発散　52
幅（分割の）　184
比較定理　113
非斉次　224, 227
非斉次項　224, 227
非退化　240
非同次　224, 227
非同次項　224, 227
微分　143
微分可能　141
微分係数　4, 140
微分係数行列　140
微分積分学の基本定理　7, 185
微分方程式　222
複素数　40
複素数平面　40
不定形　85
不定積分　5, 186
負定値　240
不定符号　240
負の定符号　240
フビニ型の定理　191
部分集合　8
部分分数　34
平均値の定理　76
閉区間　11, 187
閉集合　131
ベータ関数　118
べき級数　61
ベクトル積　233
ヘッシアン　159
ヘッセ行列　163
ヘッセ行列式　159
ヘッセ形式　163
ベルヌーイの方程式　231
偏角　41
変換　10
変換行列　238
変数分離形　226
偏導関数　137
偏微分可能　137
偏微分係数　137
偏微分方程式　222
方向微分可能　139
方向微分係数　139
方向ベクトル　232
法線ベクトル　233, 237

マ行

マクローリン展開　68
無限小　80
無限大　80
無理関数　2
面積　192
面積確定　192

ヤ行

ヤコビアン　202
ヤコビ行列　140, 148
ヤコビ行列式　202
有界　53, 191
有界閉区間　187
優関数　113
優級数　57
有理関数　2
要素　8
横線集合　192

ラ行

ライプニッツ律　33
ラグランジュの未定乗数　177
ラグランジュの未定乗数法　177
ラプラシアン　153
ランダウの o 記号　80
ランダウの O 記号　81
リーマン積分可能　188, 192
リッカティの方程式　231
領域　131
累次積分　189
零ベクトル　130
連結　131
連鎖律　146, 147
連続　133
ロピタルの定理　86

ワ行

和（級数の）　53

数字・欧字

$\dfrac{0}{0}$ の不定形　85
C^k 級　152
C^n 級　82
C^ω 級　83
C^∞ 級　83, 152
C^1 級　144
ε-δ（イプシロン–デルタ）　52
$\dfrac{\infty}{\infty}$ の不定形　85
$\exp$　87
n 変数関数　131

著者略歴

佐伯明洋
1987年　東京大学理学部数学科卒業
1992年　東京大学大学院理学系研究科博士課程
　　　　修了
現　在　名古屋工業大学大学院工学研究科准教授
　　　　博士（理学）

山岸正和
1986年　東京大学理学部数学科卒業
1992年　東京大学大学院理学系研究科博士課程
　　　　修了
現　在　名古屋工業大学大学院工学研究科准教授
　　　　博士（理学）

主要著書
入門講義 線形代数（共著，裳華房，2007）

工科のための数理＝MKM-3
工科のための 微分積分

2008 年 4 月 10 日 Ⓒ　　　　　初 版 発 行

著者　佐伯明洋　　　　発行者　矢沢和俊
　　　山岸正和　　　　印刷者　山岡景仁
　　　　　　　　　　　製本者　石毛良治

【発行】　　株式会社　数理工学社
〒151-0051　東京都渋谷区千駄ヶ谷1丁目3番25号
編集 ☎ (03) 5474-8661 (代)　　サイエンスビル

【発売】　　株式会社　サイエンス社
〒151-0051　東京都渋谷区千駄ヶ谷1丁目3番25号
営業 ☎ (03) 5474-8500 (代)　　振替 00170-7-2387
FAX ☎ (03) 5474-8900

印刷　三美印刷　　　製本　ブックアート
《検印省略》

本書の内容を無断で複写複製することは，著作者および
出版者の権利を侵害することがありますので，その場合
にはあらかじめ小社あて許諾をお求め下さい．

ISBN978-4-901683-55-5
PRINTED IN JAPAN

サイエンス社・数理工学社の
ホームページのご案内
http://www.saiensu.co.jp
ご意見・ご要望は
suuri@saiensu.co.jp まで．

初歩からの **入門数学**
吉村・足立共著　2色刷・A5・上製・本体2000円

工科のための **線形代数**
吉村善一著　2色刷・A5・上製・本体1850円

工科のための **確率・統計**
大鑄史男著　2色刷・A5・上製・本体2000円

解析演習
野本・岸共著　A5・本体1845円
（サイエンス社発行）

詳解演習 **微分積分**
水田義弘著　2色刷・A5・本体2200円
（サイエンス社発行）

演習と応用 **微分積分**
寺田・坂田共著　2色刷・A5・本体1700円
（サイエンス社発行）

基本演習 **微分積分**
寺田・坂田共著　2色刷・A5・本体1600円
（サイエンス社発行）

＊表示価格は全て税抜きです．

発行・数理工学社／発売・サイエンス社